21世纪高等教育计算机规划教材

21st Century University Planned Textbooks of Computer Science

信息技术实验指导

The Experiment of Information Technology

刘伟 张小翠 朱思斯 主编

人 民 邮 电 出 版 社

北 京

图书在版编目（CIP）数据

信息技术实验指导 / 刘伟，张小翠，朱思斯主编
. -- 北京 : 人民邮电出版社，2016.1（2018.1重印）
21世纪高等教育计算机规划教材
ISBN 978-7-115-41383-3

Ⅰ. ①信… Ⅱ. ①刘… ②张… ③朱… Ⅲ. ①电子计算机－高等学校－教学参考资料 Ⅳ. ①TP3

中国版本图书馆CIP数据核字(2015)第314578号

内 容 提 要

本书是根据应用技术型本科大学计算机课程的基本要求，结合多年大学信息技术课程教学中的实践经验编写而成的。本书内容涵盖目前占市场主流的信息处理软件，内容新颖丰富，操作指导性强，并结合应用技术型人才培养进行有针对性的优化。

本书立足于计算机应用的实际需要，分别介绍信息技术基础知识、网页制作基础知识、音频编辑与处理技术、计算机图形图像技术、动画技术和视频处理技术。本书层次清晰、内容精练，可读性好，以图文并茂的方式深入浅出地介绍信息技术的基本知识和操作技能，既可作为应用型本科及高职高专院校各专业信息技术实验指导课程的教材，也可用作广大计算机爱好者的自学参考书。

◆ 主　　编　刘　伟　张小翠　朱思斯
　责任编辑　邹文波
　执行编辑　税梦玲
　责任印制　沈　蓉　彭志环

◆ 人民邮电出版社出版发行　　北京市丰台区成寿寺路 11 号
　邮编　100164　　电子邮件　315@ptpress.com.cn
　网址　http://www.ptpress.com.cn
　北京京华虎彩印刷有限公司印刷

◆ 开本：787×1092　1/16
　印张：14.25　　　　2016 年 1 月第 1 版
　字数：370 千字　　　2018 年 1 月北京第 3 次印刷

定价：38.00 元

读者服务热线：(010)81055256　印装质量热线：(010)81055316
反盗版热线：(010)81055315

前言

计算机信息技术已成为当今人们必须学习和掌握的文化课程。随着信息社会的不断发展，大学生不仅要掌握计算机操作的基本技能，而且要具有熟练使用计算机处理各类信息的能力。因此掌握计算机信息技术已成为人们的迫切需要，也是高等学校人才培养中基本素质教育的重要内容。

为了进一步培养学生的计算机基本应用能力，很多学校开设了“信息技术”这门课程。为便于教师灵活组织实践教学，我们编写了这本《信息技术实验指导》。本书实验设置充分考虑了学生今后学习与工作的实际需要，针对性强。本书实验遵从“任务驱动、案例教学”的指导思想，采用生动的案例激发学生的学习兴趣；每章实验均配以详细的操作步骤、文字描述与图片，从零开始详细讲解，浅显易懂，实用性强。本书引入的大量实例，在强调基本理论、基本方法的同时，特别注重实用性和应用能力的培养，并尽量反映计算机发展的最新技术。

本书的编者均为武汉工程大学邮电与信息工程学院从事计算机专业教学的教师。第1章和第2章由张小翠编写，共计约12.5万字；第3章、第5章，以及第6章的实验六由朱思斯编写，共计约11万字；第4章、第6章的实验一至实验五由刘伟编写，共计约13.5万字。全书由刘伟负责统稿，由刘宝忠主审。本书在编写过程中得到了各方面的大力支持，在此一并表示感谢。

编　者

2015年11月

目 录

第1章 信息技术概述

实验一　常见的DOS命令

【实验目的】

1. 掌握常见DOS命令
2. 掌握使用DOS命令实现文件夹的创建、修改
3. 掌握使用DOS命令查看目录
4. 掌握使用DOS命令实现清屏操作

【实验内容】

1. 创建文件夹和文件
2. 文件的编辑和保存
3. 文件夹的查看、复制、移动和删除
4. 更换盘符
5. 界面清屏和设置开机启动项

【实验步骤】

DOS作为古老的操作系统，自有自己的优势，虽然对一般的用户来说DOS已经是过时的，但其实并不是这样的，DOS本身有Windows无法代替的优势，DOS的强大功能包括稳定性超强、强大的磁盘管理功能和批处理功能。下面从文件及文件管理的一些常用操作来介绍一些DOS的初级指令。

1. 创建文件夹和文件

（1）进入DOS系统。

方法一：先进入Windows系统，选择“开始”→“运行”进入“运行”窗口，再输入“cmd”即可。

方法二：进入Windows系统，选择“开始”→“所有程序”→“附件”→“命令提示符”进入DOS系统。

DOS 系统的界面如图 1-1 所示。

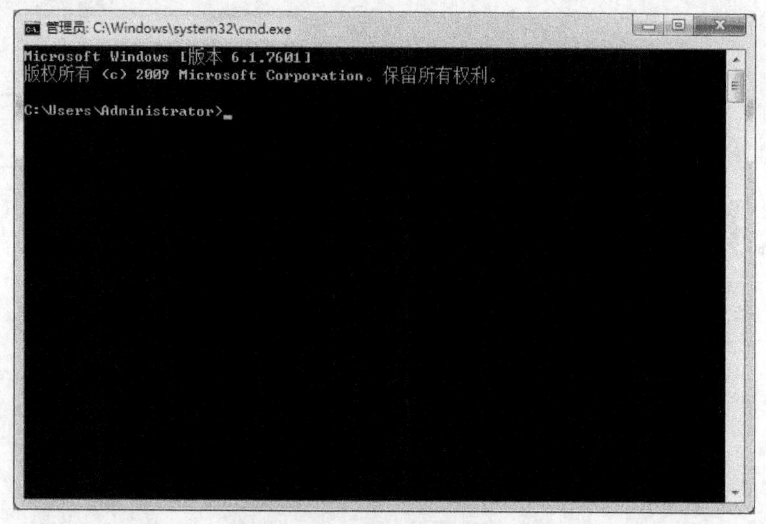

图 1-1　DOS 系统界面

（2）掌握通用符。

在 DOS 系统下有两种常见的通用符“？”和“*”，其中“*”表示不定长的字符，而“？”则表示一个字符。比如一个文件的名称是以 a 开头的 EXE 文件，具体的名字忘记了可以这么表示：a*.exe，而一个以 a 开头的 EXE 文件后面有一个字符忘记了可表示为 a？.exe。

（3）在 C 盘创建一个 abc 文件夹。

通过 md 指令可以创建一个文件夹，格式：md[盘符：][路径名]〈子目录名〉。

操作提示：在 C 盘创建 abc 文件夹命令格式为 md c:\abc。如图 1-2 所示。

（4）在 abc 文件夹中创建一个 abc.txt 文件和一个 bcd.txt 文件。

创建一个新的文件的格式为 c:>[盘符：][路径名]〈文件名〉。

操作提示：创建的命令格式为 c:>c:\abc\abc.txt，进入文件夹中进行查看。创建 bcd.txt 文件与创建 abc.txt 文件方式相同。

图 1-2　创建文件夹

2. 文件的编辑及保存

（1）对 abc.txt 文件进行编辑。

通过 copy con 指令可以实现对文件的编辑，命令格式为 copy con[盘符：][路径名]〈文件名〉。

操作提示：

① 对 C 盘下的 abc 文件夹下的 abc.txt 文件进行编辑的命令格式为 copy con c:\abc\abc.txt。在 abc.txt 文本文件中输入图 1-3 所示文字。

> 大学是每个学子心目中的"象牙塔"。在读高中期间，我也曾对大学有过幻想与憧憬，想象着我将要进入的大学是怎样的，想象着大学中会发生的事。大学，成为了我心中的一片圣土。

图 1-3　输入文本

对文件进行编辑，如图 1-4 所示。

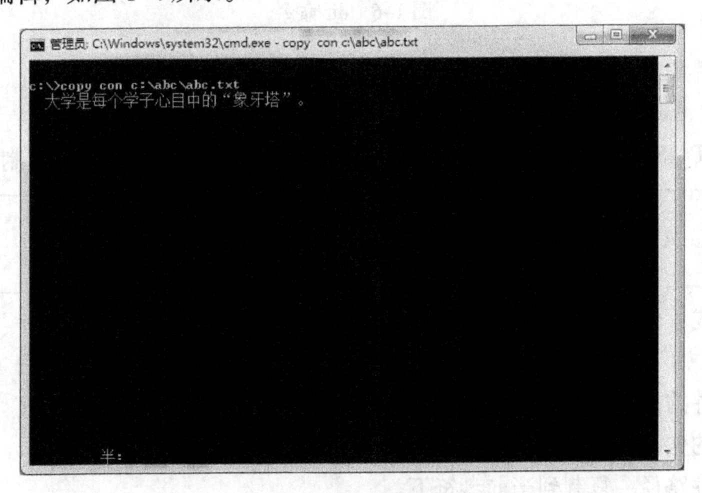

图 1-4　文件的编辑

② 编辑结束需切换回英文输入法，按下 F6 键结束，出现"覆盖 c:\abc\abc.txt 吗？"，在<yes/no/all>：输入相应的选择，按 Enter 键退出编辑。

（2）对 bcd.txt 文件进行编辑。

同样对 bcd.txt 文件进行编辑，文字如图 1-5 所示。

> 当我有幸迈入大学的门槛，却发现与其说大学是一片圣土，不如说是一个熔炉。大学校园融入了天南地北与社会方圆，其中有来自五湖四海的同学，有形形色色、丰富多采的活动，

图 1-5　编辑文字

3. 文件夹和文件的查看、复制、移动和删除

（1）查看文件或文件夹。

① 查看 C 盘的文件和文件夹命令格式为 dir c:\。

② 直接输入 dir 则进入默认目录 c:\users\administrator 的目录，如果要进入该目录下的桌面文件夹可输入 dir desktop，如图 1-6 所示。

③ 如果需查看 C 盘下的 abc 文件夹的内容，则输入 dir c:\abc 命令。

```
管理员: C:\Windows\system32\cmd.exe
C:\Users\Administrator>dir
 驱动器 C 中的卷没有标签。
 卷的序列号是 9435-018B

 C:\Users\Administrator 的目录

2015/06/23  10:39    <DIR>          .
2015/06/23  10:39    <DIR>          ..
2014/07/02  18:58    <DIR>          .android
2015/03/30  09:42               228 .packettracer
2014/06/19  21:38    <DIR>          AppData
2014/11/05  20:28    <DIR>          Cisco Packet Tracer 5.3.3
2015/03/16  19:35    <DIR>          Contacts
2015/08/11  08:52    <DIR>          Desktop
2015/06/23  10:39    <DIR>          Documents
2015/03/16  19:35    <DIR>          Downloads
2015/03/16  19:35    <DIR>          Favorites
2015/03/16  19:35    <DIR>          Links
2015/03/16  19:35    <DIR>          Music
2015/03/16  19:35    <DIR>          Pictures
2015/03/16  19:35    <DIR>          Saved Games
2015/03/16  19:35    <DIR>          Searches
2015/03/16  19:35    <DIR>          Videos
               1 个文件            228 字节
              16 个目录  9,562,185,728 可用字节
```

图 1-6　dir 命令

（2）复制文件和文件夹。

① 将 C 盘的 abc 文件夹的 abc.txt 复制到 D 盘下。

copy 命令为 DOS 中的一般文件复制命令，可以复制一个文件或者批量复制文件。

copy 只能复制文件，不能复制文件夹。

文件复制格式：copy 带路径的源文件名（空格）带路径的目标文件名

copy 命令有以下几种省略方式。

省略目标文件的文件名：复制时不改变文件名。

省略源文件的路径：从当前盘符下复制文件到指定的目标文件路径。

省略目标文件路径：复制到当前盘符下。

操作提示：将 C 盘的 abc 文件夹的 abc.txt 复制到 D 盘下。

命令格式为 copy c:\abc\abc.txt d:\。如图 1-7 所示。

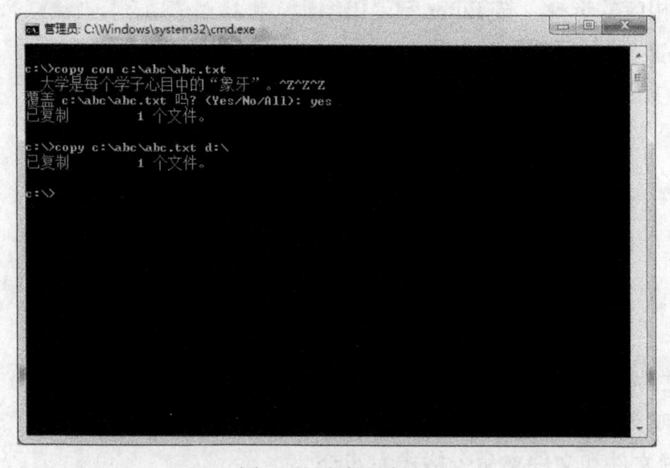

图 1-7　文件的复制

② 将 abc.txt 和 bcd.txt 文件合并为一个 efg.txt 的文件。

操作提示：用特殊的合并符号"+"可以很容易地合并文件，比如想合并当前盘符下的文件 abc.txt 和 bcd.txt 为一个 efg.txt 的文件，可以输入 copy abc.txt+bcd.txt efg.txt。

③ 将 C 盘的 abc 文件夹复制到 D 盘。

xcopy 是强大的复制指令，功能远远比 copy 指令强大。不但能完成 copy 指令的所有功能，而且可以完成更加强大的功能，如复制文件夹。其使用格式跟 copy 完全一样。

操作提示：在 DOS 界面输入 xcopy c:\abc d:\abc，如图 1－8 所示。

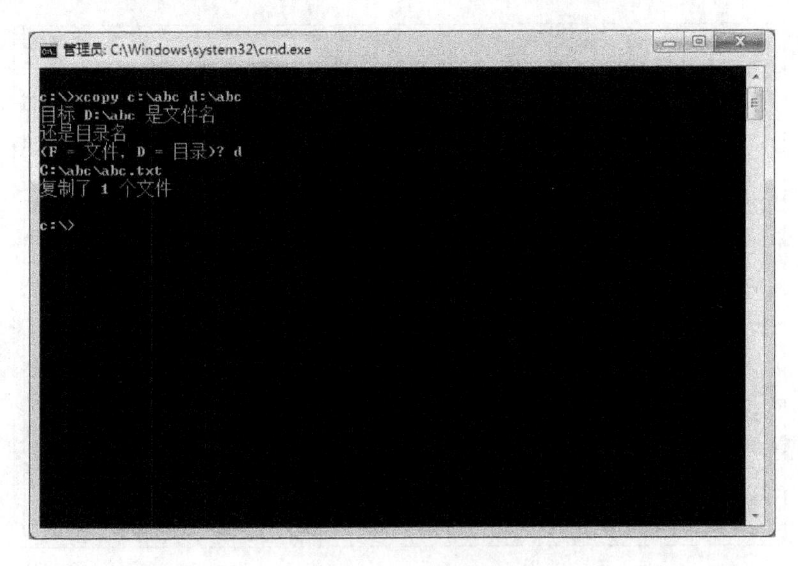

图 1-8 文件夹的复制

（3）文件或文件夹的移动。

将 D 盘下的 abc.txt 文件移到 E 盘。move 指令可实现文件和文件夹的移动，但 move 指令不可跨区移动文件夹。与 copy 的书写格式完全一样，批量移动时使用逗号隔开。

操作提示：将 D 盘下的 abc.txt 文件移到 E 盘下命令格式为 move d:\abc\abc.txt e:\。

（4）文件和文件夹的删除。

① 删除 abc 文件夹中的全部文件。

通过 del 指令可删除文件，格式为 del [盘符：][路径名]〈文件名〉。

操作提示：删除 abc 文件夹中的全部文件为 del c:\abc*.*（*.*表示所有文件），将提示是否确定删除，输入 Y 确认。

② 删除 C 盘下的 abc 文件夹。

通过 rd 指令可删除文件夹。用 rd 命令删除文件夹必须里面的所有文件删除才可以，并且所有的文件夹没有子文件夹。若有子文件夹则先删除后再操作。

操作提示：删除 C 盘下的 abc 文件夹格式为 rd c:\abc。

在删除文件及文件夹时，文件及文件夹必须是关闭状态。

4. 更换盘符（进入 D 盘下的 abc 文件夹）

cd 是更换盘符的指令，这个指令的存在使得 DOS 更加灵活。盘符就是指最左端的路径，以

“\>”符号结束。如 c:\users\administrator>盘符其实就是当前默认的路径。比如在上述盘符下输入 dir，则显示的是 users\administrator 这一文件夹下的所有文件。

cd 就是改变这个默认路径的指令。格式为 cd [盘符：][路径名]<目录名>，此命令可以进入当前盘下的子目录，cd\命令可以回到根目录，如需换到其他盘只需输入盘符（如 D 盘只输入 d:）即可。

操作提示：将目录更换为 D 盘的 abc 文件夹操作为先输入盘符 D:进入 D 盘，再输入 cd d:\abc 进入 abc 文件夹。如图 1–9 所示。

图 1–9　更换盘符

5. 界面清屏和设置开机启动项

（1）界面清屏。通过 cls 指令可实现对 DOS 界面的清屏，命令格式为 cls。

（2）设置开机启动项。通过输入 msconfig 可打开开机启动项对话框，对其进行设置。

实验二　网络设置及常见命令

【实验目的】

1. 掌握创建 ADSL 宽带连接的方法
2. 掌握使用宽带连接的方法
3. 掌握删除连接的方法
4. 掌握常见的网络命令
5. 掌握界面方式查看 TCP/IP 协议
6. 掌握文件和文件夹的共享

【实验内容】

1. 宽带连接的创建

2. 宽带连接的使用
3. 宽带连接的删除
4. 常见的网络命令
7. 查看 TCP/IP 协议
5. 共享文件或文件夹

【实验步骤】

非对称数字用户环路技术（Asymetric Digital Subscriber Loop，ADSL）利用分频技术把普通电话线路所传输的低频信号和高频信号分离。3400Hz 以下低频部分供电话使用；3400Hz 以上的高频部分供上网使用，即在同一条电话线上同时传送数据和语音信号。因此，ADSL 业务不但可进行高速数据传输，而且上网的同时不影响电话的正常使用。在已有电话线路的情况下，只要加装一台 ADSL MODEM 和一个话音分离器，无须对线路做任何改动，ADSL 即可轻松到家。

1. 创建宽带连接

创建 ADSL 连接可以在已有电话线路的情况下，通过拨号上网方式连接到 Internet 网络。

操作提示：

（1）选择“开始”→“控制面板”，打开控制面板窗口，如图 1-10 所示。

图 1-10 “控制面板”窗口

（2）左键单击“网络和 Internet”选项进入“网络和 Internet”窗口。

（3）左键单击“网络和共享中心”选项，在打开的窗口中选择“设置新的连接和网络”。

（4）打开“设置连接或网络”对话框，如图 1-11 所示。

（5）选择“连接到 Internet”选项。左键单击“下一步”按钮。在弹出的对话框中选择“宽带（PPPoE）”选项，如图 1-12 所示。

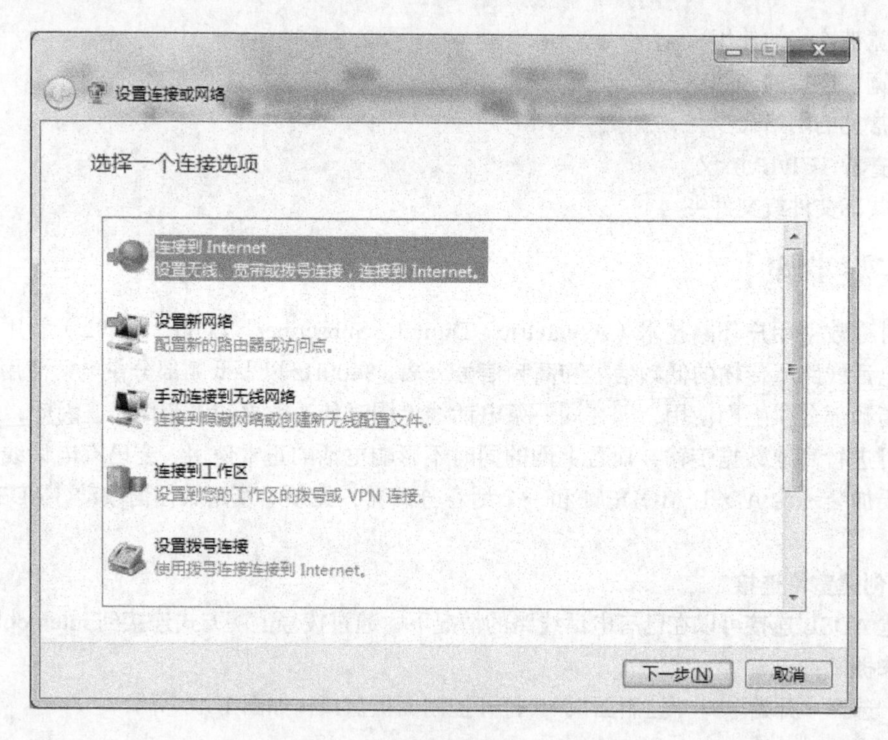

图 1–11 “设置连接或网络”对话框

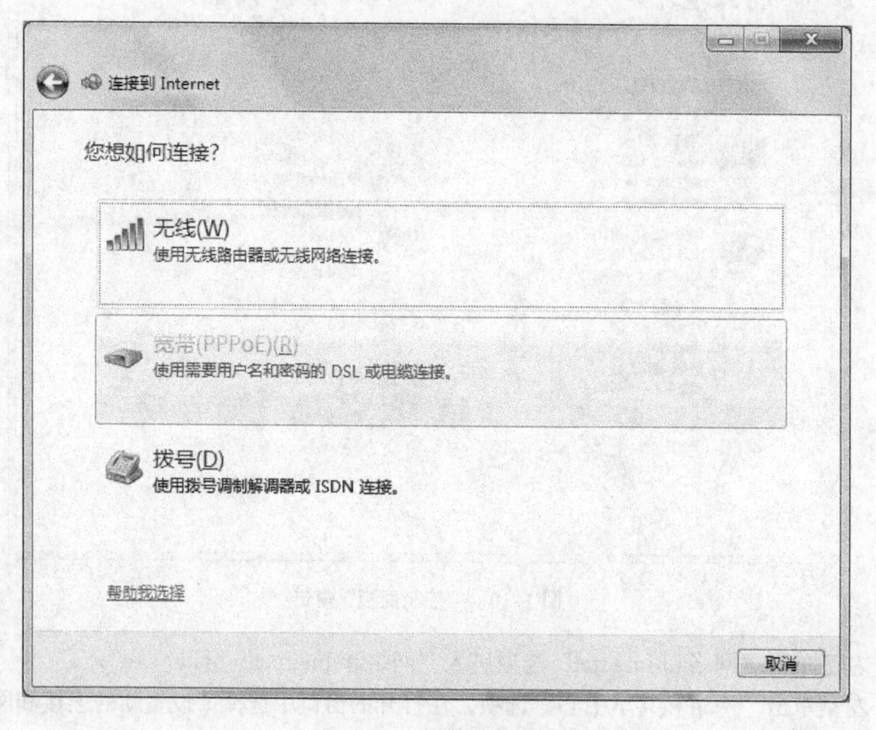

图 1–12 选择宽带连接

（6）在显示的对话框中输入宽带连接所需的用户名和密码后，左键单击“连接”按钮。如图 1–13 所示。

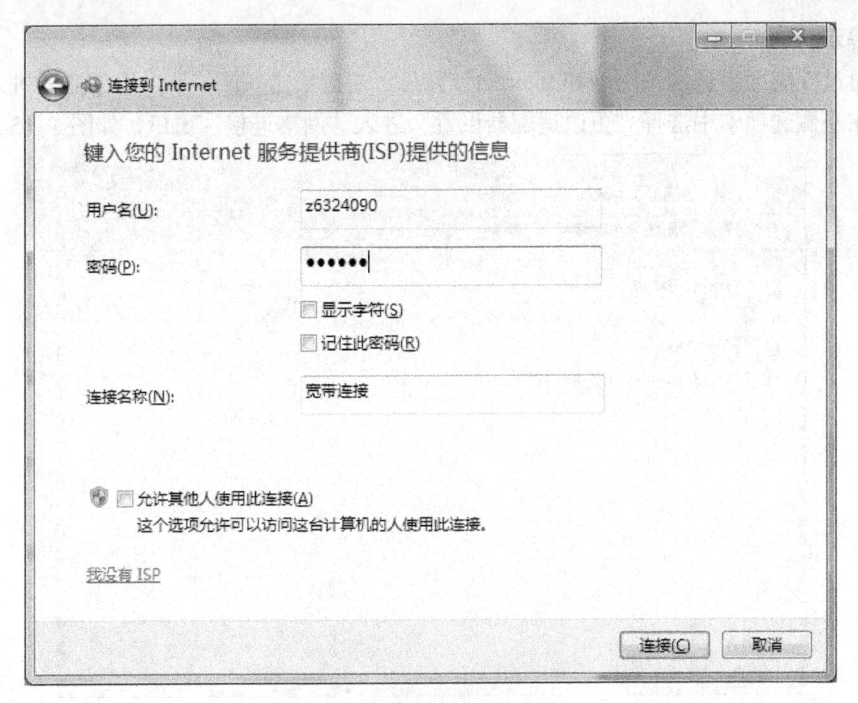

图 1–13　输入 Internet 账户信息

（7）对 Internet 连接进行测试，测试成功将可浏览 Internet。如图 1–14 所示。

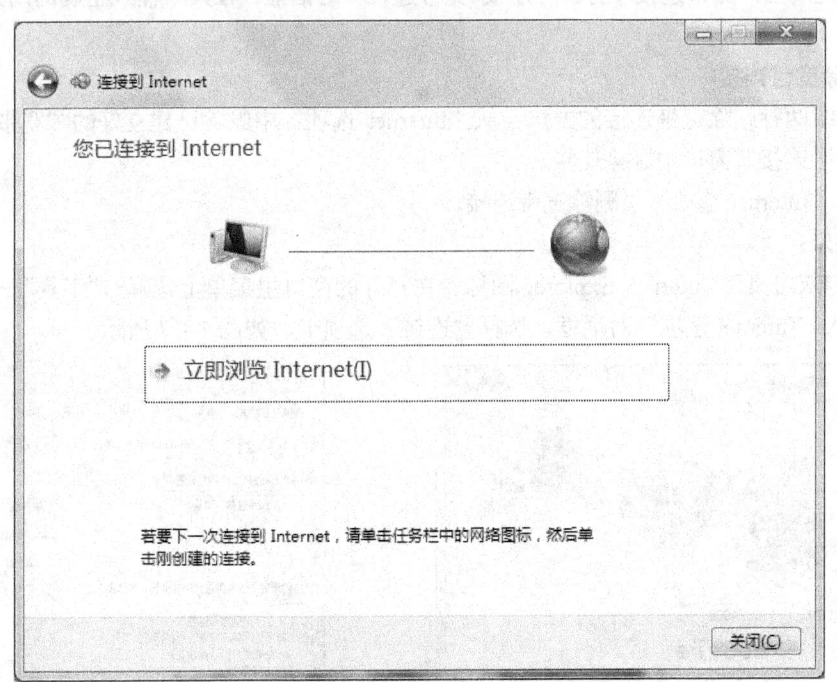

图 1–14　测试网络连接

（8）左键单击“立即浏览 Internet”，即可打开网页。

2. 拨号连接的使用

创建好宽带拨号连接以后，选择宽带连接，输入正确的用户名和密码即可连入网络。

操作提示：

（1）通过控制面板进入“网络和 Internet”窗口，左键单击“网络和共享中心”进入此窗口。

（2）在左侧选项卡中选择“更改适配器设置”进入“网络连接”窗口，如图 1-15 所示。

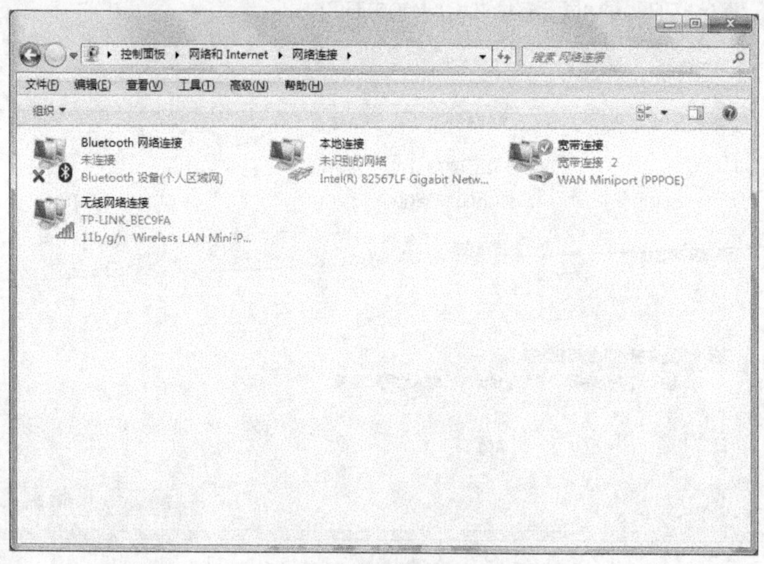

图 1-15 “网络连接”窗口

（3）左键双击“宽带连接”打开“连接 宽带连接”对话框，在其中输入正确的用户名和密码即可。如图 1-16 所示。

3. 删除宽带连接

这里介绍两种删除宽带连接的方法，从“Internet 选项”中删除已建立好的“宽带连接”，或直接从“网络连接”窗口中删除连接。

（1）从“Internet 选项”中删除宽带连接。

操作提示：

① 左键双击桌面 Internet Explorer 图标，在打开的窗口主菜单上选择 “工具”→“Internet 选项”，进入“Internet 选项”对话框。选择“连接”选项卡。如图 1-17 所示。

图 1-16 “连接 宽带连接”对话框

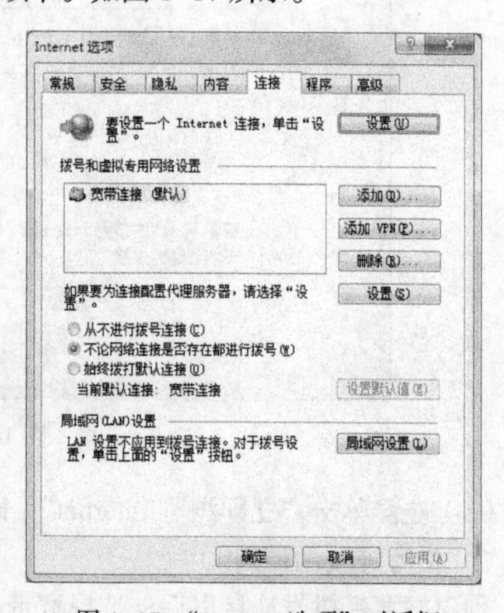

图 1-17 “Internet 选项”对话框

② 单击“删除”按钮，将宽带连接删除。

（2）从“网络连接”窗口删除宽带连接。

操作提示：进入“网络连接”窗口，右键选择“宽带连接”，在显示的下拉列表中选择“删除”选项，删除此连接即可。

4. 常见的网络命令

（1）ipconfig 命令。

该诊断命令显示所有当前的 TCP/IP 网络配置值，[/all] 产生完整显示。在没有该参数的情况下 ipconfig 只显示 IP 地址、子网掩码和每个网卡的默认网关值。命令格式为“ipconfig”或“ipconfig/all”。

操作提示：

① 选择“开始”→“所有程序”→“附件”→“命令提示符”，打开“管理员：命令提示符”窗口，如图 1-18 所示。

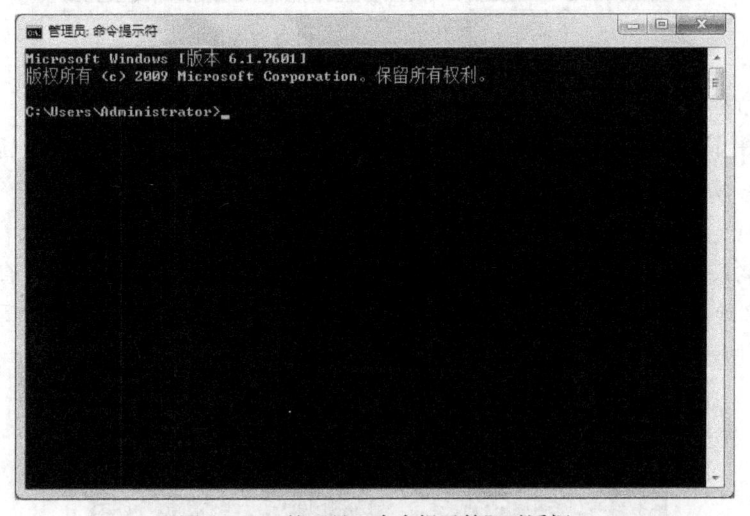

图 1-18　“管理员：命令提示符”对话框

② 在其中输入命令 ipconfig 显示 TCP/IP 的基本配置，如图 1-19 所示。

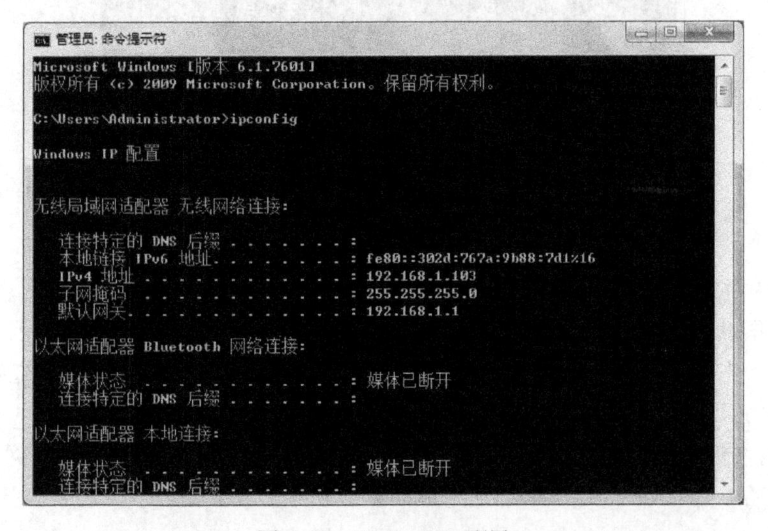

图 1-19　Windows IP 配置

③ 在其中输入命令 ipconfig/all 显示全部信息。如图 1–20 所示。

图 1–20 ipconfig/all 设置显示

（2）ping 命令。

ping 命令用于验证与远程计算机的连接，该命令只有在安装了 TCP/IP 协议后才可使用。命令格式为“ping 域名”或“ping IP 地址”。

操作提示：

① ping 域名，在“管理员：命令提示符”窗口中输入 ping www.baidu.com 查看结果。

② ping IP 地址，在窗口中输入 ping 网关（网关由 ipconfig 命令中获取）查看与网关的连通性。如图 1–21 所示。

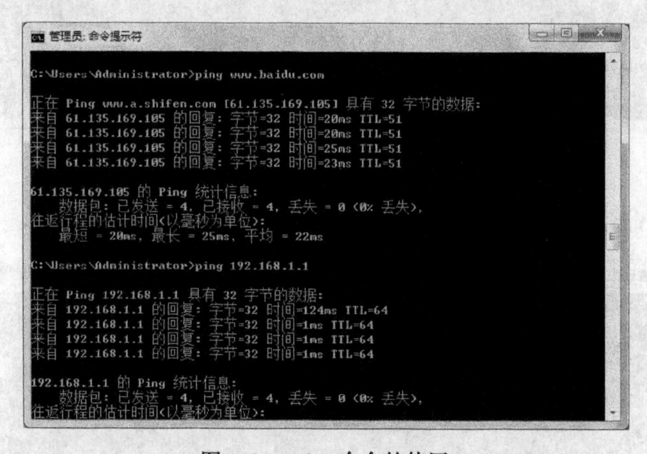

图 1–21 ping 命令的使用

（3）tracert 命令。

tracert 命令可以用来跟踪一个报文从一台计算机到另一台计算机所走的路径，并显示到达每个节点的时间，主要用于网络发生问题时，检测网络发生问题的节点。命令格式为“tracert 域名”或“tracert IP 地址”。

操作提示：tracert IP 地址，在“管理员：命令提示符”窗口中输入 tracert 网关的 IP 地址跟踪到网关的路径（如 tracert 192.168.1.1）。如图 1–22 所示。

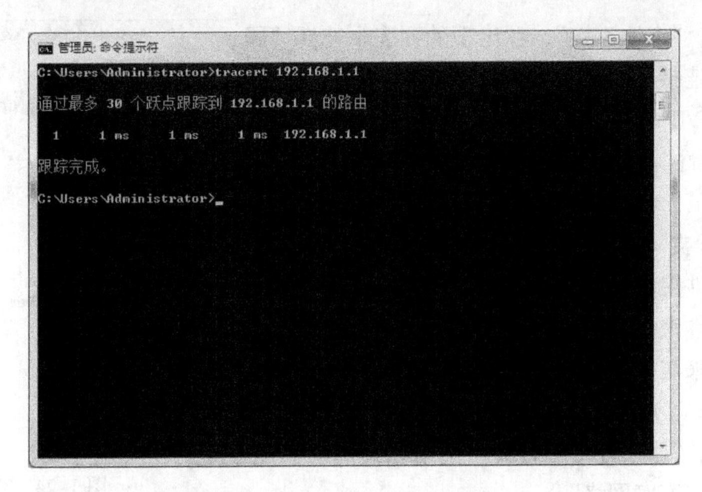

图 1–22 tracert 命令的使用

（4）netstat 命令。

netstat 是控制台命令,是一个监控 TCP/IP 网络的非常有用的工具，它可以显示路由表、实际的网络连接以及每一个网络接口设备的状态信息。netstat 用于显示与 IP、TCP、UDP 和 ICMP 协议相关的统计数据，一般用于检验本机各端口的网络连接情况。

netstat 命令的功能是显示网络连接、路由表和网络接口信息，可以让用户得知有哪些网络连接正在运作。使用时如果不带参数，netstat 显示活动的 TCP 连接。命令格式为 netstat。

操作提示：进入 DOS 窗口中输入 netstat 命令即可，如图 1–23 所示。

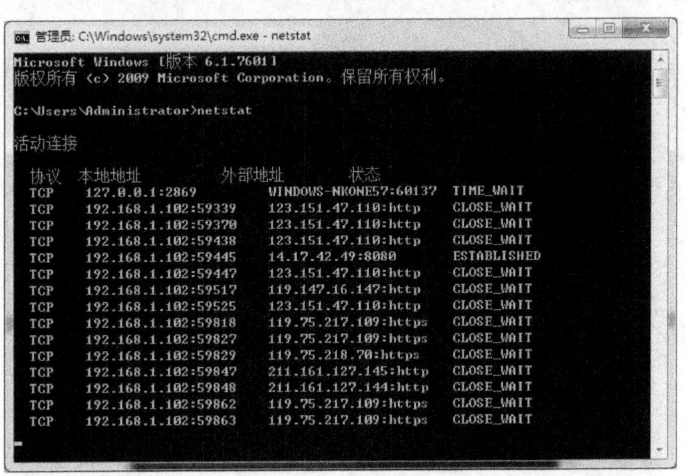

图 1–23 netstat 命令的使用

5. 查看 TCP/IP 协议

TCP/IP 是 Transmission Control Protocol/Internet Protocol 的简写，中译名为传输控制协议/因特网互联协议，又名网络通信协议，是 Internet 最基本的协议、Internet 国际互联网络的基础，由网络层的 IP 协议和传输层的 TCP 协议组成。

操作提示：

① 选择“开始”→“控制面板”→“网络和共享中心”打开“网络和共享中心窗口”，选择左侧的“更改适配器设置”进入网络连接窗口。

② 右键单击“本地连接”，在出现的列表中选择“属性”，出现“网络连接 属性”对话框，在其中选择“Internet 协议版本 4（TCP/IPv4）”，单击“属性”按钮。

③ 进入“属性”对话框，在其中查看相应的设置，如图 1–24 所示。

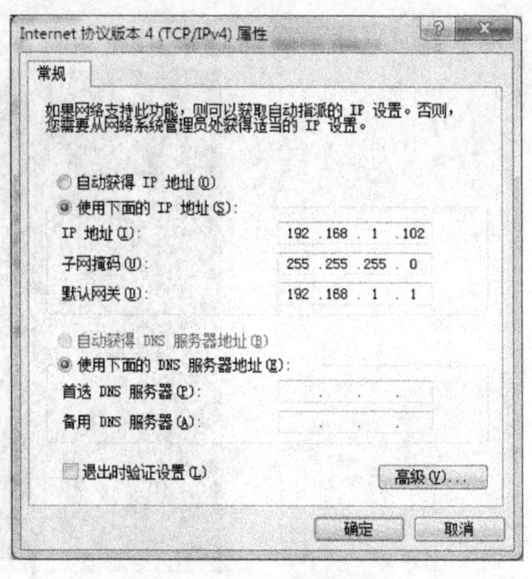

图 1–24　TCP/IP 协议

6. 共享文件夹

所谓共享文件夹就是指某个计算机用来和其他计算机间相互分享的文件夹。在 Windows 7 系统中我们可以利用系统的共享功能来与家中的其他电脑共享文件。

操作提示：

① 通过单击“网络连接”打开“网络和共享中心”，选择活动网络为“家庭网络”。

② 首先打开资源管理器，打开其中的某一个磁盘，找到一个你想与家中其他电脑共享的文件夹，比如你想共享下载文件夹，就选定这个文件夹。

③ 在此文件夹上单击鼠标右键，然后在出现的右键菜单中单击“共享”选项，会在右边弹出一个次级菜单，有四个选项，其中中间的两个选项是共享的方式，可以完全共享，也可以只能读取不能写入，为了安全考虑，在这里只选择可以读取的共享。如图 1–25 所示。

④ 进入共享页面时，如果你此前没有进行过文件共享，会出现提示，要修改相关的设置，单击“更改高级共享设置”链接。

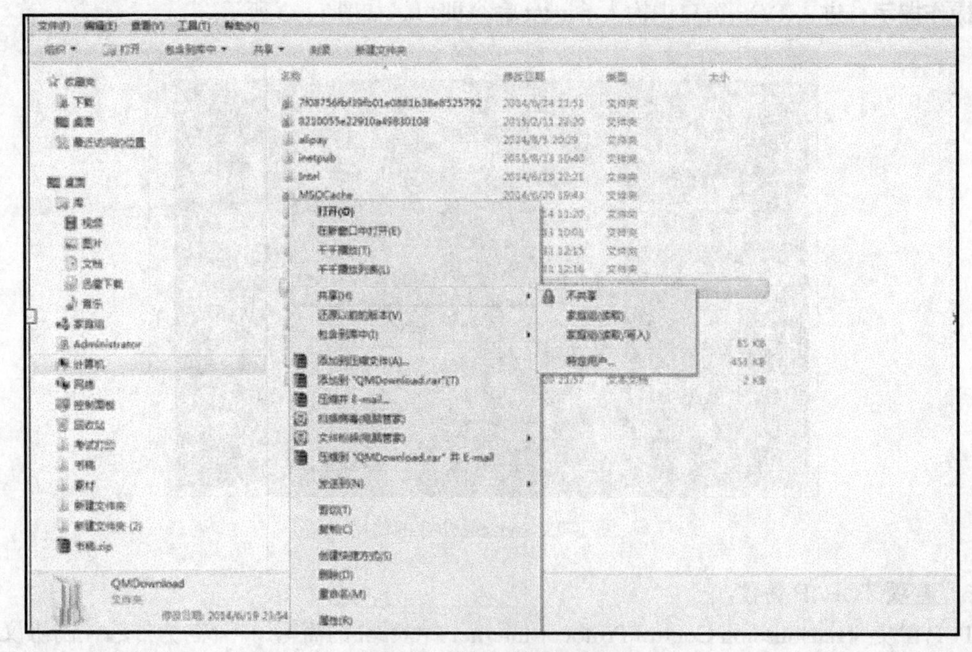

图 1–25　设置文件夹共享

⑤ 然后在高级共享设置界面，依次选定启用文件共享的相关选项，如图 1–26 所示，依次选定完毕，单击“保存修改”，退出设置页面。

⑥ 设置完成后，按“后退”键回到前一窗口，选择“什么是网络位置”单击“下一步”进行相关设置即可。

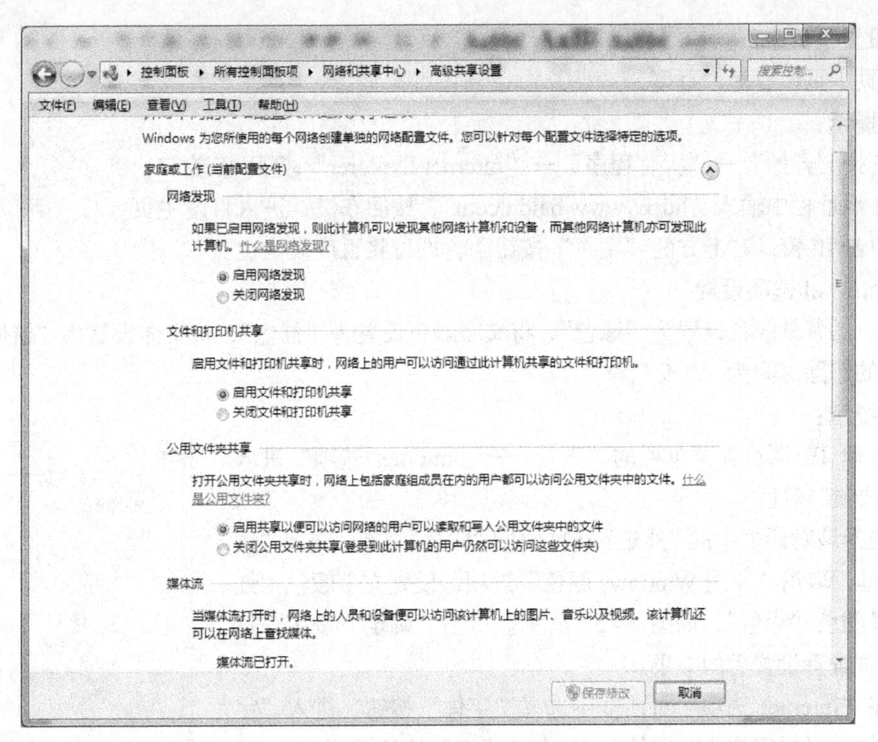

图 1-26　文件夹共享设置

实验三　IE 浏览器与即时通信工具

【实验目的】

1. 掌握 IE 浏览器的使用
2. 掌握 FeiQ 通信工具的使用

【实验内容】

1. 更改主页
2. Internet 选项设置
3. 保存网页和图片
4. 将网页添加到收藏夹并整理
5. 安装 FeiQ 聊天工具
6. 登录 FeiQ 并发送即时信息

【实验步骤】

Internet Explorer，是美国微软公司推出的一款网页浏览器。原称 Microsoft Internet Explorer(6 版本以前)和 Windows Internet Explorer（7、8、9、10、11 版本），简称 IE。在 IE7 以前，中文直译为“网络探路者”，但在 IE7 以后官方便直接俗称“IE 浏览器”。

1. 设置网页主页

将网页主页设置为“百度”。

操作提示：

① 选择“开始”→“所有程序”→“Internet Explorer”,打开 IE 窗口。

② 在地址栏中输入“http://www.baidu.com”，按回车键，进入百度主页。

③ 单击 IE 窗口右上方的“主页”按钮，即可将百度设为主页。

2. Internet 选项设置

将网页的背景颜色设置为“绿色”，将文字颜色设置为“红色”，将字体设置为“楷体”，设置历史记录的删除时间为“3 天”。

操作提示：

① 选择 IE 浏览器菜单栏的“工具”→“Internet 选项”进入“Internet 选项”对话框。

② 选择该对话框中的“外观”选项中的“颜色”按钮。进入“颜色”对话框，取消“使用 Windows 颜色”选项，设置文字颜色“红色”，背景颜色“绿色”，如图 1–27 所示。单击“确定”按钮，打开一个网页查看设置后的效果。

③ 在“Internet 选项”对话框中选择“字体”按钮，进入“字体”对话框，设置字体为“楷体”，单击“确定”按钮即可。

④ 在“Internet 选项”对话框中选择“浏览历史记录”选项中的“设置”按钮，进入“网站数据设置”对话框，选择“历史记录”选项，将天数改为“3 天”确定即可。

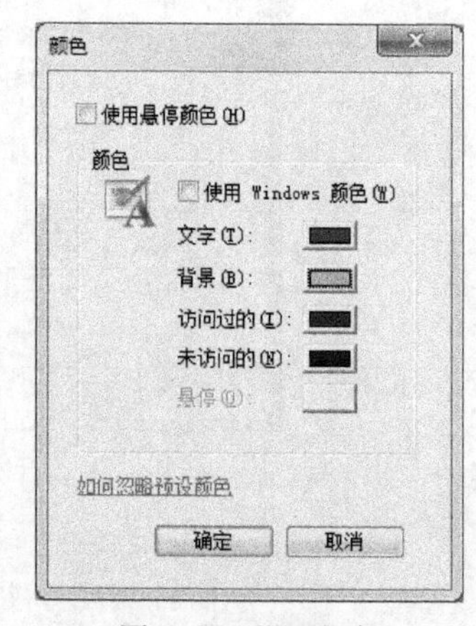

图 1–27 设置颜色

3. 保存网页和图片

将“武汉工程大学”的主页保存在 C 盘“网页”文件夹下，并将其中的图片也保存在此文件夹中。

（1）保存网页。

操作提示：

① 在 C 盘新建一个“网页”文件夹。

② 在 IE 地址栏里输入“http://www.wit.edu.cn”进入武汉工程大学主页，选择菜单栏“文件”中的“另存为”命令，在弹出的对话框中输入文件名“武汉工程大学”，选择文件存放地址为“C:\网页”，选择保存类型为“网页，全部”。

③ 单击“保存”按钮进行查看即可。

（2）保存网页中的图片。

操作提示：选择需保存的图片，单击鼠标右键，在弹出的菜单选择“图片另存为”命令，打开“保存图片”对话框，选择保存的地址及保存类型（JPGE），单击“保存”即可。

4. 将网页添加到收藏夹并整理

收藏夹是在上网的时候方便你记录自己喜欢、常用的网站。把它放到一个文件夹里，想用的时候可以打开找到。

将百度网页添加到收藏夹并对收藏夹进行整理。

（1）添加网页到收藏夹。

操作提示：

① 打开网页，选择菜单栏的“收藏夹”选项中的“添加到收藏夹”选项，弹出“添加收藏”

对话框，如图 1–28 所示。

② 将名称改为“百度”，创建位置为收藏夹，单击“添加”按钮即可添加入收藏夹。

（2）整理收藏夹。

在收藏夹里新建一个“常用”文件夹，将百度网页添加入“常用”文件夹中。

操作提示：

① 选择菜单栏“收藏夹”选项中的“整理收藏夹”选项，弹出“整理收藏夹”对话框，如图 1–29 所示。

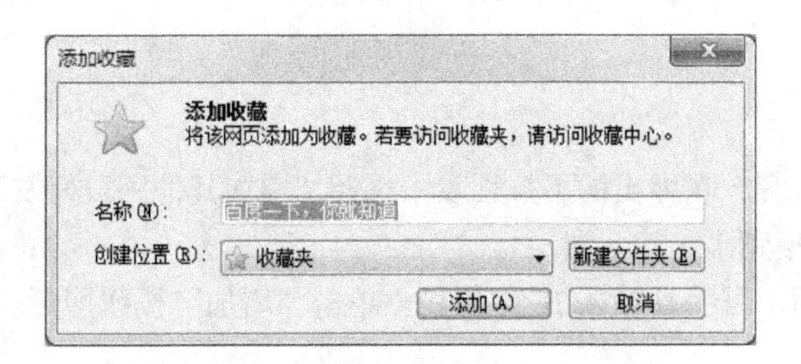

图 1–28　添加收藏

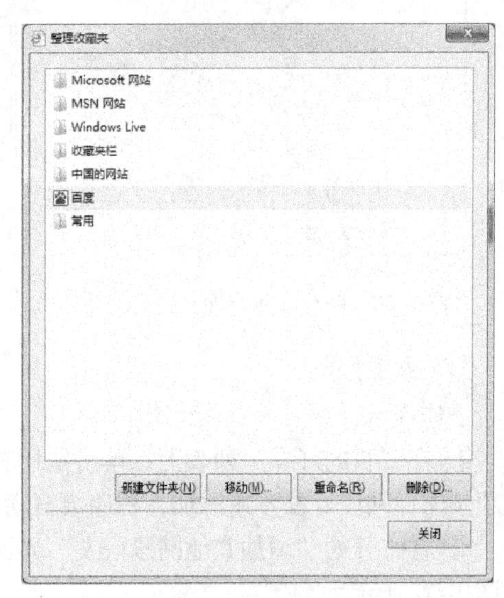

图 1–29　整理收藏夹

② 选择“创建文件夹”按钮，新建一个文件夹，将此文件夹改名为“常用”。

③ 选择“百度”网页，选择“移动”按钮，出现“浏览文件夹”对话框，在其中选择“常用”文件夹，单击“确定”按钮即可。

5. 安装 FeiQ 聊天工具

FeiQ 是一款局域网聊天传送文件的即时通信软件，它参考了飞鸽传书(IPMSG)和 QQ，完全兼容飞鸽传书(IPMSG)协议，具有局域网传送方便、速度快、操作简单的优点，同时具有 QQ 中的一些功能，是飞鸽的完善代替者。类似一些公司使用的 BQQ。它支持语音，远程协助群聊。

（1）登录到 FeiQ 主页，下载 FeiQ 聊天工具，将其保存在 E 盘中，双击后弹出登录界面。

操作提示：在 IE 浏览器中输入“www.feiq18.com”，进入 FeiQ 主页，下载 FeiQ 聊天软件保存到 E 盘，双击弹出如图 1–30 所示界面（FeiQ 软件不用安装，可直接打开界面）。

（2）设置用户名。

FeiQ 登录后的用户名是主机名用户名，这时可以设置用户名并完善个人资料。

操作提示：选择界面下方的“系统设置”按钮，弹出“设置”对话框，在其中输入用户名和组名，并进行其他设置即可。如图 1–31 所示。

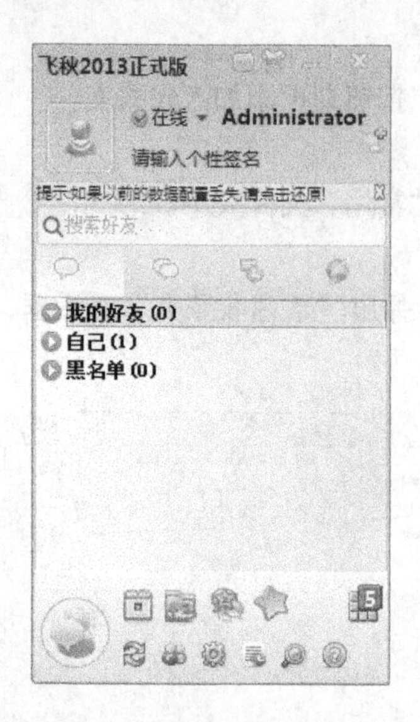

图 1-30　FeiQ 聊天界面

图 1-31　系统设置

（3）添加好友。

操作提示：

① 在“我的好友”列表上，单击鼠标右键，在弹出的下拉列表中选择“增加其他网段好友”选项（同一网段好友不用添加，程序会自动搜索）。

② 在打开的“增加其他网段好友”界面，可手动输入 IP 地址段，单击“增加”按钮即可。如图 1-32 所示。

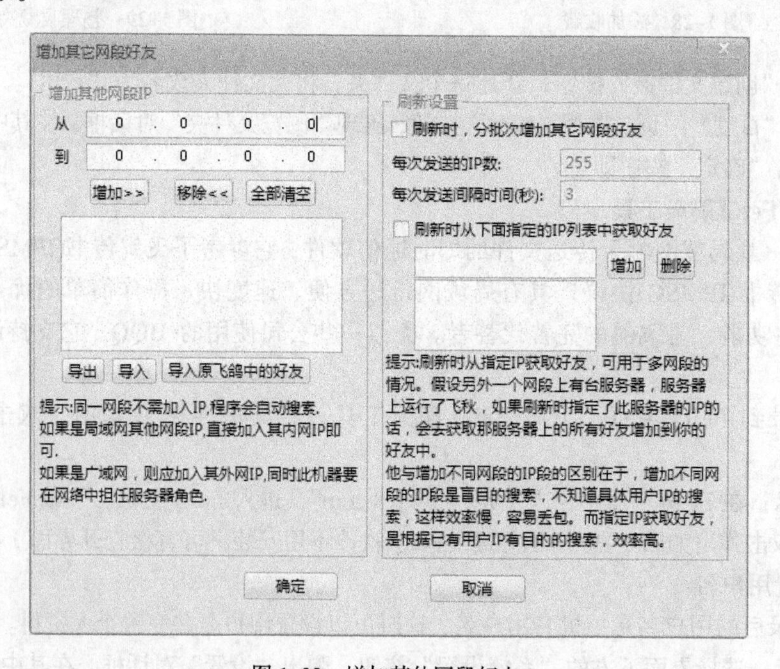

图 1-32　增加其他网段好友

③ 也可单击主界面下方的“查找”按钮，弹出“查找列表中的好友”对话框，输入查找内容，查找好友，如图 1-33 所示。

（4）发送消息。

① 在“我的好友”列表上，单击鼠标右键，选择“新建组”选项，弹出“新建组名”对话框，可以创建一个新组并将好友添加到相应组中。如图 1–34 所示。

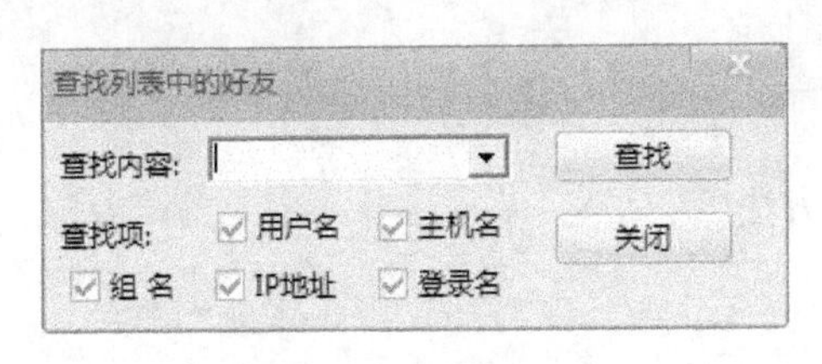

图 1-33　查找好友

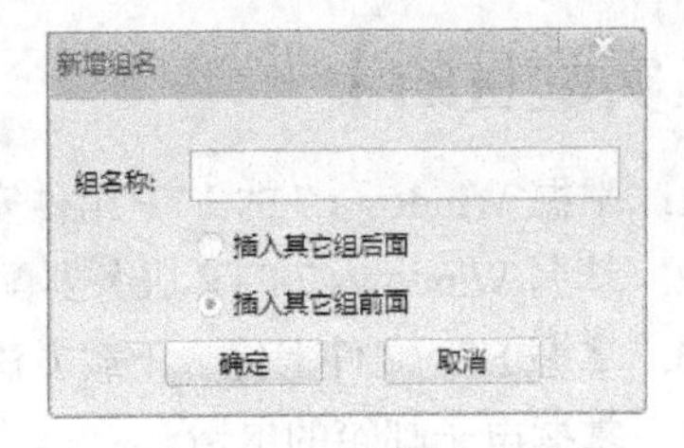

图 1–34　新建组

② 选择新建的组，单击鼠标右键选择“发送消息”即可对该组成员群发消息。

③ 若对单人发送消息只需选中此人，双击弹出聊天对话框即可。

（5）添加共享文件。

在 FeiQ 上可以共享文件，对共享文件进行下载。

操作提示：

① 选择界面下方的“共享文件”选项，弹出共享文件对话框，如图 1–35 所示。

② 选中其中的共享文件，选择“下载”可下载文件到本地主机。

③ 若自己要上传共享文件，可单击“设置我的共享文件”按钮，弹出“文件共享设置”对话框。

④ 选择“增加目录”按钮，弹出“浏览文件夹”对话框，在其中选择需共享的文件夹，若选择“增加文件”按钮，则需选择需共享的文件。

⑤ 若共享的文件或文件夹不需要密码可进行下载，则选中文件或文件夹，选择下方的“选择的无需密码可访问”即可。

⑥ 若需密码，则选择“选择的需密码访问”按钮，然后单击“设置密码”按钮，弹出“文件共享密码”对话框，如图 1–36 所示。

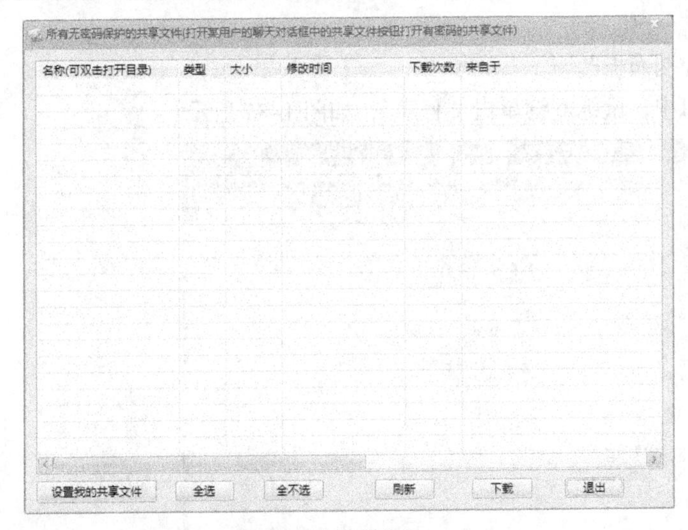

图 1–35　共享文件

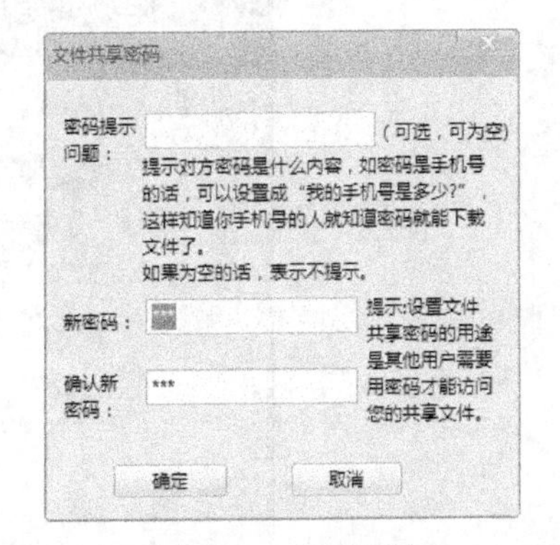

图 1–36　设置密码

⑦ 在其中输入密码提示、新密码及确认密码，单击“确定”按钮即可。

实验四　文件下载及电子邮箱

【实验目的】

1. 掌握 Windows 7 的 FTP 组件安装方法
2. 掌握 Windows 7 FTP 服务器配置、管理方法
3. 掌握 FTP 文件上传、下载方法
4. 掌握电子邮箱的申请

【实验内容】

1. 安装 IIS 及其 FTP 组件
2. 配置 FTP 服务器
3. FTP 文件的上传与下载
4. 申请电子邮箱

【实验步骤】

FTP（File Transfer Protocol）文件传输协议，是用来在客户机和服务器之间实现文件传输的标准协议。FTP 服务器中通常存有大量的允许存取的共享软件和免费资源，本次实验主要介绍 Windows 7 中提供的 FTP 服务的基本知识和基本操作。

1. 安装 IIS 及其 FTP 组件

IIS（Internet Information Server，Internet 信息服务）是一种 Web（网页）服务组件，其中包括 Web 服务器、FTP 服务器、NNTP 服务器和 SMTP 服务器，分别用于网页浏览、文件传输、新闻服务和邮件发送等方面，它使得在网络（包括互联网和局域网）上发布信息成了一件很容易的事。由于 Windows 7 安装时默认没有自动安装 IIS，故 FTP 的设置第一步就是安装 IIS 及其 FTP 组件。

操作提示：

① 从“开始”菜单，打开“控制面板”。

② 在打开的“控制面板”窗口中，鼠标左键单击“程序”，如图 1-37 所示。

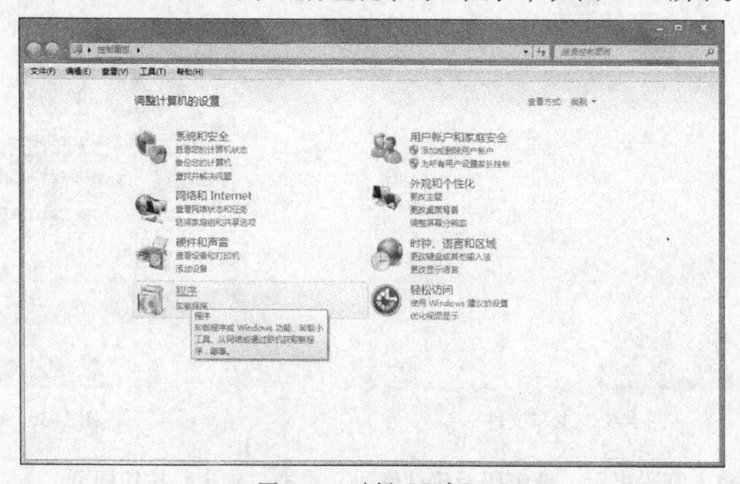

图 1-37　选择“程序”

③ 在打开的“程序”窗口中，鼠标左键单击选择“程序和功能”下的“打开或关闭 Windows 功能”。

④ 在打开的“Windows 功能”对话框中，勾选“Internet 信息服务”→“FTP 服务器”下的“FTP 服务”“FTP 扩展性”，勾选“Internet 信息服务”→“Web 管理工具”下的“IIS 管理服务”“IIS 管理脚本和工具”“IIS 管理控制台”，如图 1-38 所示。

⑤ 鼠标左键单击“确定”按钮，等待 Windows 7 安装 FTP。

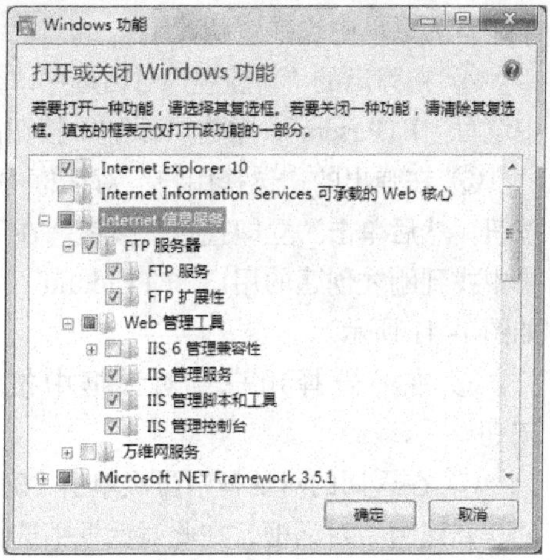

图 1-38　勾选 FTP 及 IIS 有关项目

2. 配置 FTP 服务器

操作提示：

（1）创建测试用的文件夹、文件。

① 在桌面上打开“计算机”，在 E 盘新建一个“TEST”文件夹。

② 在文件夹“TEST”中新建文本文档“test.txt”。

（2）创建测试用的用户、用户组。

① 在桌面上鼠标右键单击“计算机”，在弹出的菜单中选择“管理”。鼠标右键单击弹出的“计算机管理”窗口左侧栏中“系统工具”→“本地用户和组”→“用户”。在弹出的菜单上选择“新用户”，如图 1-39 所示。

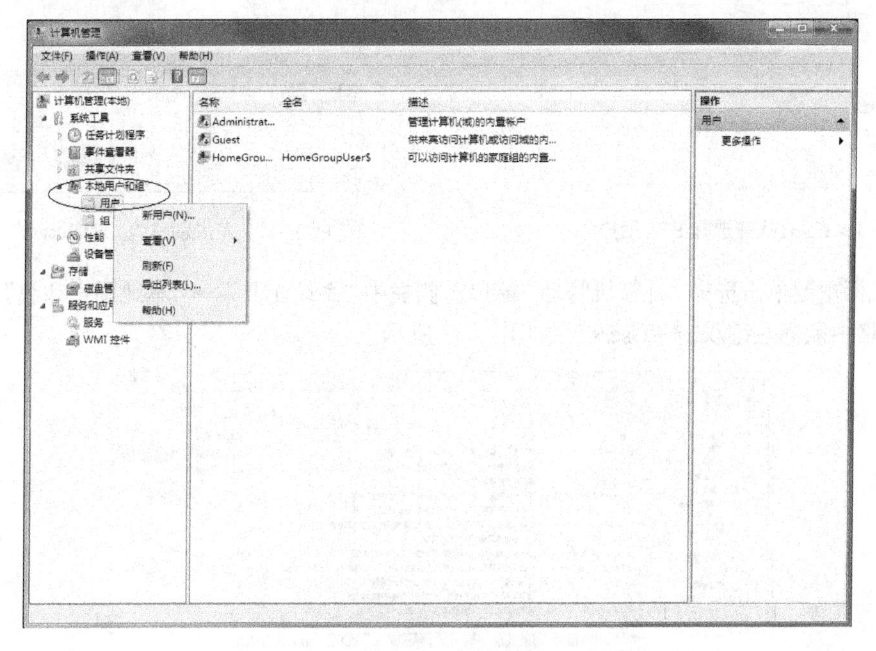

图 1-39　新用户

② 在弹出的“新用户”对话框中的“用户名”文本框中填写“FTPuser”，“密码”“确认密码”文本框中填写密码“000”。清除“用户下次登录时须更改密码”，勾选“用户不能更改密码”“密码永不过期”，单击“创建”按钮即可，如图 1-40 所示。同样再创建新用户“FTPadmin”，“密码”设为“000”。

③ 鼠标右键单击“计算机管理”窗口左侧栏中“系统工具”→“本地用户和组”→“组”。

在弹出的菜单中选择“新建组”。

④ 在弹出的“新建组”对话框中“组名”文本框中填写“FTPusers”，单击“添加”按钮。

⑤ 在弹出的“选择用户”对话框中单击“高级”按钮。然后单击“立即查找”按钮。在下方的搜索结果中找到刚才创建的用户“FTPadmin”和“FTPuser”，如图 1–41 所示。

⑥ 在“选择用户”对话框中按下“确定”按钮。

⑦ 在返回的对话框中再次单击“确定”按钮，返回“新建组”对话框，在此对话框中选择“创建”然后关闭此对话框，如图 1–42 所示。

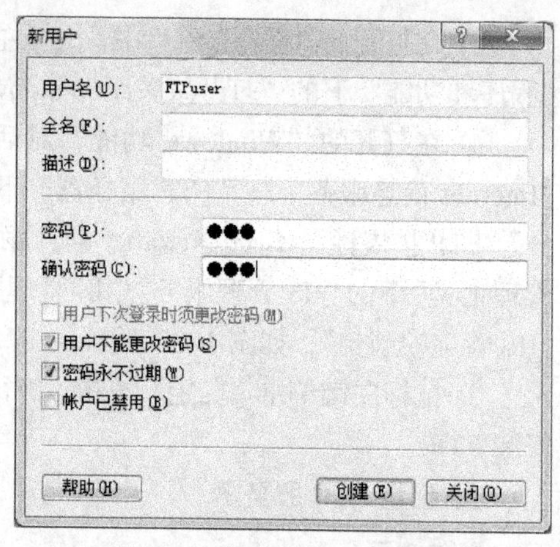

图 1–40　新建用户“FTPuser”

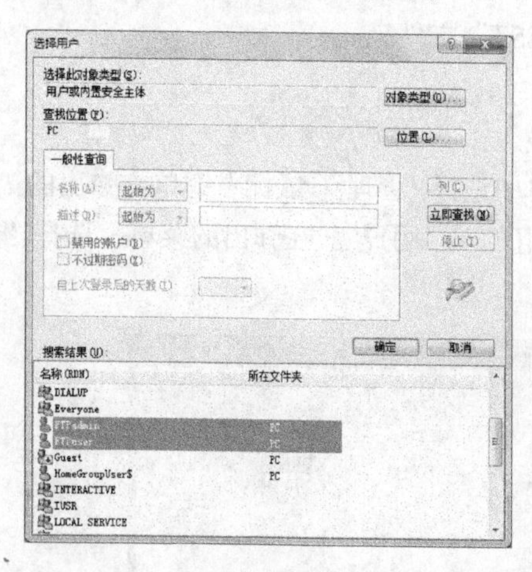

图 1–41　查找并选择 FTP 用户

图 1–42　完成创建组“FTPusers”

⑧ 鼠标左键单击选择“计算机管理”窗口左侧栏中“系统工具”→“本地用户和组”→“组”。在右侧窗格中鼠标左键双击“Users”，如图 1–43 所示。

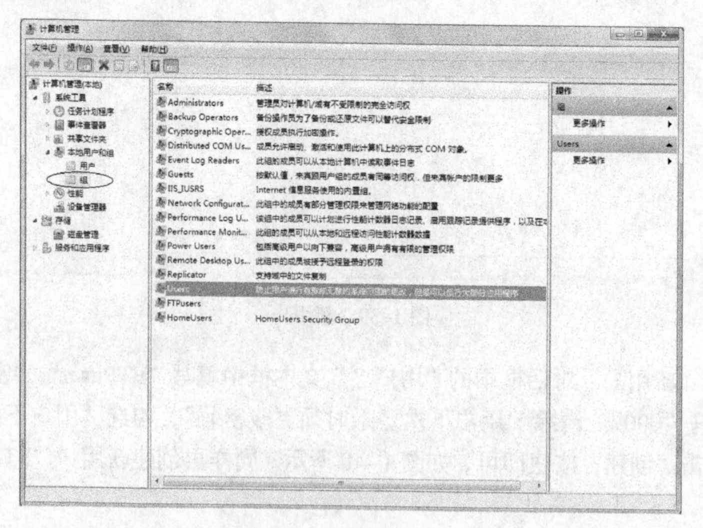

图 1–43　选择“Users”组

⑨ 在弹出的“Users 属性”对话框中选择刚才创建的用户“FTPadmin”和“FTPuser”，如图 1–44 所示，单击“删除”按钮。然后单击“确定”按钮。

（3）添加 FTP 站点。

① 从“开始”菜单选择“控制面板”→“系统和安全”，打开“系统和安全”窗口，如图 1–45 所示，鼠标左键单击选择“管理工具”。

图 1–44 从“Users”组中删除 FTPadmin

图 1–45 “系统和安全”窗口

② 打开“管理工具”窗口，鼠标左键双击选择“Internet 信息服务(IIS)管理器”，如图 1–46 所示。

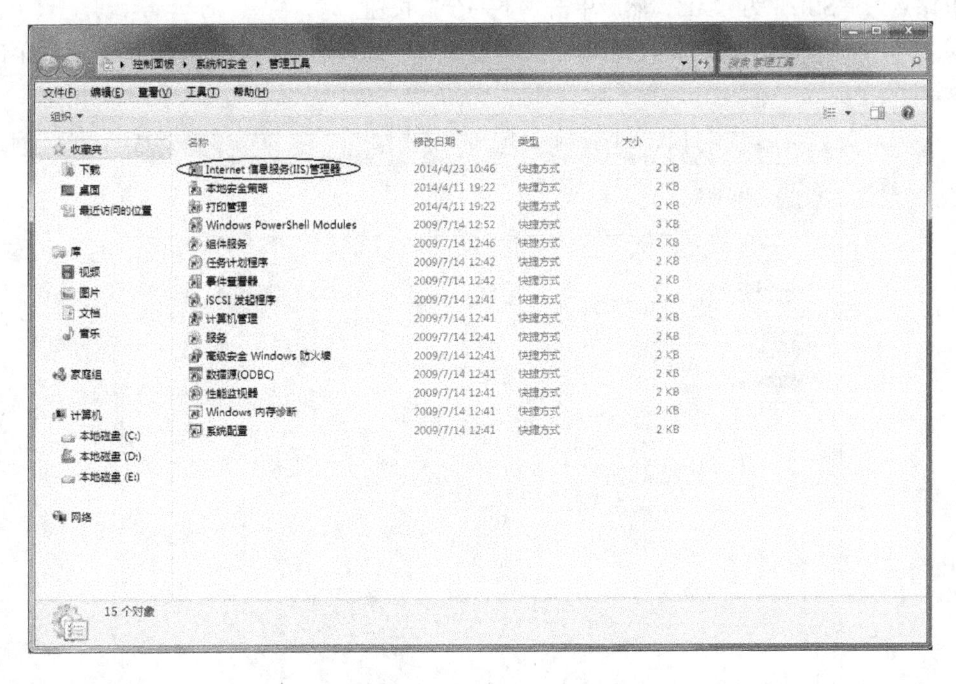

图 1–46 “管理工具”窗口

③ 打开“Internet 信息服务(IIS)管理器”窗口，在左侧栏中鼠标右键单击计算机名字，如图 1–47 所示。在弹出菜单中选择“添加 FTP 站点”。

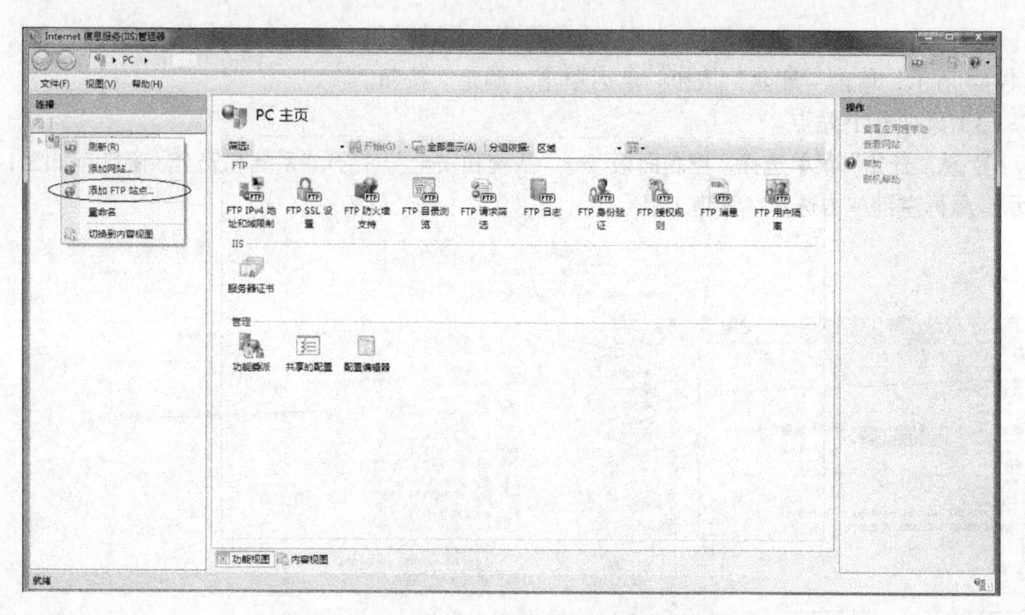

图 1–47 “Internet 信息服务(IIS)管理器”窗口

④ 打开“添加 FTP 站点”窗口，在“FTP 站点名称”处填写“TEST”，“物理路径”处单击[...]按钮选择刚才在 E 盘创建的文件夹“E:\TEST”，如图 1–48 所示。然后单击“下一步”按钮。

⑤ 在新打开窗口中设置“IP 地址”为本机 IP 地址，“端口”为默认值“21”，勾选“自动启动 FTP 站点”，“SSL”为“无”，然后单击“下一步”按钮。

⑥ 在新打开窗口中设置“身份验证”为“基本”，“允许访问”为“未选定”，然后单击“完成”按钮。

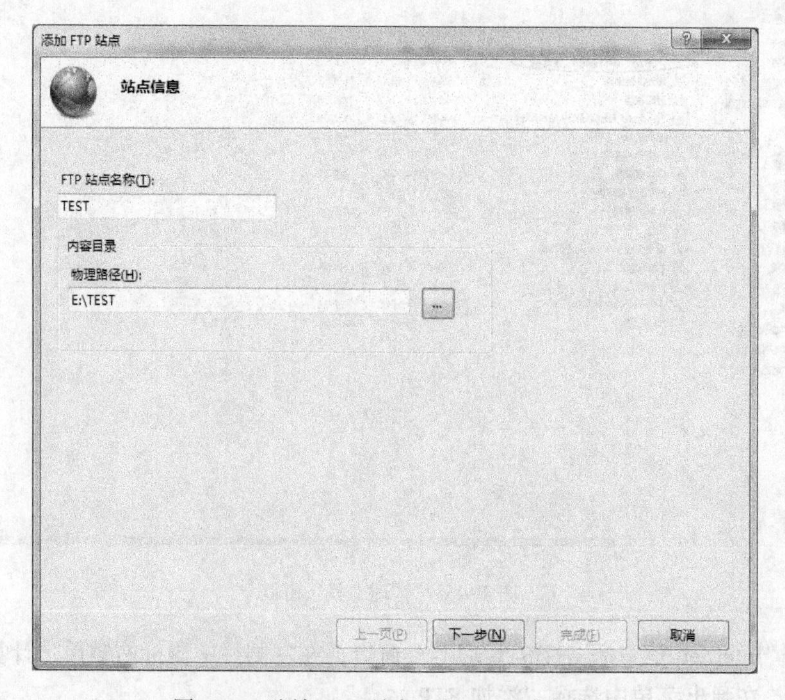

图 1–48 “添加 FTP 站点”窗口“站点信息”

（4）设置用户访问权限。

① 在“Internet 信息服务(IIS)管理器”窗口左侧栏中鼠标左键单击选择刚才添加的 FTP 站点“TEST”。在中间栏“TEST 主页”下，鼠标右键单击“FTP 授权规则”，在弹出菜单中选择“编辑权限”，如图 1–49 所示。

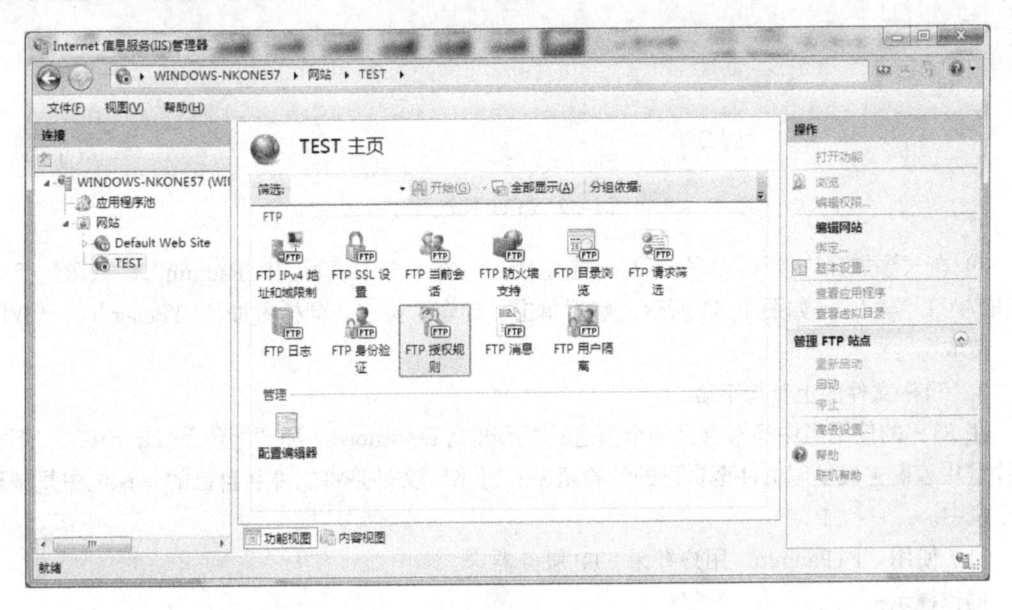

图 1–49　编辑权限

② 在打开的“TEST 属性”对话框中选择“安全”标签，单击“编辑”按钮。

③ 在打开的“TEST 的权限”对话框中单击“添加”按钮，在弹出的“选择用户或组”对话框下的“输入对象名称来选择”文本框中填写“FTPadmin；FTPuser”，如图 1–50 所示，然后单击“确定”按钮。

④ 在打开的“TEST 的权限”对话框中“组或用户名”框内选中“FTPadmin”。在下方的“FTPadmin 的权限”框中勾选“完全控制”，如图 1–51 所示，然后单击“确定”按钮。

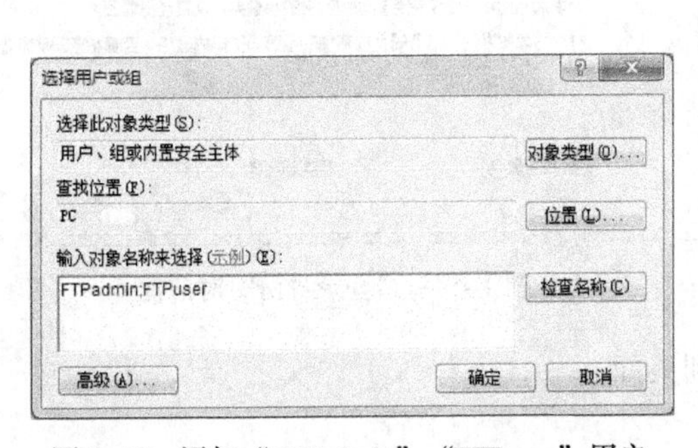

图 1–50　添加“FTPadmin”“FTPuser”用户

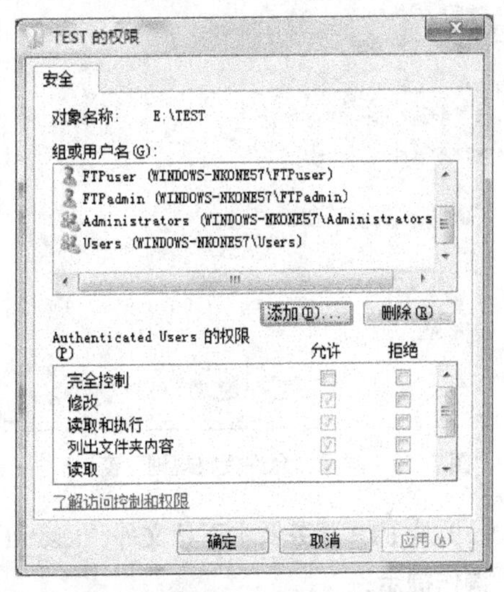

图 1–51　设定“FTPadmin 的权限”

⑤ 在“Internet 信息服务(IIS)管理器”窗口中间栏“TEST 主页”下，鼠标左键双击“FTP 授权规则”。在右侧栏中鼠标单击选择“添加允许规则”，如图 1–52 所示。

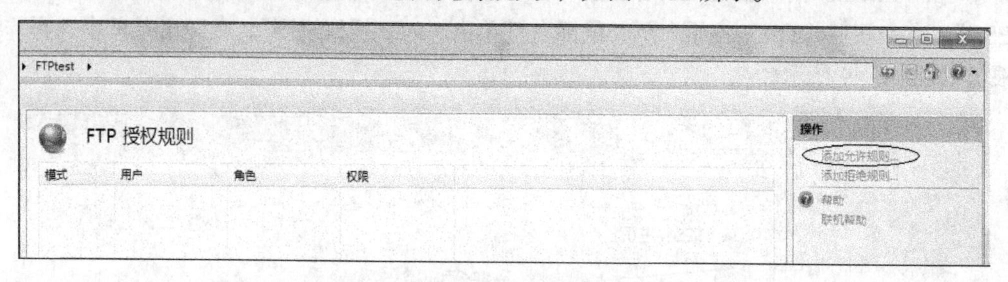

图 1–52 “FTP 授权规则”

⑥ 在“添加允许授权规则”窗口“指定用户”文本框中填写“FTPadmin”，“权限”下勾选“读取”和“写入”，如图 1–53 所示，然后单击“确定”按钮。同样添加“FTPuser”的“权限”为“读取”。

3. FTP 文件的上传与下载

在 FTP 的使用当中经常遇到两个概念：“下载”（Download）和“上传”（Upload）。“下载”文件是从远程主机复制文件至自己的计算机中；“上传”文件是将文件从自己的计算机中复制至远程主机中。

（1）使用“FTPadmin”用户登录 FTP 服务器。

操作提示：

① 打开“计算机”窗口，在地址栏输入“FTP://本机 IP 地址”（如 ftp://192.168.1.101），按下 Enter 键。

② 在弹出的“登录身份”对话框中“用户名”文本框输入“FTPadmin”，“密码”文本框输入“000”，如图 1–54 所示，然后单击“登录”按钮。

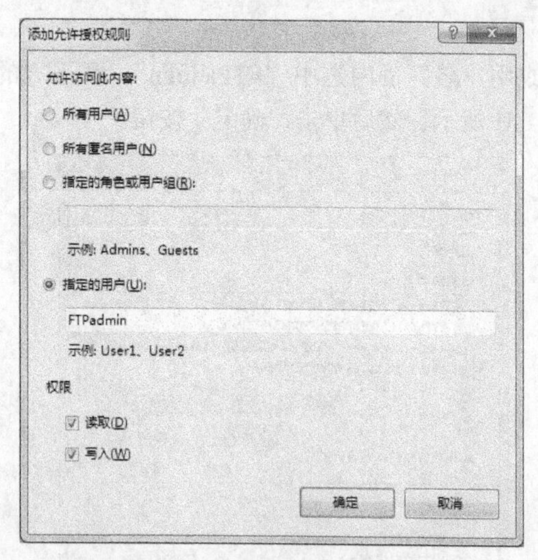

图 1–53 “添加允许授权规则”窗口

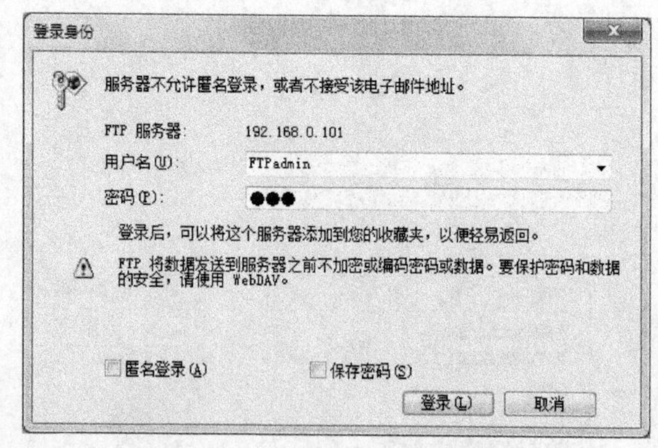

图 1–54 “登录身份”对话框

（2）从 FTP 服务器中下载文件“test.txt”到桌面。

操作提示：

① 在打开的 FTP 服务器窗口中使用鼠标右键单击刚才建立的测试文件“test.txt”。在弹出的

菜单中左键单击选择“复制”，如图 1–55 所示。

② 在桌面空白处单击鼠标右键。在弹出的菜单中左键单击选择“粘贴”。

（3）向 FTP 服务器上传文件。

操作提示： 选择需要上传的文件，复制此文件，再选择服务器，选择“粘贴”即可。

注： FTPuser 用户只可下载不可上传。

4. 申请电子邮箱

电子邮箱是通过网络电子邮局为网络客户提供的网络交流电子信息空间。电子邮箱具有存储和收发电子信息的功能，是因特网中最重要的信息交流工具。在网络中，电子邮箱可以自动接收网络任何电子邮箱所发的电子邮件，并能存储规定大小的等多种格式的电子文件。电子邮箱具有单独的网络域名，其电子邮局地址在@后标注。

注册一个 163 的电子邮箱。

操作提示：

① 打开 IE 浏览器，在其中输入网址“www.163.com”，进入网易首页。

② 选择首页上方的“注册免费邮箱”链接，进入邮箱注册界面，如图 1–56 所示。

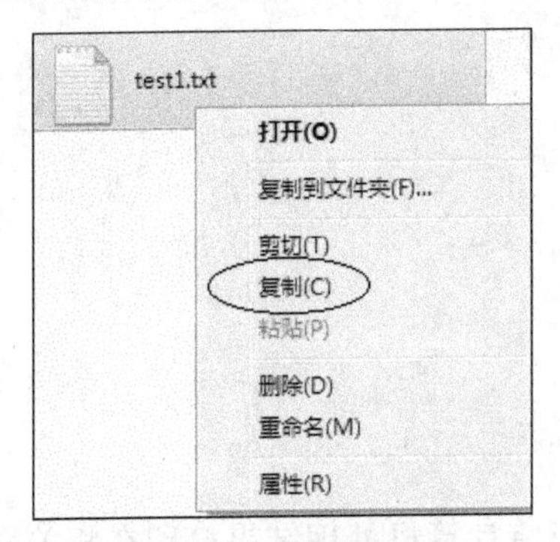

图 1–55　复制测试文件

图 1–56　注册邮箱

③ 在这里选择“注册字母邮箱”，输入“邮件地址”“密码”“确认密码”及“验证码”，单击“立即注册”按钮，即可注册一个电子邮箱。

④ 进入邮箱后，左键单击邮箱上的“写信”，进入“写信”界面，如图 1–57 所示。

图 1–57　写信界面

⑤ 在“收件人”中填写收件人的邮箱地址，在“主题”中填写邮件的主题（可省略），输入邮件内容，左键单击“发送”按钮，即可发送邮件。

实验五　配置共享打印机

【实验目的】

1. 掌握安装打印机的方法
2. 掌握打印机共享设置的方法
3. 掌握共享打印机的访问方法
4. 掌握设置打印机为默认打印机的方法
5. 掌握打印机的删除方法

【实验内容】

1. 安装打印机
2. 配置打印机共享
3. 访问共享打印机
4. 设置默认打印机
5. 删除打印机

【实验步骤】

打印机（Printer）是计算机的输出设备之一，用于将计算机处理结果打印在相关介质上。衡量打印机好坏的指标有三项：打印分辨率、打印速度和噪声。打印机的种类很多，按打印元件对纸张是否有击打动作，分击打式打印机与非击打式打印机。按打印字符结构，分全形字打印机和点阵字符打印机。按一行字在纸上形成的方式，分为串式打印机与行式打印机。按所采用的技术，分柱形、球形、喷墨式、热敏式、激光式、静电式、磁式、发光二极管式等打印机。

1. 安装打印机

要使用打印机的话必须先安装打印机的驱动程序，一般打印机都有自己的安装程序，但一般不好安装。通用的情况其实还是用Windows的添加打印机向导来完成，既能比较顺利地安装，也无须安装其他不必要的软件。

操作提示：

（1）左键单击“开始”→“设备和打印机”，进入“设备和打印机”窗口，如图1-58所示。

（2）在“设备和打印机”窗口，选择上方的“添加打印机”选项，弹出“添加打印机”窗口，在其中选择“添加本地打印机”选项。如图1-59所示。

（3）在窗口中选择打印机端口，根据打印机实际端口进行选择，如果打印机为USB端口，则在“使用现在的端口”后的文本框的下拉列表中选择USB端口，如图1-60所示。

图 1–58　设备和打印机

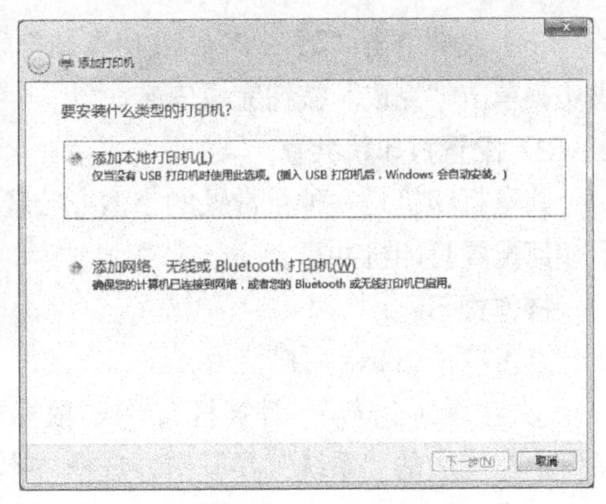

图 1–59　添加打印机

（4）单击“下一步”，进入“安装打印机驱动程序”窗口，如果列表中无打印机驱动，此时选择“从磁盘安装”（需选从光驱插入驱动磁盘）。弹出“从磁盘安装”对话框，单击“浏览”按钮，在其中选择驱动程序所在位置。如图 1–61 所示。

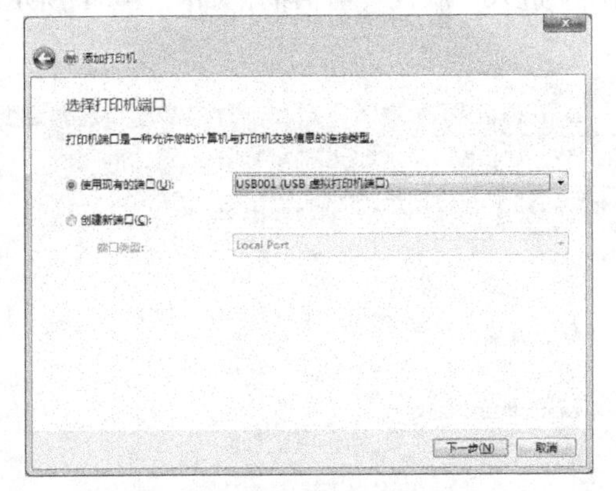

图 1–60　添加打印机端口

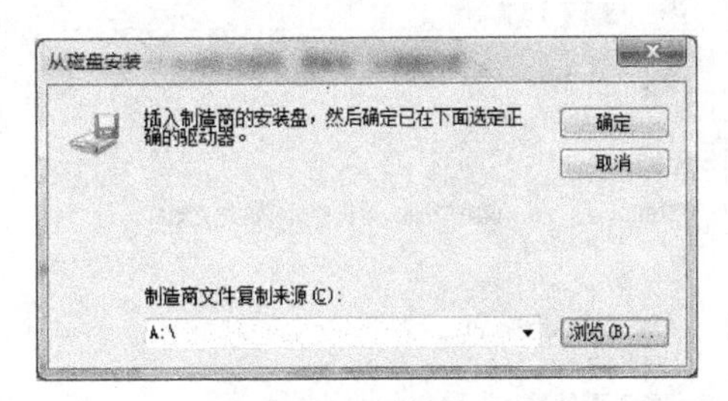

图 1–61　安装驱动程序

（5）左键单击“确定”按钮，进入“添加打印机”的“键入打印机名称”窗口，在其中输入打印机名称，左键单击“下一步”，进入“打印机共享”，在其中选择“不共享这台打印机”。如图 1–62 所示。

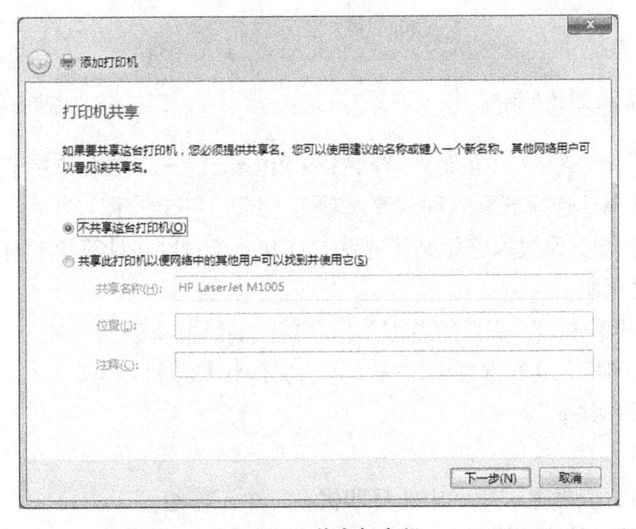

图 1–62　共享打印机

（6）左键单击“下一步”，成功添加打印机，左键单击“打印测试页”，如果可以打印则安装成功，单击“完成”按钮完成安装。

2. 配置打印机共享

共享打印机是一种很常见的小型办公环境下使用打印机的办法。这里介绍在 Windows 7 系统下如何配置打印机共享。

操作提示：

（1）取消 Guest 用户禁用。

① 在桌面上选择“计算机”，单击鼠标右键，在弹出列表中选择“管理”，进入“计算机管理”窗口，在左边的“系统工具”中，选择“本地用户和组”中的“用户”，双击其中的“Guest”用户，弹出“Guest 属性”对话框，如图 1–63 所示。

② 在“Guest 属性”对话框中确保“账户已禁用”选项没有勾选上。

（2）共享打印机。

① 左键单击“开始”→“设备和打印机”进入“设备和打印机”窗口，确保共享的打印机已连接，在打印机上单击鼠标右键，选择“打印机属性”进入“属性”对话框，如图 1–64 所示，勾选“共享这台打印机”，如图 1–64 所示。

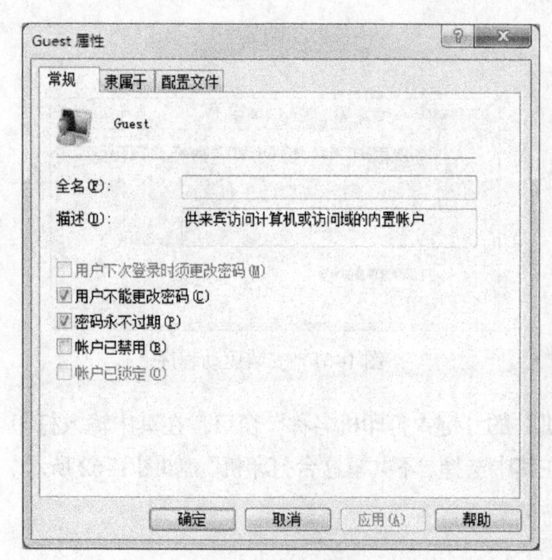

图 1–63 Guest 属性对话框

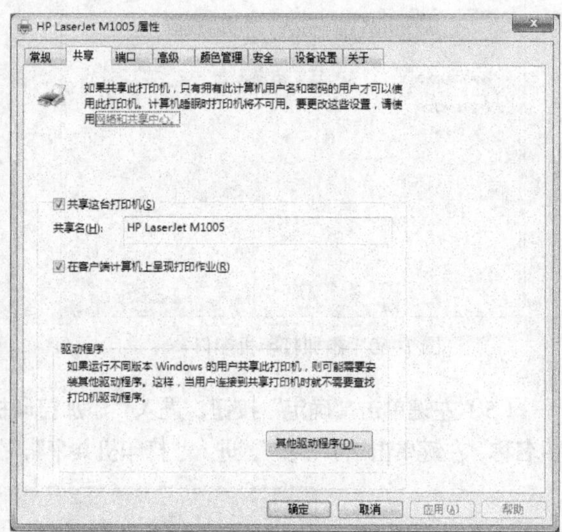

图 1–64 共享打印机

② 选择“开始”→“控制面板”→“网络和 Internet”→“网络和共享中心”打开“网络和共享中心”窗口，选择“选择家庭组和共享选项”。如图 1–65 所示。

③ 进入家庭组窗口，设置家庭组共享库和打印机，若是网络计算机，则按照操作提示输入家庭组密码加入此家庭组中。

④ 在“网络和共享中心”窗口的左侧单击“更改高级共享设置”进入“更改高级共享设置”窗口，在“文件和打印机共享”选项中勾选“启动文件和打印机共享”。在“密码保护共享”选项中勾选“关闭密码保存共享”。

（3）设置工作组。

在共享打印机时，应确保局域网中的打印机在一个工作组。

① 左键单击桌面上的“计算机”，在弹出的列表中选择“属性”，查看计算机名和计算机所在

的工作组，如图 1-66 所示。

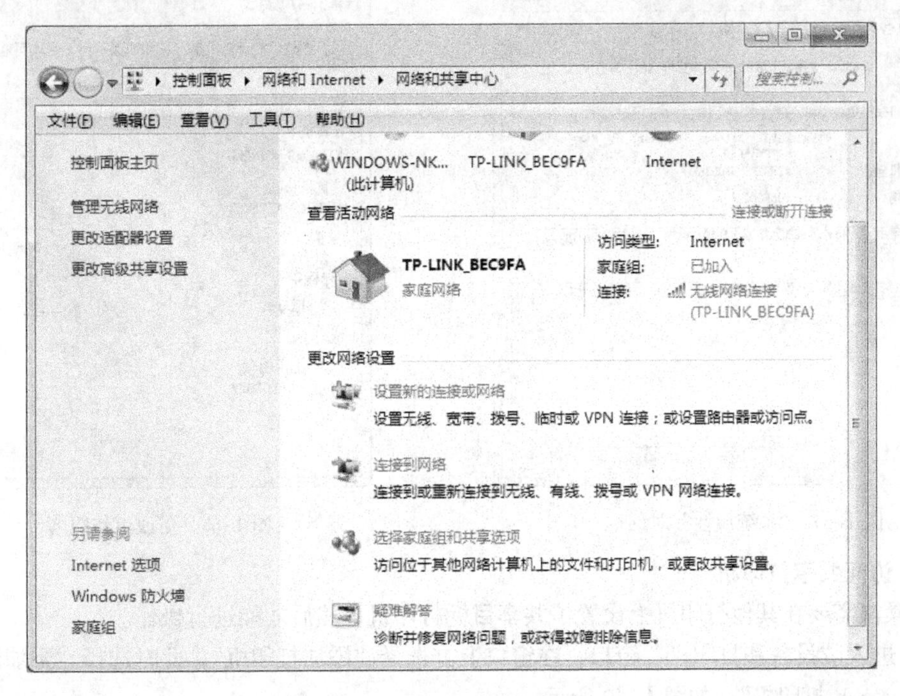

图 1-65　网络和共享中心

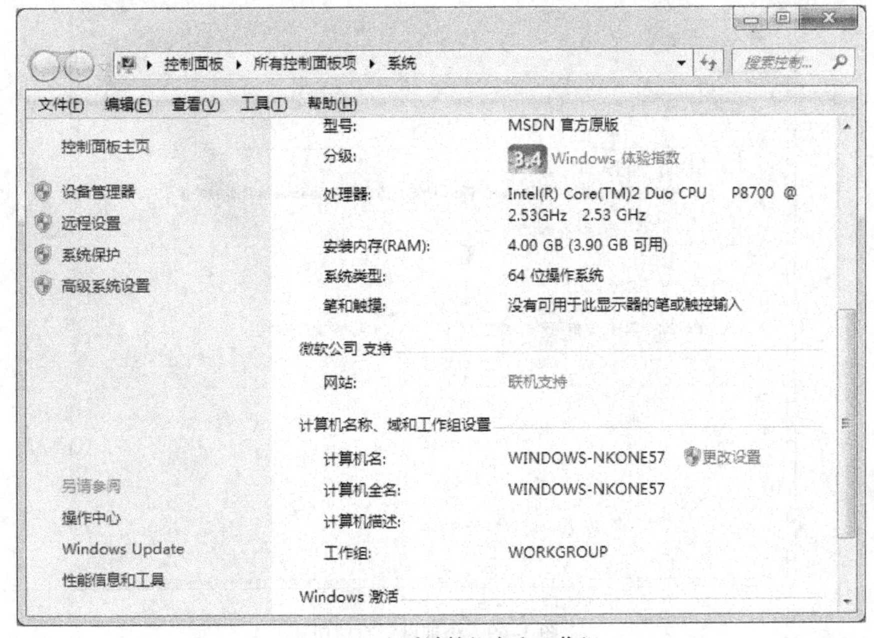

图 1-66　查看计算机名和工作组

② 若所在工作组相同则不需要更改，若工作组不同则单击“更改设置”，进入“系统属性”对话框，如图 1-67 所示。

③ 左键单击“更改”按钮，进入“计算机名/域更改”对话框，在工作组中输入工作组名。如图 1-68 所示。

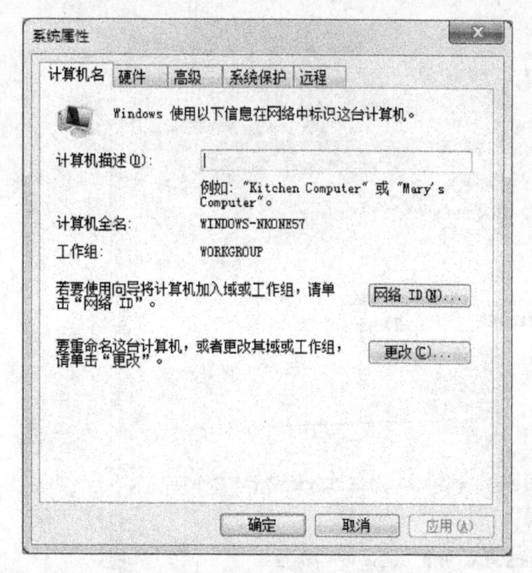

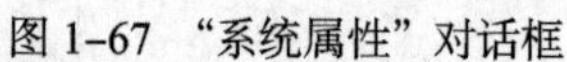
图 1-67 “系统属性”对话框

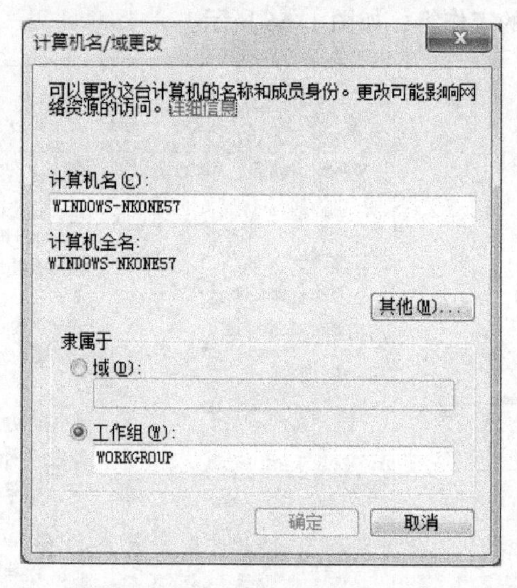

图 1-68 更改工作组名

3. 访问共享打印机

此操作需要在其他打印机上设置了共享目标打印机，然后才能进行操作。

① 进入“设备和打印机”窗口，在窗口上方选择“添加打印机”，此时选择“添加网络、无线或 Bluetooh 打印机”，如图 1-69 所示。

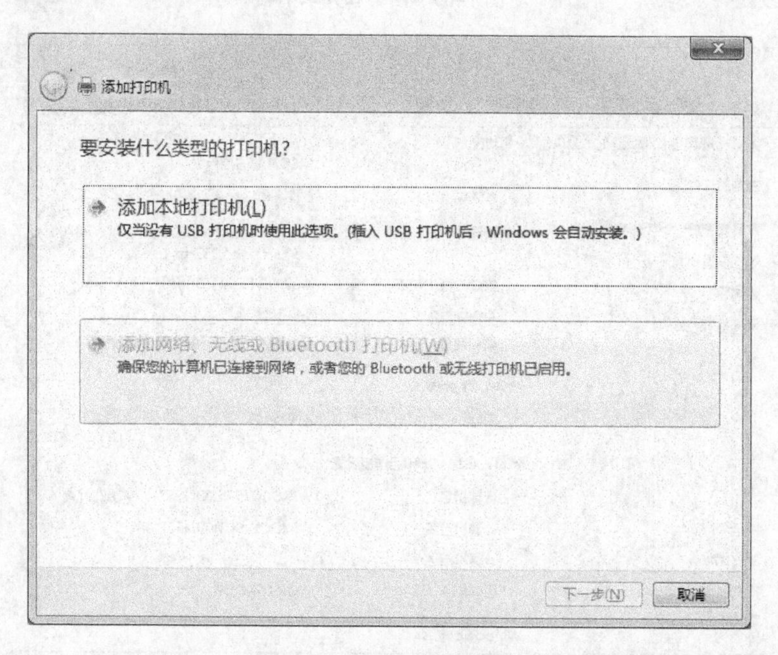

图 1-69 添加网络打印机

② 此时进入打印机搜索界面，等待搜索结束，选择需添加的打印机，单击“下一步”按钮成功添加打印机，输入打印机名称。

③ 单击“下一步”按钮，单击“打印测试页”如果成功单击“完成”按钮即可。

4. 设置默认打印机

在工作中，我们经常要打印文档，在打印的过程中，经常要选择哪一个打印机打印，而且一般在电脑应用中，有时在安装软件时，会附带安装一些虚拟的打印机，像 OFFICE 完整版软件里有附带虚拟打印机，还有 Microsoft XPS Document Writer 虚拟打印机等，这些打印机无法打印文档。在这里介绍一下如何将需要使用的打印机设置为默认打印机。

操作提示：

① 选择“开始”→“设备和打印机”进入“设备和打印机”窗口。

② 选择需要设置的打印机，在其上单击鼠标右键，在弹出的列表里选择“设置为默认打印机”选项即可。

5. 删除打印机

在“设备和打印机”窗口中有些打印机是附带的，不需要使用。这些打印机我们可以将其删除。

操作提示：进入“设备和打印机”窗口，选择需要删除的打印机，单击鼠标右键，选择“删除设备”即可删除打印机。

实验六　信息检索

【实验目的】

1. 掌握百度搜索引擎的基本搜索
2. 掌握百度搜索引擎的高级搜索
3. 了解百度服务

【实验内容】

1. 百度搜索引擎的基本搜索
2. 百度搜索引擎的高级搜索
3. 百度服务

【实验步骤】

搜索引擎（Search Engine）是指根据一定的策略、运用特定的计算机程序从互联网上搜集信息，在对信息进行组织和处理后，为用户提供检索服务，将用户检索相关的信息展示给用户的系统。在这里我们介绍百度搜索引擎。

1. 百度搜索引擎的基本搜索

（1）加双引号搜索。

加双引号搜索可使被搜索的关键字不被拆分。分别通过加双引号和不加双引号搜索“计算机发展史”，查看区别。

操作提示：

① 在 IE 浏览器中输入“http://www.baidu.com”进入百度页面。

② 在搜索框中输入“计算机发展史”，进入搜索，显示结果如图 1-70 所示。

③ 在搜索框中输入“ “计算机发展史” ”，进入搜索，显示结果如图 1-71 所示。

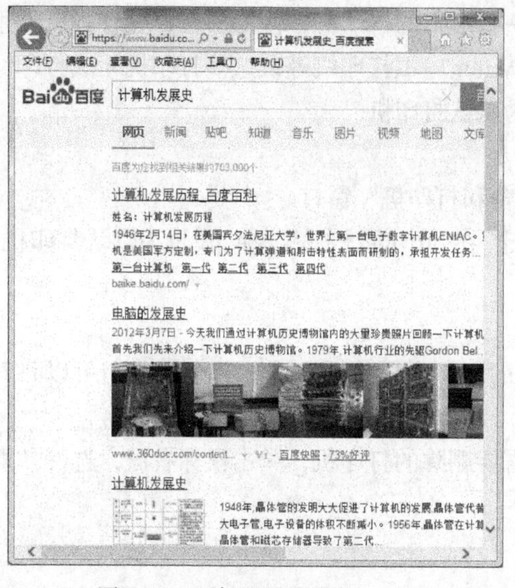

图 1–70　不加双引号搜索

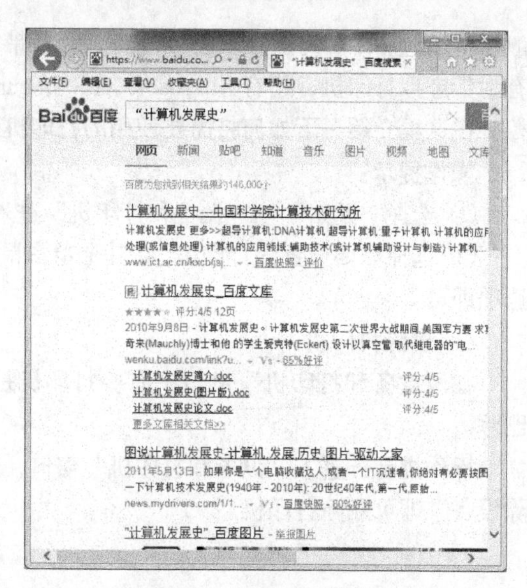

图 1–71　加双引号搜索

（2）加书名号搜索。

如果要搜索一本书或一部电影，可通过加上书名号进入搜索。搜索电影《灰姑娘》，分别加上书名号和不加书名号，查看区别。

操作提示：

① 进入百度搜索引擎。

② 在搜索框中分别输入“灰姑娘”和“《灰姑娘》”，搜索结果如图 1–72 和图 1–73 所示。

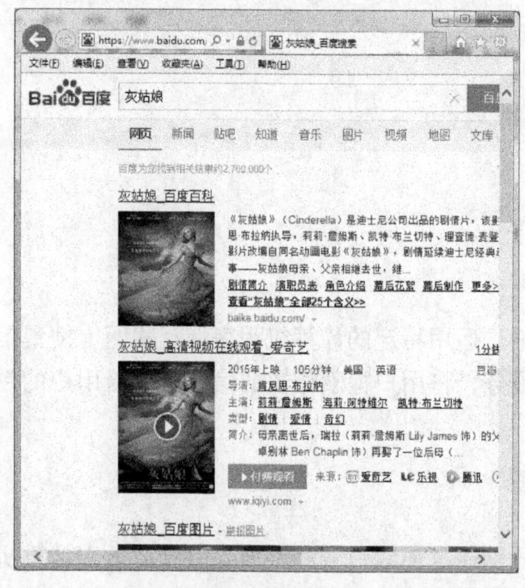

图 1–72　不要书名号搜索

图 1–73　加书名号搜索

（3）多个关键词搜索。

百度搜索引擎中多个关键词的搜索可以通过加空格来实现，搜索“基础”和“信息技术”两个关键词的网页。

操作提示：打开百度搜索引擎，在搜索框中输入“基础 信息技术”，单击“搜索”按钮，查看搜索结果，如图 1–74 所示。

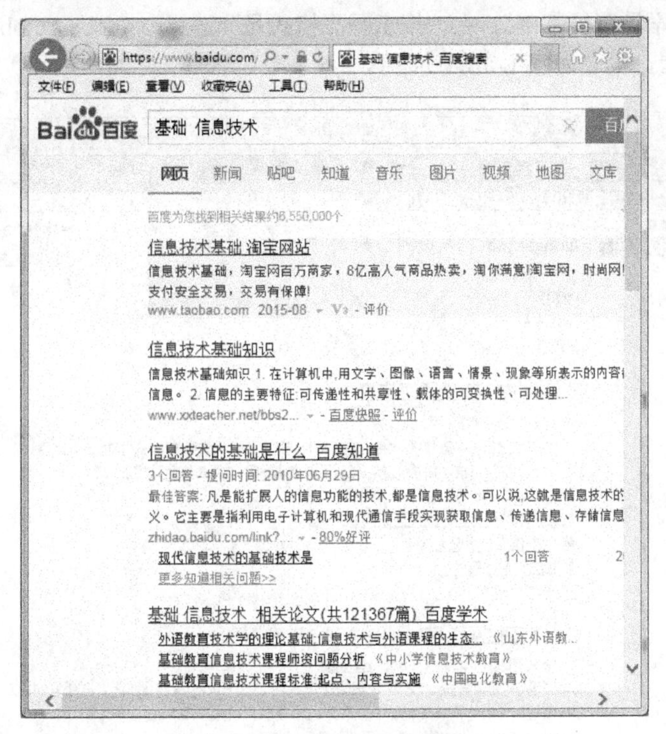

图 1–74　多关键字的搜索

2. 百度搜索引擎的高级搜索

高级搜索可以指定搜索的网站、搜索的文件格式、搜索的时间及搜索的地点等。搜索信息技术文档，文档格式为 PDF 格式，并且搜索的关键词中不包含“大学计算机基础”关键词。

操作提示：

① 进入百度首页。

② 单击百度搜索引擎上方的“设置”链接，在弹出的下拉列表中选择“高级搜索”，进入“高级搜索”窗口。如图 1–75 所示。

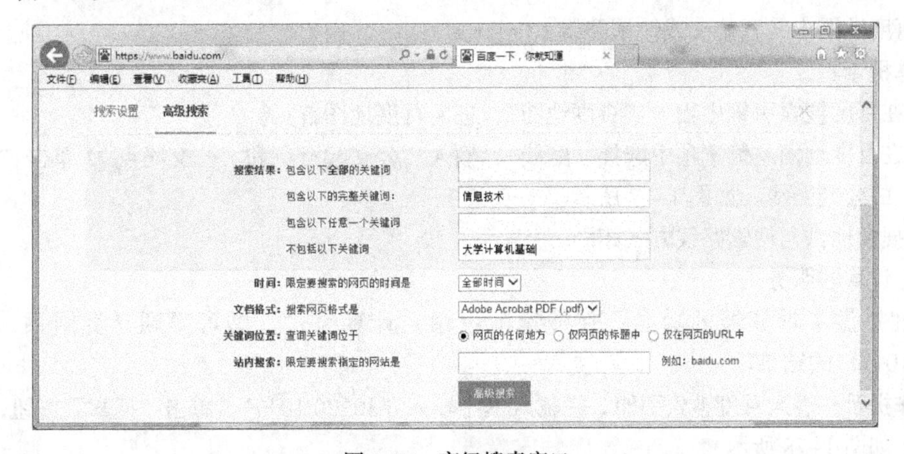

图 1–75　高级搜索窗口

③ 在“高级搜索”窗口中，“包含以下的完整关键词”中输入“信息技术”，“不包括以下关键词”中输入“大学计算机基础”，在“搜索网页格式是”选择“Adobe Acrobat PDF”，单击“高级搜索”，查看搜索结果。如图 1–76 所示。

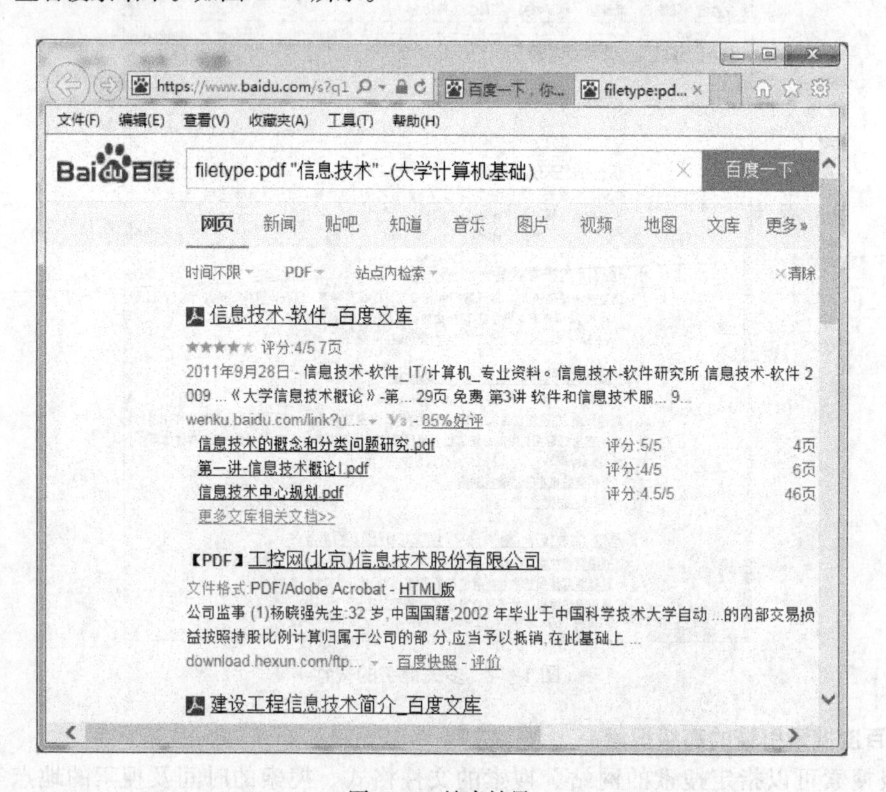

图 1–76　搜索结果

3. 百度服务

（1）百度地图服务。

百度地图是百度提供的一项网络地图搜索服务，覆盖了国内近 400 个城市、数千个区县。在百度地图里，用户可以查询街道、商场、楼盘的地理位置，也可以找到离您最近的所有餐馆、学校、银行、公园等。

在百度地图中搜索公交或地铁路线。

操作提示：

① 在百度搜索引擎中输入“百度地图”，进入百度地图首页。

② 在百度地图左侧选项中选择“路线”，输入“公交起点”和“公交终点”，单击“搜索”，搜索相应的公交路线。如图 1–77 所示。

③ 搜索地铁与搜索路线方式相同。

（2）计算器服务。

百度提供了计算器的功能，在搜索框中输入计算公式，即可得到计算结果，如计算“30*20/10+7”的结果。

操作提示：进入百度搜索引擎，在输入框中输入“30*20/10+7”，单击“搜索”按钮，查看计算结果，如图 1–78 所示。

图 1-77　搜索公交路线

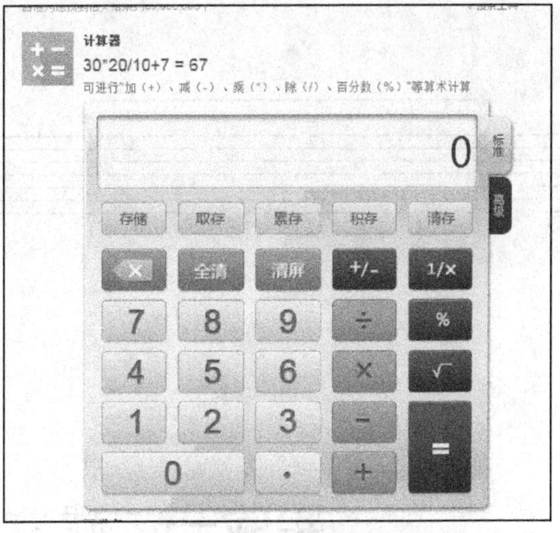

图 1-78　计算器服务

（3）百度文库服务。

百度文库是百度发布的供网友在线分享文档的平台。百度文库的文档由百度用户上传，需要经过百度的审核才能发布，百度自身不编辑或修改用户上传的文档内容。网友可以在线阅读和下载这些文档。

操作提示：在百度搜索引擎中输入“百度文库”进入“百度文库”首页，在其中输入需要搜索的文档关键字，选择文档格式，单击“搜索”即可搜索相应的文档。

第2章 网页制作

实验一 建立站点和编辑网页

【实验目的】

1. 熟悉 Dreamweaver 的工作环境
2. 掌握站点的建立、删除及导入和导出
3. 掌握文件夹及文件的新建、复制、剪切及删除
4. 掌握网页的编辑方法

【实验内容】

1. 创建站点、文件和文件夹
2. 站点的管理
3. 编辑文本网页

【实验步骤】

Dreamweaver 是 Macromedia 公司开发的网页编辑软件，通过该软件用户可以根据自己的需要制作出美观实用的网页。本次实验将介绍通过 Dreamweaver 软件如何建立站点及编辑网页等。

1. 建立站点

按要求建立一个如图 2–1 所示站点，并将其保存在 E 盘的 Wangzhan 文件夹中。

（1）创建站点。

操作提示：

① 选择“开始”→“所有程序”→“Macromedia”→“Macromedia Dreamweaver 8”，打开软件。

② 进入 Dreamweaver 的初始界面，如图 2–2 所示。

③ 选择菜单栏“站点”下的“新建站点”命令，弹出“站点定义”对话框，如图 2–3 所示。

④ 在“您打算为您的站点起什么名字？”下的文本框中输入站点名

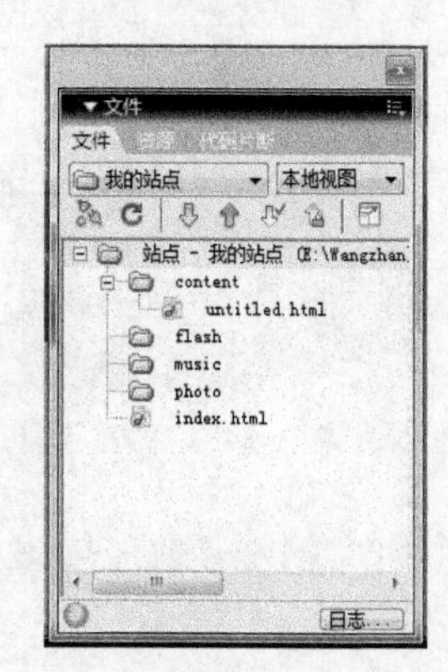

图 2–1 站点

称“我的站点”。

⑤ 单击“下一步”按钮，选择是否需要服务器，这里选择“否，我不想使用服务器技术”。

⑥ 单击“下一步”按钮，选择站点存储的位置，在这里选择存储的位置为 E 盘的 Wangzhan 文件夹，E:\Wangzhan。如图 2–4 所示。

⑦ 单击“下一步”按钮，在“您如何连接到远程服务器？”下方的下拉列表中选择“无”。

⑧ 单击“下一步”按钮后查看结果，单击“完成”按钮建立站点。

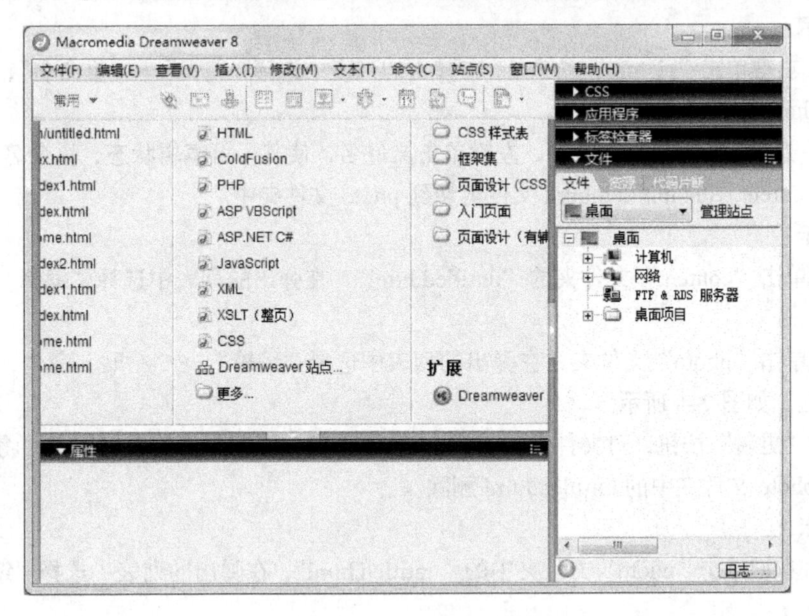

图 2–2　Dreamweaver 界面

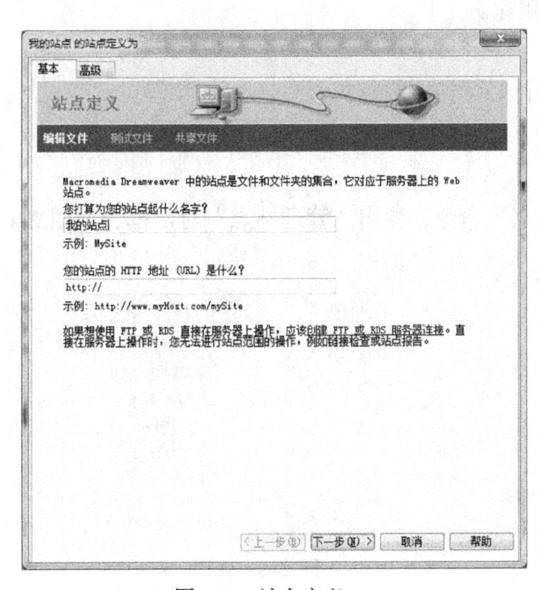

图 2–3　站点定义

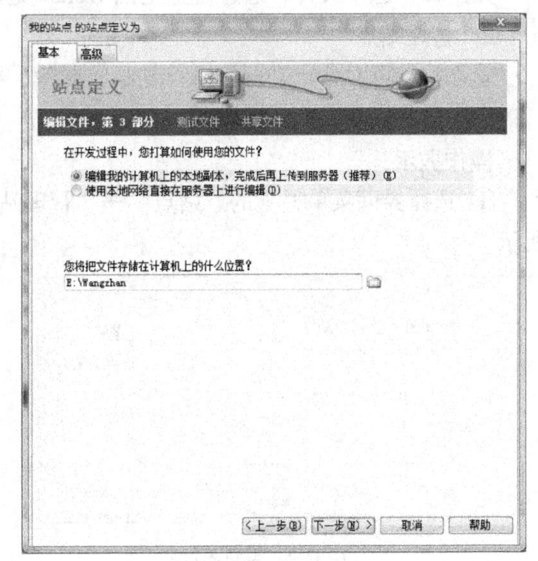

图 2–4　存储位置

（2）创建文件和文件夹。

操作提示：

① 在文件面板“站点 – 我的站点”下单击鼠标右键，在弹出的菜单中选择“新建文件夹”命

令，新建的文件夹可更改其名字，将其改名为“content”。

② 依次创建“flash”“music”“picture”文件夹。

③ 在根目录“我的站点”下单击鼠标右键，在弹出的菜单中选择“新建文件”命令，将新建的文件“untitled.html”改名为“index.html”。

④ 右键单击“content”，在弹出的菜单中选择“新建文件”，新建一个“untitled.html”文件。

（3）将 picture 文件夹改名为 photo。

操作提示：

方法一：右键单击“picture”文件夹，在弹出的列表中选择“编辑”→“重命名”，将“picture”重命名为“photo”。

方法二：选中“picture”文件夹，左键单击文件名，使其呈可编辑状态，重命名为“photo”。

（4）将 content 中的 untitled.html 文件剪切到 photo 文件夹中。

操作提示：

① 右键单击“content”文件夹的“untitled.html”，在弹出的列表中选择“编辑”→“剪切”命令。

② 右键单击“photo”文件夹，在弹出的列表中选择“编辑”→“粘贴”命令，弹出“更新文件”对话框，如图 2-5 所示。

③ 单击“更新”按钮，对文件进行剪切。（若不更新，则网页中的多媒体文件将不显示。）

（5）将 photo 文件夹中的 untitled.html 删除。

操作提示：

方法一：右键单击“photo”文件夹中的“untitled.html”，在弹出的列表中选择“编辑”→“删除”命令。

方法二：选中文件，通过键盘上的 Delete 键删除。

2. 管理站点

管理站点可对站点进行编辑、复制、删除、导入和导出等操作。

（1）复制站点“我的站点”。

操作提示：

① 选择界面菜单栏上的“站点”→“管理站点”命令，弹出“管理站点”对话框，如图 2-6 所示。

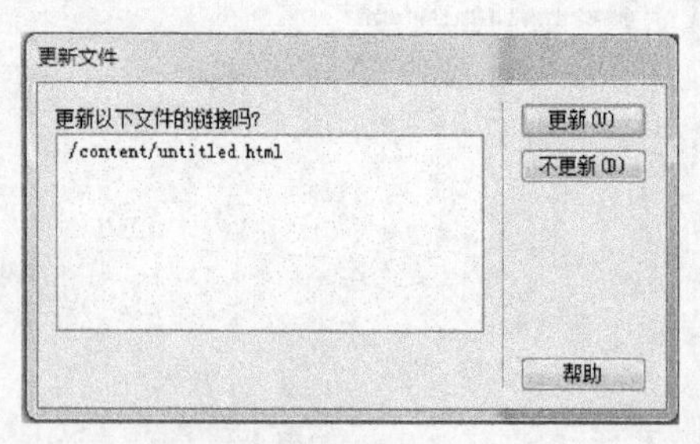

图 2-5　更新文件

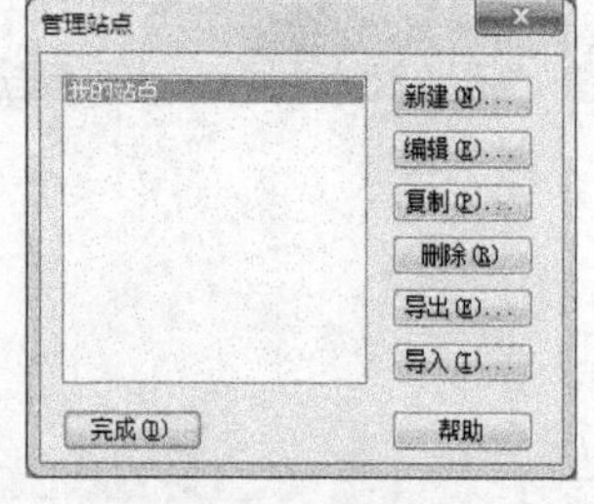

图 2-6　管理站点

② 选中“我的站点”，选“复制”按钮可出现一个站点副本“我的站点复制”。

（2）导出“我的站点”。

操作提示：

① 进入“管理站点”对话框选中“我的站点”，选择“导出”按钮，弹出“导出站点”对话

框，填写“文件名”及“保存类型”，导出站点保存的位置为 E 盘的 Wangzhan 文件夹。如图 2–7 所示。

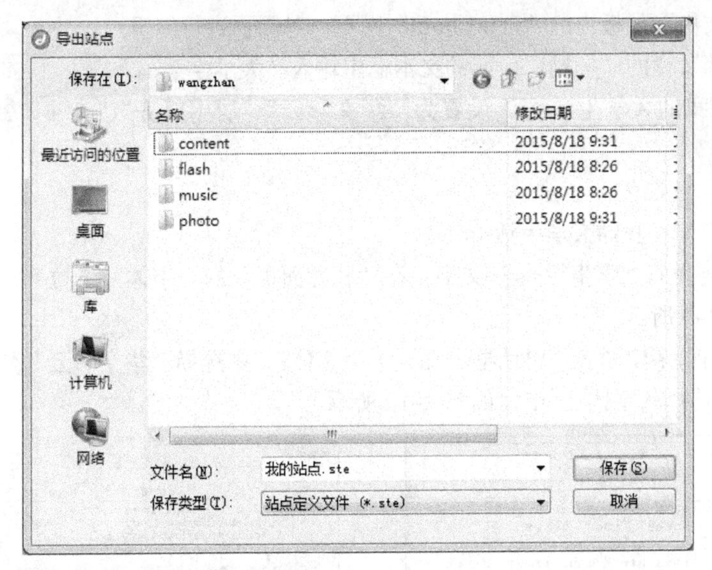

图 2–7　导出站点

② 单击“保存”按钮，完成即可。

（3）删除“我的站点”及副本。

操作提示：进入“管理站点”对话框，分别选择“我的站点”及其副本，单击“删除”按钮即可。

（4）导入“我的站点”。

操作提示：进入“管理站点”对话框，选择“导入”按钮，弹出“导入站点”对话框，选择导入文件的位置 E 盘的 Wangzhan 文件夹下的“我的站点.ste”文件，单击“打开”按钮后单击“完成”即可将站点导入。

3. 编辑文本网页

对 index.html 网页进行如图 2–8 所示的编辑。

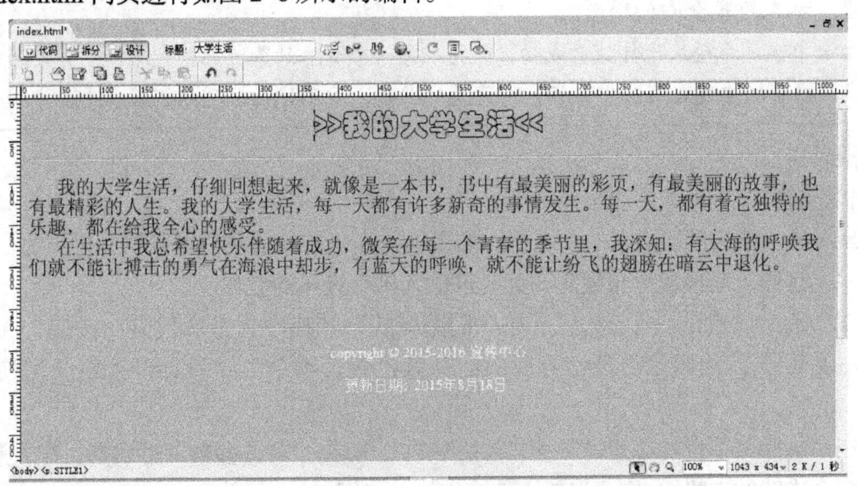

图 2–8　编辑网页

（1）将网页标题设置为“大学生活”。

操作提示：

① 双击“文件”面板中的“index.html”网页，对网页进行编辑。

② 在“文档”栏的“标题”后面的文本框中输入“大学生活”。

（2）将“>>我的大学生活<<”设置为“华文彩云”“居中对齐”、大小“36px”、字体颜色“红色”。

操作提示：

① 输入文字“>>我的大学生活<<”。

② 选中“>>我的大学生活<<”文字，在“属性面板”的“字体”下拉列表中选择“编辑字体列表”，如图 2–9 所示。

③ 出现“编辑字体列表”对话框，在“可用字体：”中选择“华文彩云”然后单击«按钮，将字体添加到“选择的字体：”中，如图 2–10 所示。

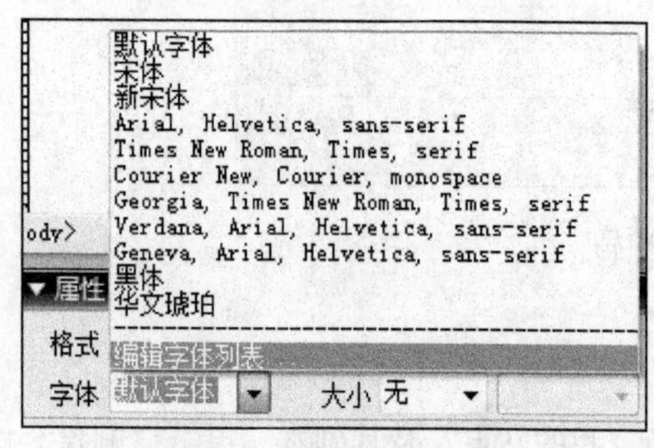

图 2–9　编辑字体

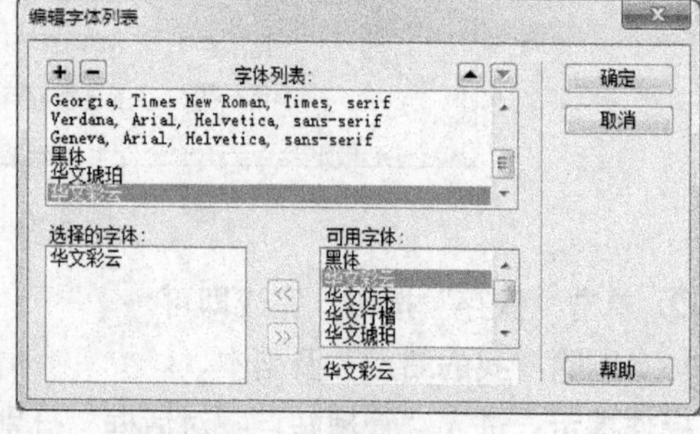

图 2–10　添加字体

④ 再次单击“字体”下拉列表，在其中选择“华文彩云”。

（3）输入文字。

在网页里输入以下文字。

> 我的大学生活，仔细回想起来，就像是一本书，书中有最美丽的彩页，有最美丽的故事，也有最精彩的人生。我的大学生活，每一天都有许多新奇的事情发生。每一天，都有着它独特的乐趣，都在给我全心的感受。
>
> 在生活中我总希望快乐伴随着成功，微笑在每一个青春的季节里，我深知：有大海的呼唤我们就不能让搏击的勇气在海浪中却步，有蓝天的呼唤，就不能让纷飞的翅膀在暗云中退化。

操作提示：

① 输入空格。

Dreamweaver 默认只能输入一个空格，如果输入多个连续的空格有以下几种方法。

方法一：将输入法换成全角模式，此时可输入多个连续的空格。

方法二：选中“我的大学生活”，在“视图模式”切换中单击“代码”按钮，在文字前方输入 ，然后单击设计界面中的任意位置，再单击“设计”按钮，切换回“设计视图”。

方法三：选择菜单栏的“编辑”→“首选参数”，弹出“首选参数”对话框，在“常规”下勾选“允许多个连续的空格”，则可以输入多个空格。如图 2–11 所示。

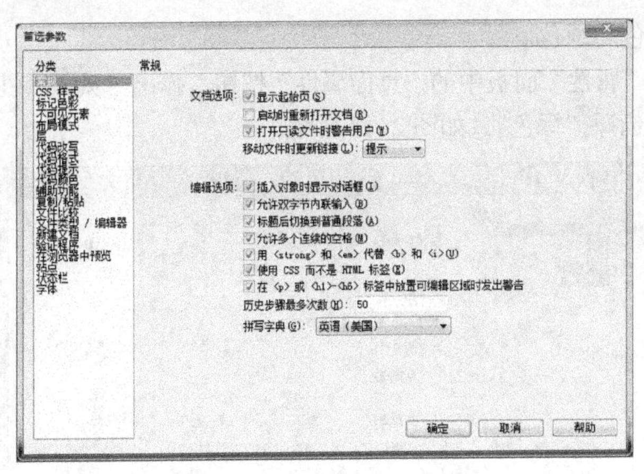

图 2–11　“首选参数”对话框

② 第一段与第二段之间的换行。

方法一：使用 Shift+Enter 组合键换行。

方法二：在“插入”面板中选择“文本”（“常用”下拉列表中选择），选择下拉列表下的换行符。

③ 设置文字颜色为“蓝色”，字体大小“24px”。

（4）插入水平线分隔符。

操作提示：

① 在“插入”面板中选择“HTML”，在其中选择“水平线”，在合适的位置分别插入水平线。

② 鼠标单击第二条水平线，在“属性”面板中输入宽为“600px”。

（5）插入特殊符号。

在“插入”面板中选择“文本”，在文本按钮中单击下拉列表，可选择插入的符号，选择“其他字符”出现“插入其他字符”对话框，如图 2–12 所示。

（6）插入日期。

操作提示：

① 在“插入”面板中选择“常用”，在其中选择“日期”按钮，弹出“插入日期”对话框，如图 2–13 所示。

② 在“日期格式”中选择相应格式，时间格式选择“不要时间”，勾选“储存时自动更新”。

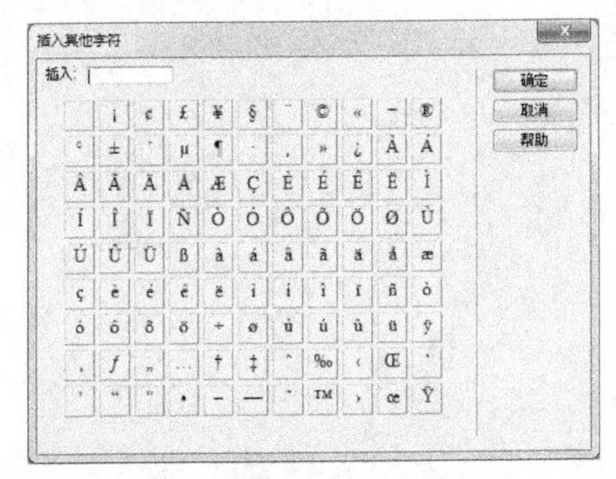

图 2–12　插入特殊字符

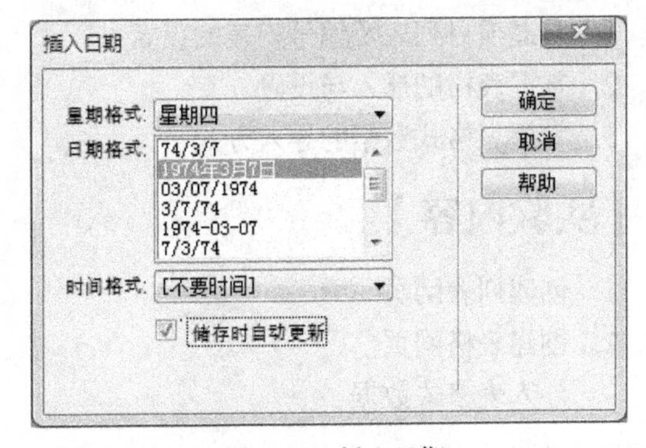

图 2–13　插入日期

（7）设置最后一部分字体颜色为“白色”，字体大小为“18px”。

（8）设置背景颜色为绿色。

操作提示：选择“属性”面板中的“页面属性”按钮，弹出“页面属性”对话框，在“外观”中的“背景颜色”中选择“绿色”，如图 2-14 所示。

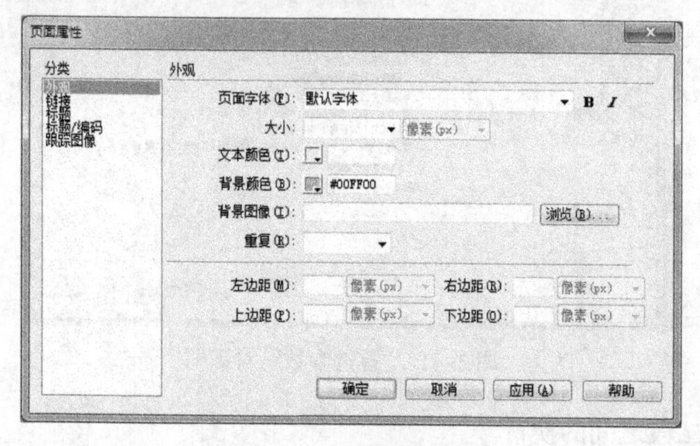

图 2-14　设置背景颜色

（9）保存 index.html 网页。

操作提示：

方法一：选择菜单栏中的“文件”下拉列表下的“保存”，保存网页。

方法二：右键单击“插入”栏，在弹出的列表中选择“标准”，显示“标准”栏，在“标准”栏单击“保存” 按钮。

（10）关闭 index.html 网页。

操作提示：

方法一：在文档标题上右键单击“index.html”网页，在弹出的列表中选择“关闭”按钮。

方法二：选择菜单栏中的“文件”下拉列表下的“关闭”。

实验二　编辑列表与表格网页

【实验目的】

1. 掌握项目列表及编号列表的设置
2. 掌握表格的插入与设置
3. 掌握表格式数据的导入方式

【实验内容】

1. 创建列表网页
2. 创建表格网页
3. 导入表格式数据

【实验步骤】

列表就是那些具有相同属性元素的组合，分为项目列表和编号列表两种，项目列表可使用符号和图案，编号列表则用数字编号表示。

1. 新建一个网页

在站点 content 文件夹下新建一个 list.html 网页，按图 2-15 所示进行网页编辑。

（1）新建站点。

按图 2-16 新建一个站点。

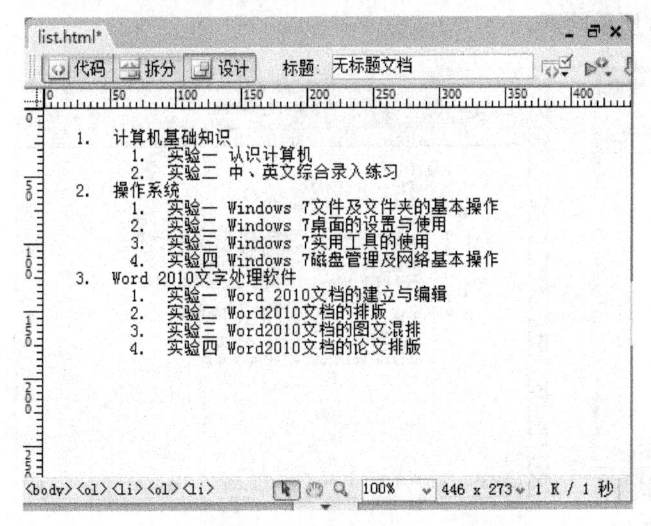

图 2-15　编号列表网页

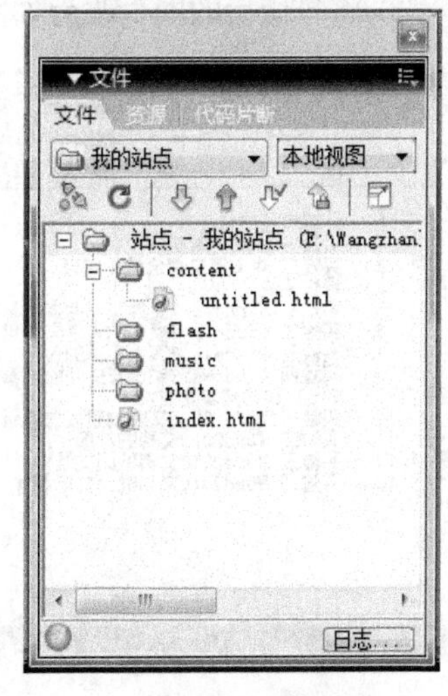

图 2-16　新建站点

（2）新建文件。

在 content 文件夹中新建 list.html 文件，双击对此文件进行编辑。

（3）编辑网页。

① 输入文字。

操作提示：文字输入时注意所有的换行按 Enter 键，不可用 Shift+Enter 组合键，按要求将文字输入后进行排版。

计算机基础知识 实验一认识计算机 实验二中、英文综合录入练习 Windows 7 操作系统 实验一 Windows 7 文件及文件夹的基本操作 实验二 Windows 7 桌面的设置与使用 实验三 Windows 7 实用工具的使用 实验四 Windows 7 磁盘管理及网络基本操作 Word 2010 文字处理软件 实验一 Word 2010 文档的建立与编辑 实验二 Word2010 文档的排版 实验三 Word2010 文档的图文混排 实验四 Word2010 文档的论文排版

② 文字排版。

操作提示：

- 选择所有文字，在“属性”面板中选择“编号列表” 按钮，将所有文字设为编号列表。如图 2–17 所示。
- 按照文字排版，对其中需要缩进的文字通过“文本缩进” 按钮对其进行缩进即可。

③ 将排版后的网页改为如图 2–18 所示网页。

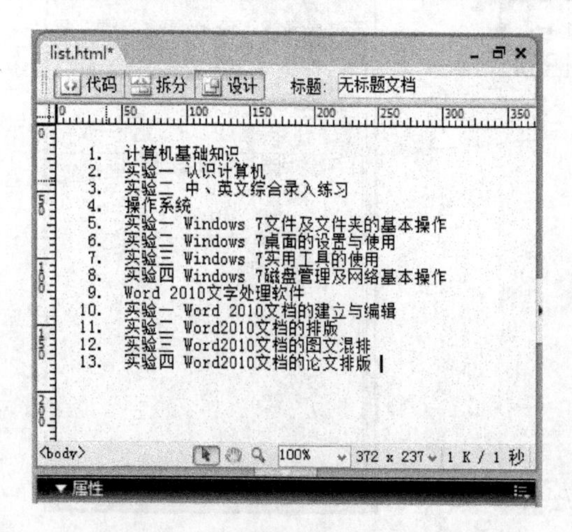

图 2–17 编号列表

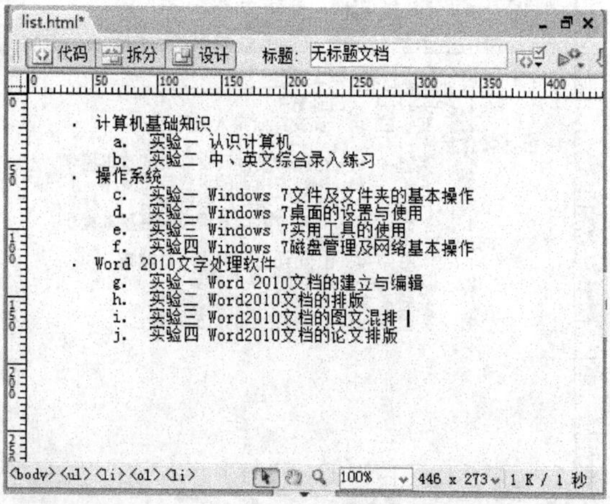

图 2–18 更改后的网页

操作提示：

- 鼠标单击“计算机基础知识”文字中的任一地方，在“属性”面板中单击“列表项目”按钮 列表项目... 。
- 在弹出的“列表属性”对话框中，设置“列表类型”为“项目列表”，“样式”为“正方形”。如图 2–19 所示。最后单击“确定”按钮完成设置。
- 选择“实验一 认识计算机”中的任一位置，在“属性”面板中单击“列表项目”按钮，弹出“列表属性”对话框，设置“列表类型”为“编号列表”，“样式”为“小写字母（a,b,c..）”，“开始计数”为 1。如图 2–20 所示。

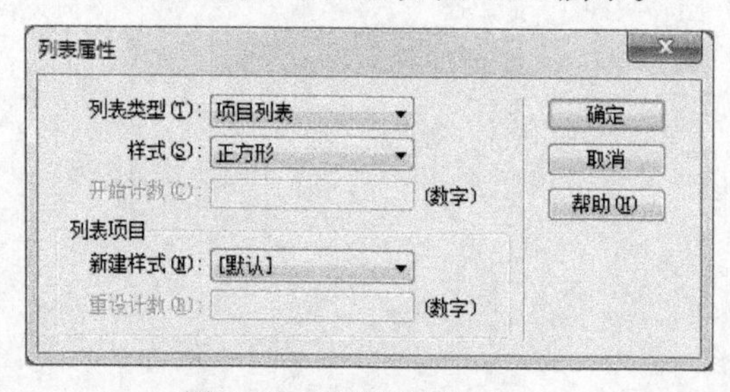

图 2–19 设置项目列表

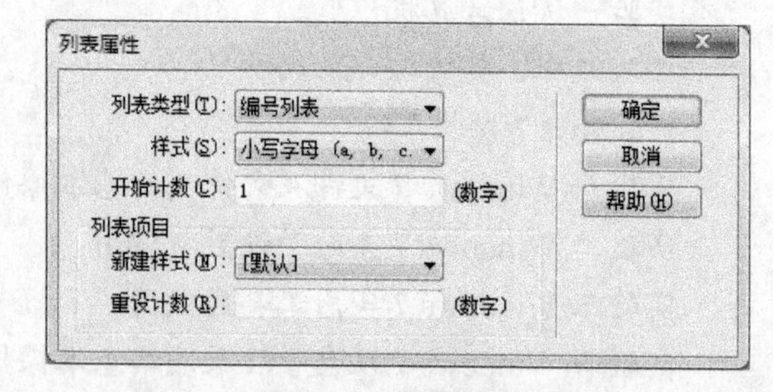

图 2–20 设置编号列表

- 对“操作系统”下面的实验做同样的设置，“开始计数”为“3”，对“Word 2010 文字处理软件”下面的实验设置“开始计数”为“7”。

④ 保存网页后按 F12 键在网页中浏览。

2. 新建并制作网页

在“content”文件夹下新建“table.html”网页，按要求制作如图 2–21 所示网页。

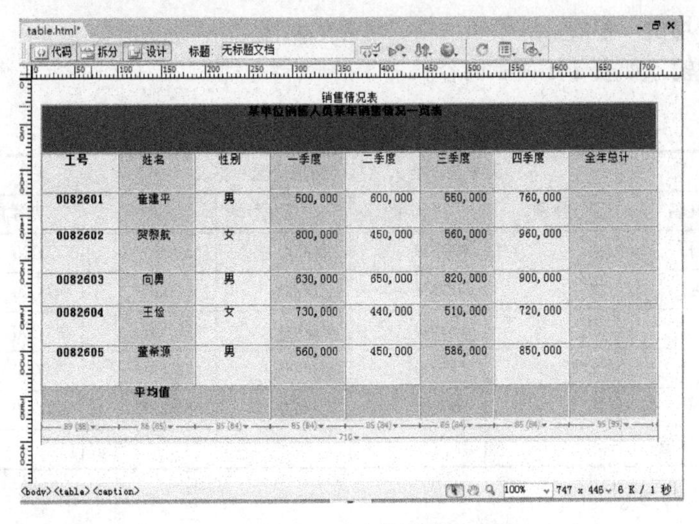

图 2-21　表格网页

（1）新建网页。

在“content”文件夹下，新建“table.html”网页，鼠标双击该网页，对此网页进行编辑。

（2）插入表格。

插入一个 8 行 8 列的表格，将表格标题设置为“销售情况表”，表格宽为“710”，高为“350”，边框粗细为 1。

操作提示：

① 选择菜单栏“插入”下拉列表中的“表格”，弹出“表格”对话框。

② 在“表格大小”中分别设置“行数”和“列数”均为“8”，“表格宽度”为“710”，“边框粗细”中设置为“1”，在“辅助功能”的“标题”中输入“销售情况表”，如图 2-22 所示。

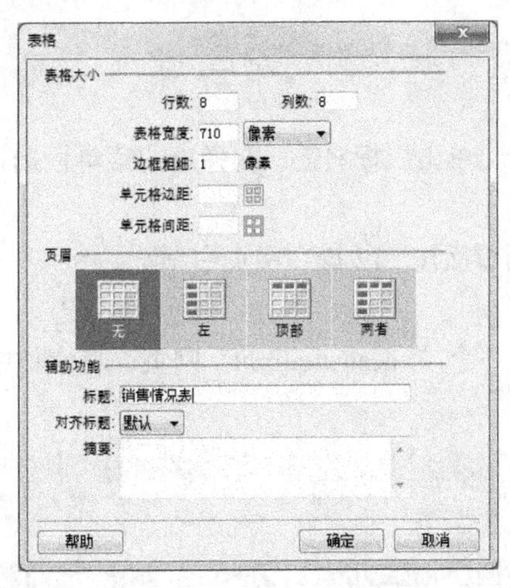

图 2-22　插入表格

（3）设置表格。

操作提示：

① 单击标签中的“<table>”标签，选中整个表格，在“属性”面板中设置表格高度为“350”。

② 选中表格第一行，单击鼠标右键在弹出的列表中选择“表格”→“合并单元格”命令。

③ 选择“平均值”中的前三个单元格，合并单元格。

④ 在表格中输入如表 2-1 所示内容。

表 2-1　　　　　　　　　　　　　销售情况表

某单位销售人员某年销售情况一览表							
工号	姓名	性别	一季度	二季度	三季度	四季度	全年总计
0082601	崔建平	男	500000	600000	550000	760000	
0082602	贺黎航	女	800000	450000	560000	960000	
0082603	向勇	男	630000	650000	820000	900000	
0082604	王俭	女	730000	440000	510000	720000	
0082605	董希源	男	560000	450000	586000	850000	
平均值							

（4）设置表格样式。

① 选中第一行，设置文字对齐方式“水平”和“垂直”方向为“居中对齐”，背景颜色为“红色”，如图 2-23 所示。

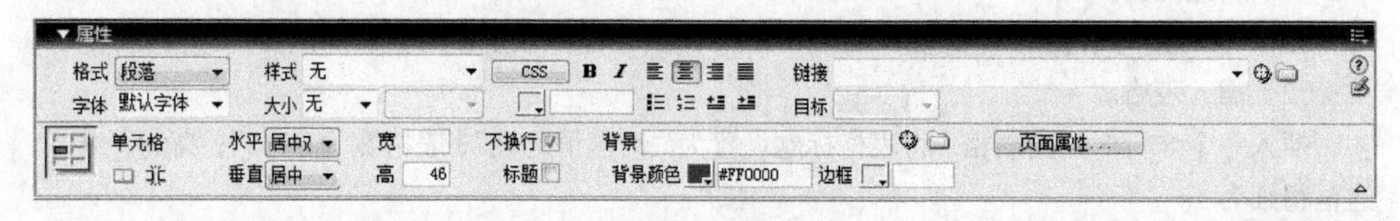

图 2-23　设置属性

② 按住 Ctrl 键不放，选中“工号”“性别”“二季度”“四季度”列将其背景颜色设置为“黄色”，选中“姓名”“一季度”“三季度”“全年总计”列将其背景颜色设置为“蓝色”。

③ 选中最后一行，将其背景颜色设置为“绿色”。

（5）删除最后一行。

操作提示：选中最后一行，单击鼠标右键，在弹出的菜单栏选择“表格”→“删除行”命令，删除此行。

（6）编辑完成，保存此网页后按 F12 键在网页中浏览。

3. 导入表格式数据

在 content 文件夹下新建一个“xuesheng.html”网页，将素材中的“学生.txt”导入此网页，并按如图 2-24 所示进行编辑。

xuesheng.html*

代码　拆分　设计　标题: 无标题文档

姓名	性别	年龄	英语	数学	语文
张三	男	19	60	90	80
李李	男	18	75	80	70
烯燃	女	18	90	88	90
王五	男	20	76	90	90

<body>　100%　619 x 194　3 K / 1 秒

图 2-24　xuesheng 网页

（1）在 content 文件夹下新建一个“xuesheng.html”网页，双击进行网页编辑。

（2）导入素材中的“学生.txt”文件。

操作提示：

① 选择菜单栏“文件”下拉菜单中的“导入”→“表格式数据”，弹出“导入表格式数据”对话框。

② 单击在“数据文件”后的“浏览”按钮，选择素材中的“学生.txt”文件，在“定界符”中选择“Tab”，“表格宽度”为“匹配内容”，单元格边距为“2”，单元格间距为“3”，边框粗细为“1”。如图 2-25 所示。

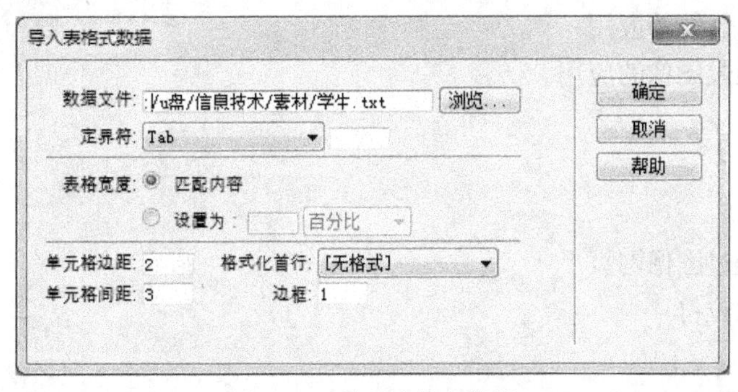

图 2-25　导入表格式数据

（3）设置表格。

设置表格对齐方式为居中对齐，宽度 600px，表格中文字居中对齐，大小 18px，加粗，设置格式化表格样式为 AltRows:Green&Yellow。

操作提示：

① 选择整个表格，在“属性”面板中设置宽度为“600px”，对齐方式为“居中对齐”。

② 选择表格中所有文字，在“属性”面板中设置字体大小为“18px”，加粗，文字对齐方式为“居中对齐”。

③ 选择表格，在菜单栏选择“命令”→“格式化表格”命令，弹出“格式化表格”对话框。在下拉列表中选择样式为“AltRows:Green&Yellow”。如图 2-26 所示。

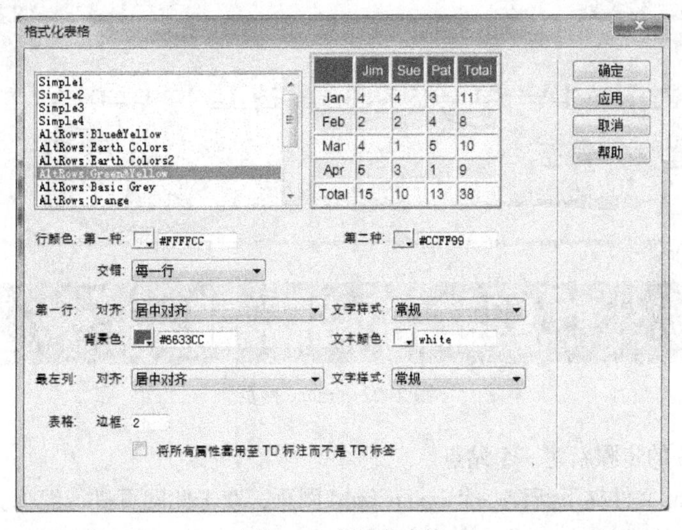

图 2-26　格式化表格

（4）保存编辑好的网页，按 F12 键在网页中浏览。

实验三　图像的应用

【实验目的】

1. 掌握图像的插入、裁剪、锐化等操作
2. 掌握图像占位符的应用
3. 掌握鼠标经过图像的应用

【实验内容】

1. 插入图像
2. 制作鼠标经过图像网页
3. 插入鼠标占位符

【实验步骤】

Dreamweaver 中可插入三种格式的图像，分别为 GIF、JPEG 和 PNG 格式。GIF 是一种图像互换格式。JPEG 支持最高级的压缩，这种压缩是有损压缩。PNG 是一种可携式网络图像的格式。

本实验将介绍图像在网页中的应用。

1. 插入图像

在站点 content 文件夹下新建一个 image.html 网页，按如图 2–27 所示对网页进行编辑。

图 2–27　image 网页

（1）按实验一的步骤新建一个站点。

（2）在 content 文件夹下新建一个 image.html 网页，双击此网页进行编辑。

（3）将素材中的“beijing.jpg”“fengjing.jpg”“zhongguofeng.jpg”三张图片放入 photo 文件夹下。

操作提示：

① 选择“素材”文件夹，将里面的“beijing.jpg”“fengjing.jpg”“zhongguofeng.jpg”三个文件选中，复制三个文件。

② 选择 E 盘 Wangzhan 下的“photo”文件夹，将三张图片进行粘贴。

③ 返回 Dreamweaver 界面中的文件面板，在站点上单击刷新按钮，即将图片导入文件夹中。如图 2-28 所示。

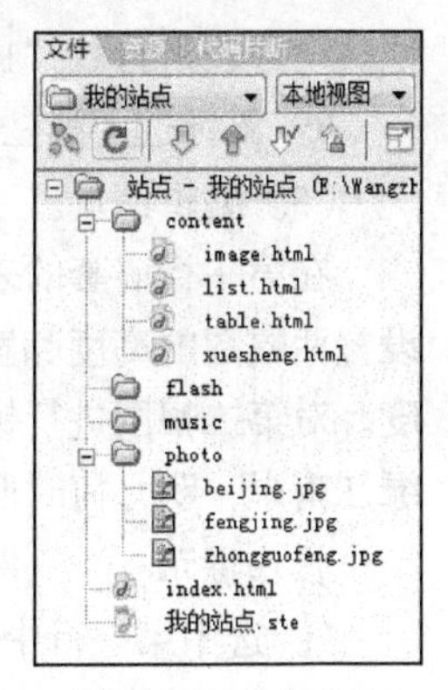

图 2-28　导入图片

（4）插入表格。

在网页中插入一个 3 行 1 列的表格，设置表格宽 710、高 500，调整上面 2 个单元格的高度为 210，第三个单元格高为 75。在上面 2 个单元格中分别插入一个 1 行 1 列的表格，高 150，宽 710。如图 2-29 所示。

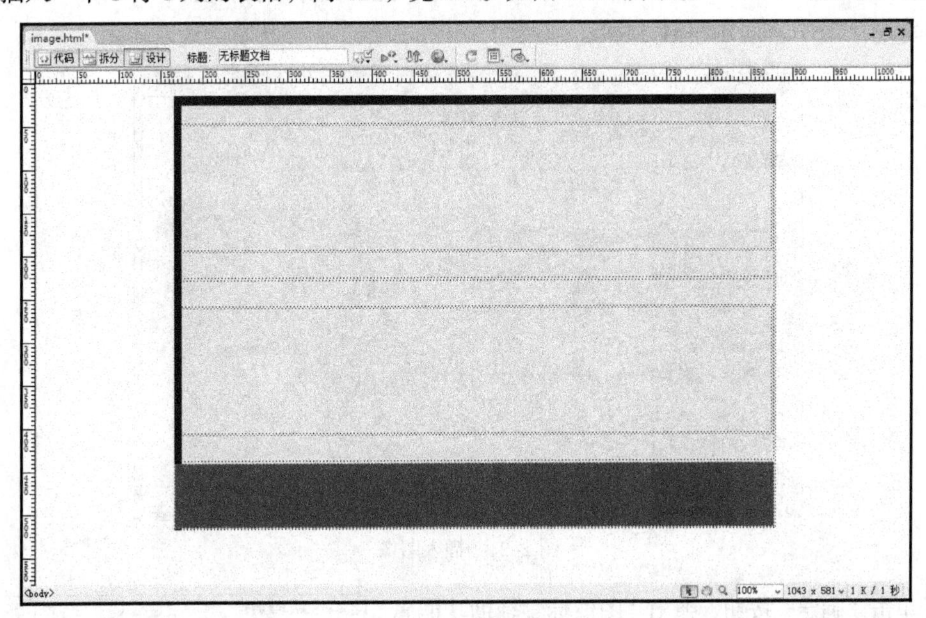

图 2-29　页面样式

操作提示：

① 选择菜单栏“插入”→“表格”，弹出“表格”对话框。设置表格行数“3”，列数“1”，表格宽度“710”，边框粗细为“0”。

② 通过“<table>”标签选中整个表格，在“属性”面板的背景颜色中，通过“浏览文件”按钮，弹出“选择图像源文件”对话框，选择图像为“photo”文件夹中的“beijing.jpg”文件。

③ 选中整个表格，设置表格的对齐方式为“居中对齐”，如图 2-30 所示。

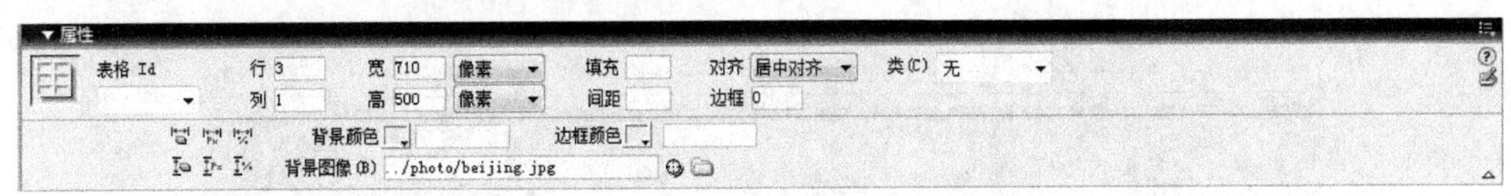

图 2-30　设置表格属性

④ 将鼠标移至表格第一行最左侧，当鼠标呈黑色填充箭头时单击选中第一行，设置第一行高度为“210”，用同样的方法设置第二行高度为“210”，第三行高度为“75”。

⑤ 鼠标单击第一行单元格中任一位置，选择菜单栏“插入”→“表格”，弹出“表格”对话

框。设置表格行数“1”、列数“1”、表格宽度“710”、边框粗细“0”。对第二行进行同样设置。

⑥ 鼠标选中第三行，设置第三行背景颜色为“#663300”。

（5）编辑网页。

在第一行嵌套的表格中插入图像“fengjing.jpg”，第二行插入图像“zhongguofeng.jpg”，分别设置两幅图的高度和宽度为“150”“710”，对“fengjing.jpg”图像进行裁剪并调整其亮度和对比度。对第二幅图进行锐化处理。在第三行输入文字“京口瓜洲一水间，钟山只隔数重山。春风又绿江南岸，明月何时照我还？”，设置字体大小“18px”、样式“华文琥珀”、颜色“白色”。

操作提示：

① 选中第一行中嵌套的表格中任意位置，选择“插入”面板中的“常用”选项中的 下拉列表“图像”按钮。弹出“选择图像源文件”对话框，选择图像所在位置为“photo”文件夹中的“fengjing.jpg”文件，如图 2-31 所示。

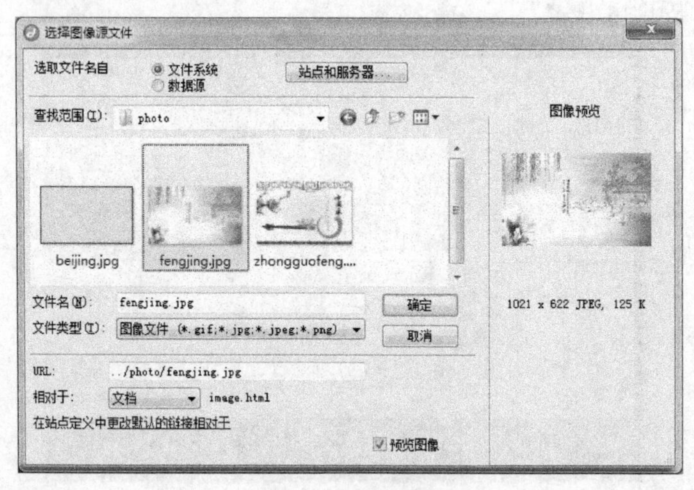

图 2-31　插入图像

② 单击“确定”按钮，弹出“图像标签辅助功能属性”对话框，如图 2-32 所示。

③ 单击“确定”按钮插入图像。选中插入的图像，在下方的“属性面板”中单击“裁剪” 按钮，将其中文字部分去掉，如图 2-33 所示。

④ 选中裁剪好的图像，在“属性”面板中设置图像宽度“710”，高度“150”。单击网页表格外其他位置，完成设置。

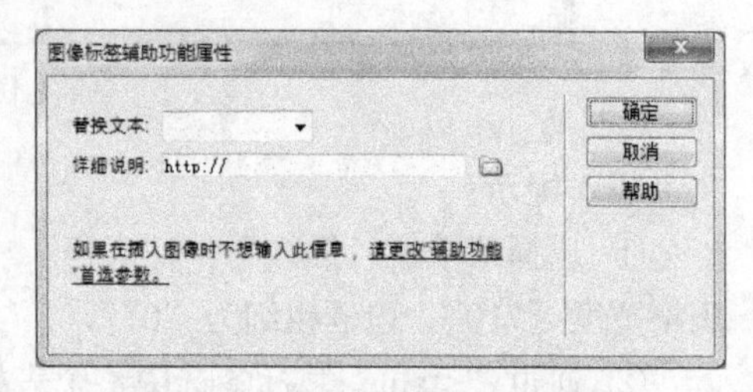

图 2-32　图像标签辅助功能属性

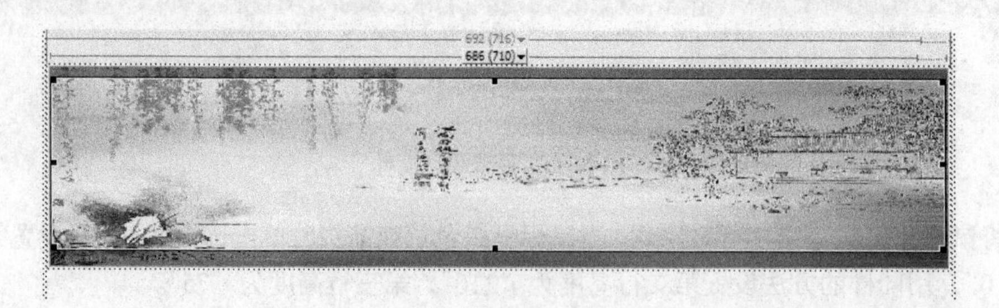

图 2-33　裁剪图像

⑤ 选中图像，在“属性”面板中选择“亮度和对比度” 按钮，弹出“亮度/对比度”对话框，设置亮度和对比度均为“20”。单击“确定”完成设置。如图 2-34 所示。

⑥ 在第二行按同样的方式插入图像，设置图像宽度“710”，高度“150”。选择第二幅图像，在“属性”面板中选“锐化” 按钮，弹出“锐化”对话框，设置值为“3”，如图 2-35 所示。

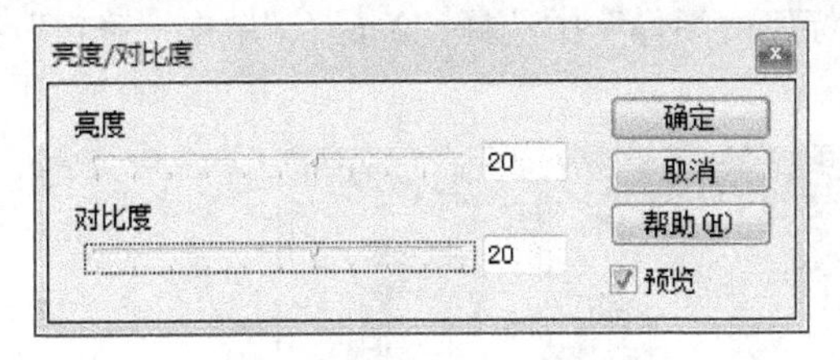

图 2-34　设置亮度和对比度

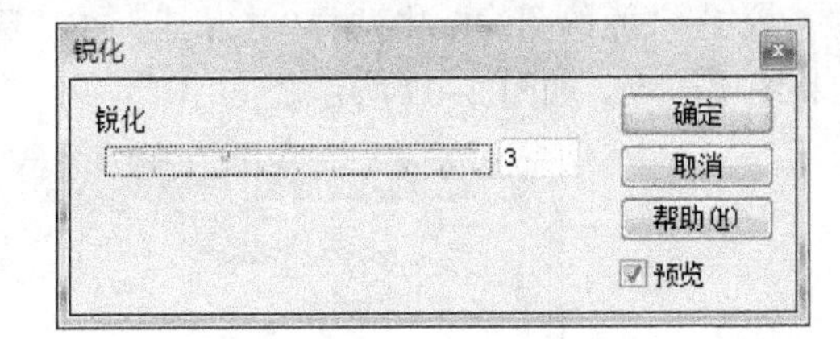

图 2-35　设置锐化

⑦ 在第三行中输入文字“京口瓜洲一水间，钟山只隔数重山。春风又绿江南岸，明月何时照我还？”，设置字体大小“18px”、样式“华文琥珀”、颜色“白色”。

⑧ 保存网页，按 F12 键进入浏览。

2．插入鼠标经过图像

在站点 content 文件夹下新建一个 inter.html 网页，实现两幅图片变换的网页。按如图 2-36 所示对网页进行编辑。

图 2-36　鼠标经过图像网页

（1）在 content 文件夹下新建 inter.html 网页，双击对网页进行编辑。

（2）将“素材”文件夹的“1.jpg”“2.jpg”文件复制到站点下的“photo”文件夹中。

（3）在网页开头输入标题“风景变换”，设置字体大小“36px”“黑体”“居中对齐”。

（4）在文字下方插入鼠标经过图像，原始图像为“1.jpg”，鼠标经过以后的图像为“2.jpg”。对“1.jpg”进行裁剪去掉文字部分，设置图像大小为 600 × 500，居中对齐。

操作提示：

① 选择“插入”栏的▣▾下拉列表中的“鼠标经过图像”，弹出“插入鼠标经过图像”对话框，如图 2–37 所示。

② 在“原始图像”中选择“1.jpg”，在“鼠标经过图像”中选择“2.jpg”，单击“确定”按钮将图像插入。如图 2–37 所示。

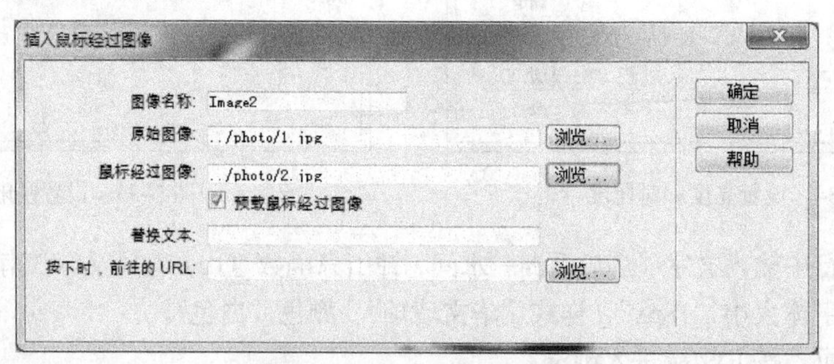

图 2–37　插入鼠标经过图像

③ 选择“1.jpg”图像，单击“属性”面板中的“裁剪”按钮，将图页中的文字部分裁剪掉。设置图像宽“600”、高“500”、对齐方式为“居中对齐”。

④ 保存网页，按 F12 键浏览。此时在网页上方出现如图 2–38 所示的阻止消息。

为帮助保护你的安全，你的 Web 浏览器已经限制此文件显示可能访问你的计算机的活动内容。单击此处查看选项...

图 2–38　阻止消息

⑤ 单击此消息，在弹出的列表中选择“允许阻止的内容”，出现“安全警告”对话框，单击“是”浏览。

⑥ 将鼠标移至网页中的图像中，图像将变换为“2.jpg”图像。

3. 插入占位符网页

在 content 文件夹下新建 location.html 网页，按图 2–39 所示进行编辑。

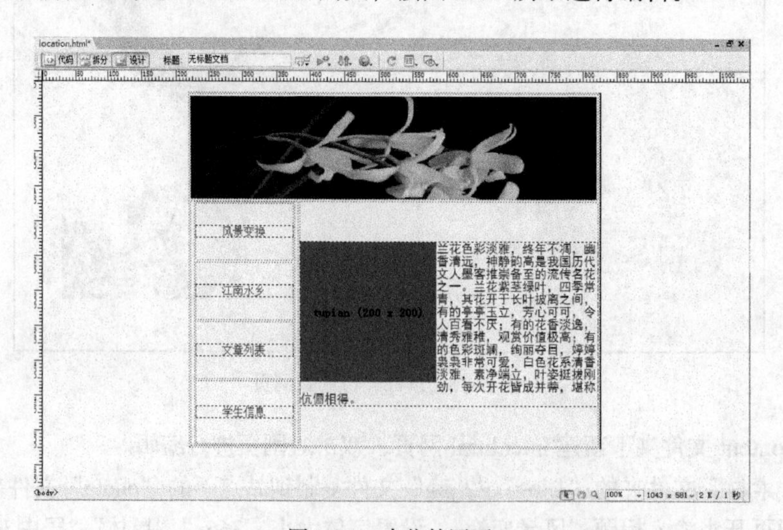

图 2–39　占位符网页

（1）在 content 文件夹下新建 location.html 网页，双击对此网页进行编辑。

（2）将“素材”文件夹中的“3.jpg”和“4.jpg”文件导入“photo”文件夹中。

（3）在网页中插入如图 2-40 所示表格。

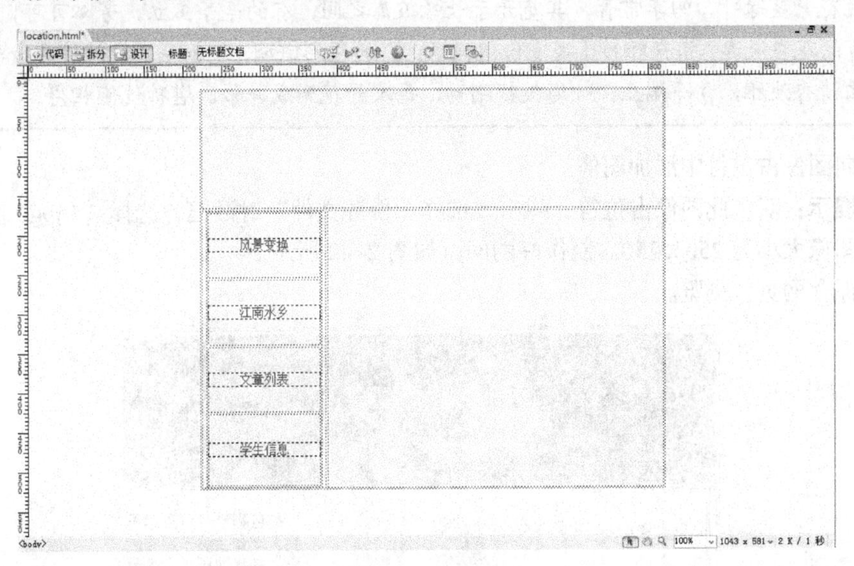

图 2-40 插入表格

操作提示：

① 选择“插入”栏中“常用”里的“表格”按钮，弹出插入表格对话框。设置表格行数“2”、列数“1”、宽度“600”、边框粗细“1”。

② 将表格第一行合并单元格，选中表格第一行，设置其高度为“150”。

③ 选中表格第二行第一列，设置宽度为“160”，第二列的宽度为“440”。

④ 在表格左侧插入一个 4 行 1 列的表格，设置表格宽度为“150”，高度为“350”，边框粗细为“1”，设置表格对齐方式为“居中对齐”。在表格中依次输入文字“风景变换”、“江南水乡”、“文章列表”、“学生信息”。设置文字对齐方式为“居中对齐”、字体大小“16px”、颜色为“红色”。

⑤ 选中整个表格设置其背景颜色为“淡黄色”。

（4）编辑网页。

在表格第一行插入图片“3.jpg”，设置图片宽度和高度分别为“600”和“150”，在第二行第二列中插入图像占位符为“200*200”、“红色”。

操作提示：

① 选择表格第一行，插入图片“3.jpg”，在“属性”面板中设置图像宽度和高度分别为“600”和“150”。

② 选择表格第二行第二列，在其中选择菜单栏“插入”→“图像对象”→“图像占位符”，弹出“图像占位符”对话框。

③ 设置名称为“tupan”、宽度和高度均为“200”、颜色为“红色”。如图 2-41 所示。

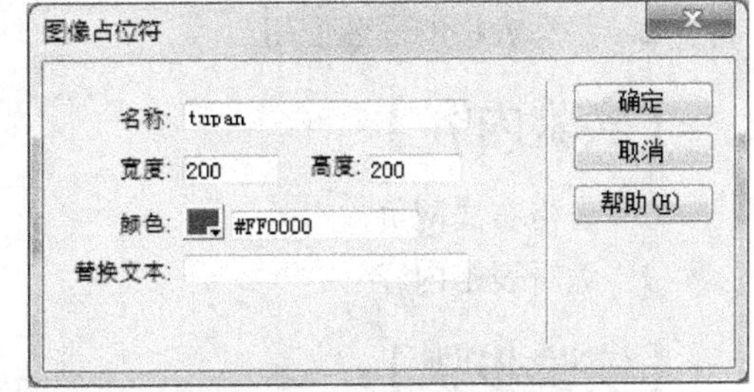

图 2-41 插入图像占位符

④ 鼠标单击此占位符，在“属性”面板中设置对齐为“左对齐”。

⑤ 在占位符旁输入如下文字，设置字体为“黑体”、字体大小“18px”、颜色为“蓝色”。

> 兰花色彩淡雅、终年不凋、幽香清远、神静韵高，是我国历代文人墨客推崇备至的流传名花之一。兰花紫茎绿叶，四季常青，其花开于长叶披离之间，有的亭亭玉立，芳心可可，令人百看不厌；有的花香淡逸，清秀雅稚，观赏价值极高；有的色彩斑斓，绚丽夺目，婷婷袅袅非常可爱。白色花系清香淡雅，素净端立，叶姿挺拔刚劲，每次开花皆成并蒂，堪称伉俪相得。

（5）向图像占位符中添加图像。

操作提示： 双击此图像占位符，弹出“选择图像源文件”对话框，选择“4.jpg”文件。选择图像设置图像大小为 250 × 250。制作好的网页如图 2–42 所示。

（6）保存网页并浏览。

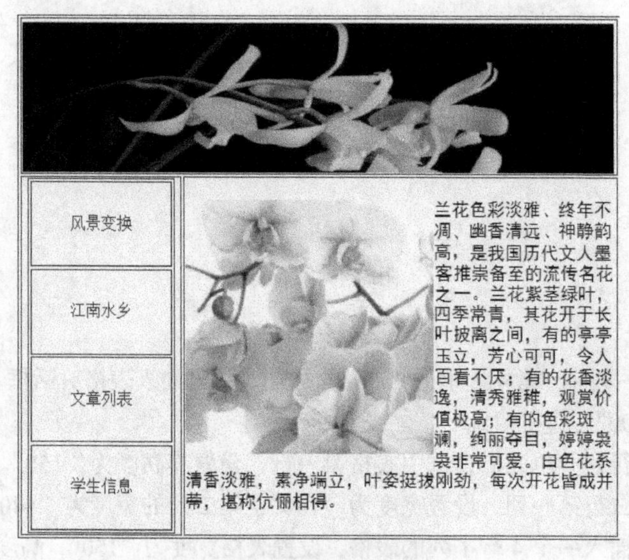

图 2–42　网页完成图

实验四　表格布局网页

【实验目的】

1. 掌握使用表格布局网页的方法
2. 熟悉表格的嵌套使用

【实验内容】

1. 表格布局网页
2. 编辑表格内容

【实验步骤】

Dreamweaver 中经常使用表格进行网页布局，表格布局使用方法简单，制作者只要将内容按照行和列拆分，用表格组装起来即可实现设计版面布局。

传统表格布局方式实际上是利用了HTML中的表格元素<table>具有的无边框特性，由于表格元素可以在显示时使单元格的边框和间距设置为0，可以将网页中的各个元素按版式划分放入表格的各单元格中，从而实现复杂的排版组合。

本实验将介绍用表格布局创建网页，在表格中嵌套表格的使用，对表格编辑内容，并创建超链接的方法。

1. 表格布局网页

在content文件夹中新建一个default.html网页，按图2-43所示对网页进行布局。

（1）按实验一新建站点。

（2）在content文件夹中新建一个default.html网页，双击对此网页进行编辑。

（3）将“素材”文件夹中的“logo.png”“blue.gif”“red.gif”“file.gif”“shuibi.png”“xiaoyuan.png”“花边.gif”导入“photo”文件夹中。

（4）在界面标题中输入“欢迎访问我的主页”设置网页标题。

（5）布局网页，布局后的网页结构如图2-43所示。

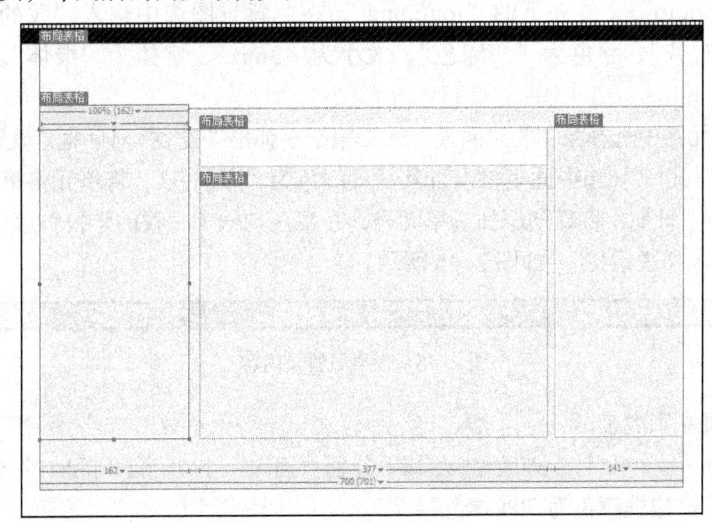

图2-43 布局的表格

操作提示：

① 选择“插入”面板中的“布局”，在“布局”下选择“布局”按钮，进入布局模式。

② 单击“布局表格”按钮，在文档区从左向右拖动鼠标绘制一个宽“700”、高“500”的表格。

③ 在表格上方嵌套绘制一个宽“700”、高“92”的表格，然后单击“绘制布局单元格”按钮，在其表格中从左向右拖动，形成一个宽“700”、高“70”的单元格。

④ 在表格中左边通过绘制“布局表格”按钮绘制一个宽“160”、高“355”的表格，在表格中右侧同样绘制一个宽“160”、高“355”的表格。

⑤ 在整个表格中间上方如图2-43所示，绘制一个宽“370”、高“110”的表格。在此表格中通过“绘制布局单元格”按钮绘制一个宽“370”、高“90”的单元格。

⑥ 在中间部分的下方绘制一个宽“370”、高“245”的布局表格。

⑦ 在“布局”选项下选择“标准”按钮，进入标准模式对网页进行编辑。

2. **编辑网页内容**

（1）编辑网页顶部内容。

在网页顶部插入背景图像“logo.png”，在其中输入文字“我的生活”，下方插入 1 行 5 列的表格，在其中输入相应文字。

操作提示：

① 选中整个表格，设置表格背景颜色为“浅灰色”、边框颜色为“浅绿色”、对齐为“居中对齐”，边框为“1”，如图 2-44 所示。

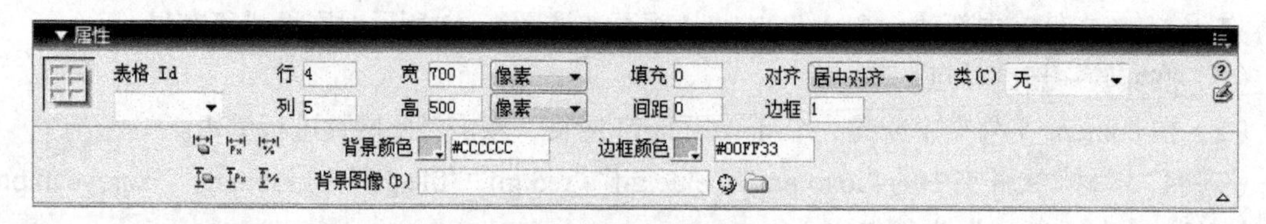

图 2-44 设置表格属性

② 鼠标左键单击表格顶头的单元格，单击“属性”面板背景图像后的文件夹按钮，选择背景图像为“photo”文件夹下的“logo.png”，在此背景图像中输入“我的生活”，设置文字对齐为“居中对齐”、颜色为“浅绿色”、大小为“36px”、字体为“楷体”。然后选择下方单元格。

③ 在下方单元格中选择菜单栏“插入”→“表格”，弹出“表格”对话框。设置表格行数“1”、列数“5”、宽度“100%”。选中此表格设置其背景颜色为“深灰色”，将单元格第一列留空，第二列选择“插入”→“日期”将日期添加进单元格，在第三列输入“我的学校”，第四列输入“校园文化”，第五列输入“联系我”。如图 2-45 所示。

图 2-45 表格设置及内容

（2）编辑网页左侧内容。

在网页左侧插入一个 2 行 1 列表格，在其中分别再插入一个 7 行 1 列和一个 5 行 1 列的表格，边框粗细均为“1”、边框颜色为“浅绿色”。

操作提示：

① 在左侧表格插入一个 2 行 1 列的表格，表格宽度“100%”、边框粗细为“1”、边框颜色为“浅绿色”。单击插入表格的第一行，在里面插入一个 7 行 1 列的表格，在下面插入一个 5 行 1 列的表格，设置表格宽度和高宽均为“100%”，边框粗细为“1”。如图 2-46 所示。

② 选中左侧第一个单元格，单击“属性”面板中的“拆分单元格为行或列”按钮，弹出“拆分单元格”对话框，选择把单元格拆分为“列”，列数选择为“2”，如图 2-46 所示。设置左侧单元格背景颜色为“红色”、字体颜色为“黄色”、字体为“黑体”。在单元格输入文字“个人中心”。

③ 在“个人中心”下方单元格插入图像“花边.gif”，设置图片宽“150”、高“7”。

④ 选择下方单元格，插入图像“blue.gif”，然后输入文字“个人爱好”，字体为“黑体”。复制“blue.gif”图像，选择下方单元格粘贴“blue.gif”图像，弹出“图像描述”对话框，如图 2-47 所示，单击“取消”按钮进入粘贴。

图2-46　编辑左侧表格

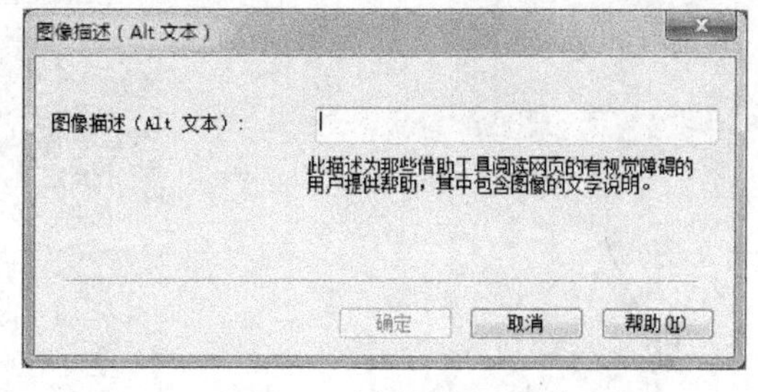

图2-47　图像描述对话框

⑤ 在下方依次输入“风景介绍”“大学生活”“学生社团”“学科介绍”，字体为“黑体”。

⑥ 将“友情链接”部分的单元格拆分为2列，左列设置背景颜色“红色”、字体颜色“黄色”、字体为“黑体”。

⑦ 在下方插入“red.gif”然后输入“百度”，字体“黑体”。复制此图片进入粘贴，然后依次输入“中国日报”“青年报”，设置字体“黑体”。

（3）编辑网页右侧内容。

在网页右侧插入一个2行1列的表格，表格宽度为“100%”、边框粗细为“1”、边框颜色为“浅绿色”。上边单元格输入文字，下方单元格插入图像“shuibi.png”。

操作提示：

① 在右侧插入一个2行1列的表格，表格宽度为“100%”、边框粗细为“1”、边框颜色为“浅绿色”。

② 在上面单元格输入文字“在无尽的追寻中，你会有一个又一个巧合和偶然，也会有一个又一个意外和错过。现实的城市犹如雾中的风景，隐隐地散发着忧郁的美，承载着没有承诺的梦……”，设置字体为“黑体”。

③ 下方插入图像“shuibi.png”。如图2-48所示。

（4）编辑网页中间内容。

在中间部分顶部插入图像“xiaoyuan.png”，下面输入文字“日志更新”，单元格的背景颜色为“白色”，字体颜色为“#333333”，字体为“黑体”，对齐为“居中对齐”。在下面按图2-49输入相应文字并设置。

操作提示：

① 在网页中间部分上部插入图像“xiaoyuan.png”，设置图像宽“370”、高“90”。

② 在图像下方设置单元格的背景颜色为“白色”，字体颜色为“#333333”，输入文字“日志更新”，字体为“黑体”，对齐为“居中对齐”。

③ 在下方单元格插入图像“file.gif”，然后在后面输入文字“向往平平淡淡的生活。（4月10日）”。对图像进行复制，然后对图像进行粘贴，输入如图2-49所示文字，设置字体为“黑体”，字体大小“16px”。

④ 最后输入“作者:”，后面输入自己的专业、学号和姓名，及自己的E-mail地址，设置字体颜色为“红色”、字体大小为“16px”“居中对齐”。

（5）保存网页，按F12键进行浏览，编辑好的网页如图2-50所示。

图 2-48　编辑右侧表格

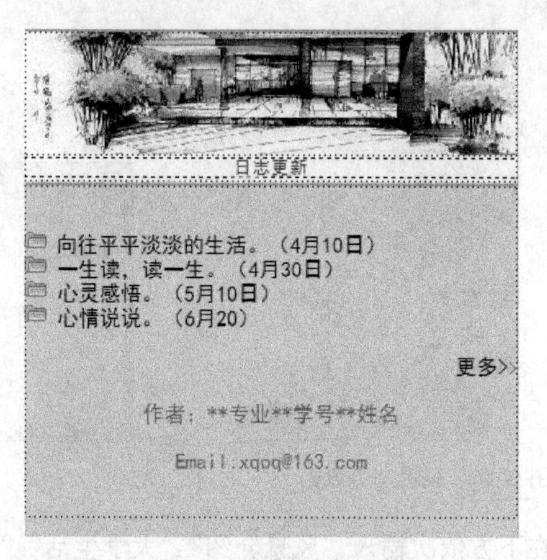

图 2-49　网页中部设计

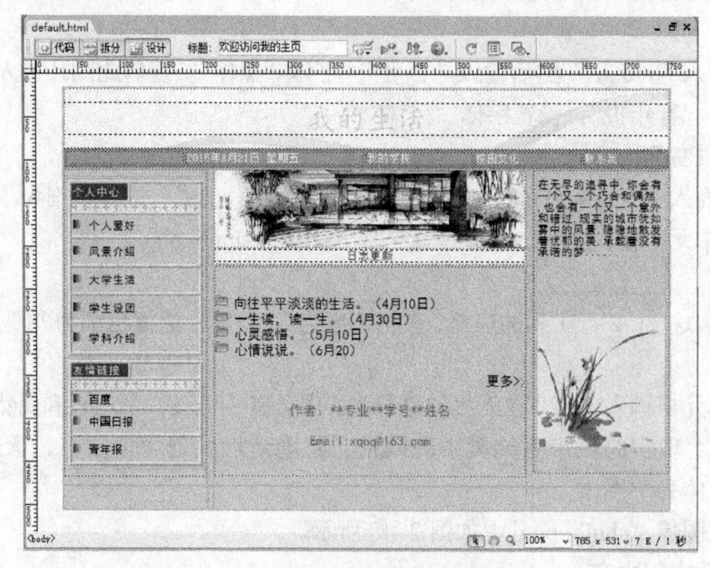

图 2-50　完成后的效果图

实验五　框架布局网页

【实验目的】

1. 掌握使用框架布局网页的方法
2. 掌握创建、编辑框架及属性设置
3. 掌握框架、框架集的保存

【实验内容】

1. 创建框架网页

2. 保存框架网页
3. 编辑框架网页
4. 设置框架属性

【实验步骤】

框架主要用于在一个浏览器窗口中显示多个 HTML 文档内容，通过构建这些文档之间的相互关系，实现文档导航、浏览以及操作等目的。框架技术由框架和框架集两部分组成。它定义一组框架的布局和属性，包括框架的数目、框架的大小和位置以及在每个框架中初始显示的页面的地址。

本实验将介绍用框架布局创建网页，对框架的编辑属性的设置，及框架和框架集的保存等操作。

1. 创建框架网页

导入 Wangzhan 文件夹为站点，将“素材”文件夹的“home.jpg”导入到“photo”文件夹中，在 content 文件夹下新建一个“frame.html”网页，双击对此网页进行编辑。对此网页创建一个“顶部和嵌套的左侧框架”。

操作提示：

（1）创建一个“顶部和嵌套的左侧框架”的框架。

方法一：选择菜单栏“插入”→“HTML”→“框架”命令，在“框架”子菜单中选择“上方及左侧嵌套”。如图 2–51 所示。

方法二：打开“插入”面板，在“插入”面板的“布局”选择“框架”按钮旁的下拉列表，在其中选择“顶部和嵌套的左侧框架”，弹出“框架标签辅助功能属性”对话框，单击“确定”按钮即可。如图 2–52 所示。

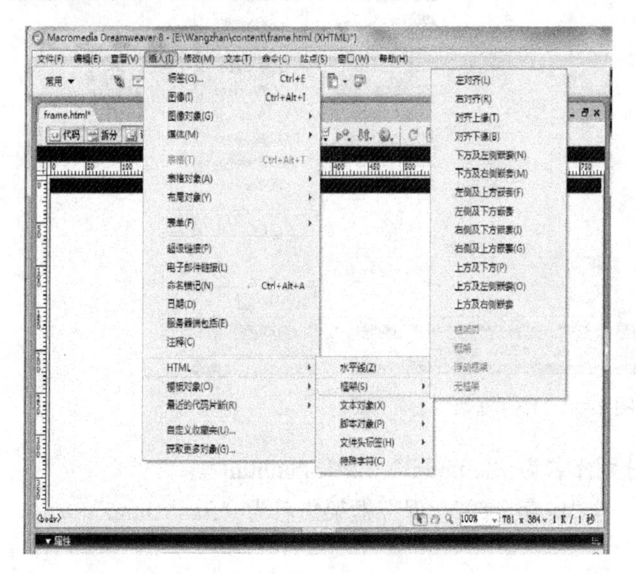

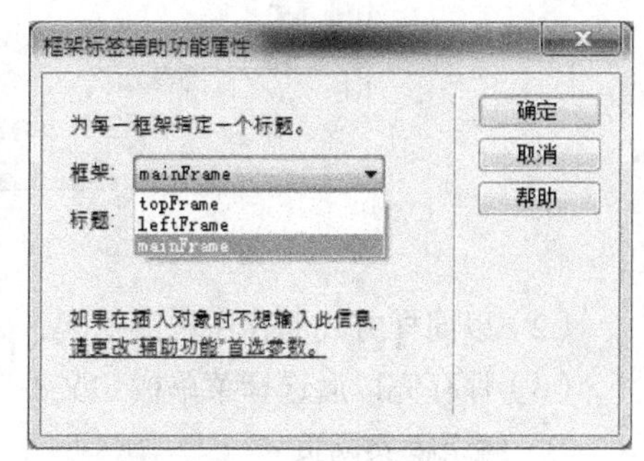

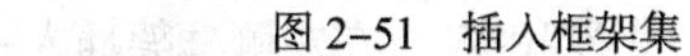
图 2–51　插入框架集　　　图 2–52　为框架指定标题

（2）调整框架界面。

操作提示：将鼠标移至框架线，拖动框架线即可调整每个框架的大小，创建好的框架如图 2–53 所示。

图 2–53　创建框架

2. 保存框架网页

将顶部框架保存为“top.html”、左框架保存为“left.html”，右侧框架保存为“right.html”。再保存整个框架集。

操作提示：

（1）将光标定位到顶部框架，选择菜单栏“文件”→“框架另存为”命令，弹出“另存为”对话框，设置网页保存位置为“content”文件夹，名称为“top.html”。如图 2–54 所示。

图 2–54　保存框架

（2）以同样方式保存左右侧框架，分别命名为“left.html”和“right.html”。

（3）保存完以后选择菜单栏“文件”→“保存全部”，保存框架集名为“frame.html”。

3. 编辑框架网页

在框架顶部插入背景图片“logo.png”，在其中输入文字“我爱我家”。在左侧框架插入一个 6 行 1 列的表格，在框架右边插入图片“home.jpg”。

操作提示：

（1）将光标定位到顶部框架中，单击“属性”面板中的“页面属性”按钮，弹出“页面属性”

对话框，设置背景图像为“logo.png”，左、右边距为“0”，上边距为“40”。如图 2–55 所示。

（2）在图像上面输入文字“我爱我家”，字体“黑体”、大小“36px”。

（3）在左侧框架插入一个 6 行 1 列的表格，设置表格宽度为“80%”、边框粗细为“1”，选中整个表格，设置对齐方式为“右对齐”。

（4）在表格中输入文字“我的主页”“我的大学生活”“我的爱好”“个人中心”“个人成绩管理”“联系方式”。设置字体“黑体”“居中对齐”。如图 2–56 所示。

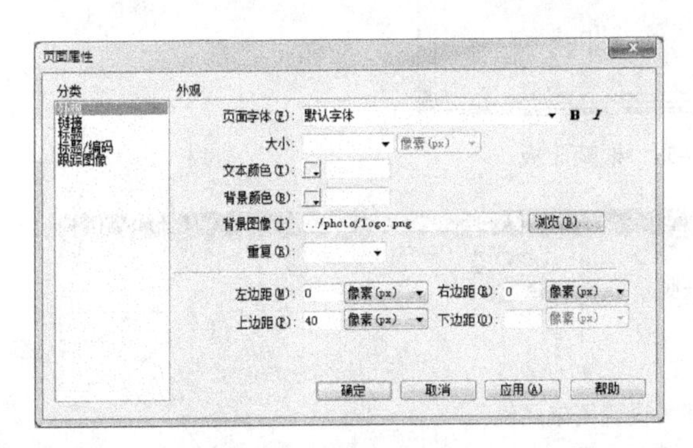

图 2–55　设置页面属性

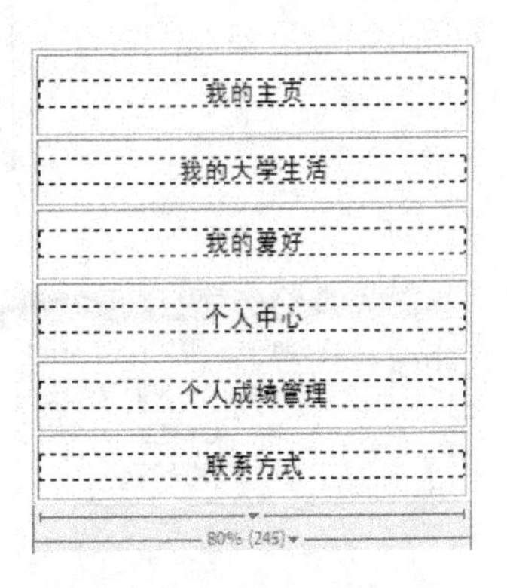

图 2–56　左侧框架内容

（5）在右侧框架添加图像“home.jpg”。编辑好的网页如图 2–57 所示。按 F12 键在网页中浏览。

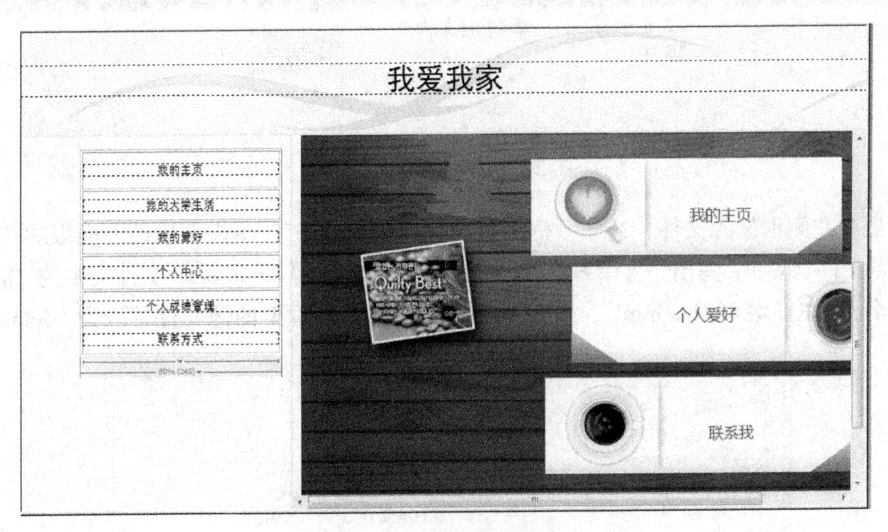

图 2–57　编辑好的框架网页

4. 设置框架属性

设置框架的滚动条、边框颜色等。

操作提示：

（1）选择菜单栏“窗口”→“框架集”，在“文件”面板下方显示“框架”面板。如图 2–58 所示。

（2）鼠标双击“topFrame”，在“属性”面板显示“topFrame”属性，设置滚动“默认”，边框“是”。如图 2–59 所示。依次对“leftFrame”设置滚动条“是”“mainFrame”设置滚动条“默认”。

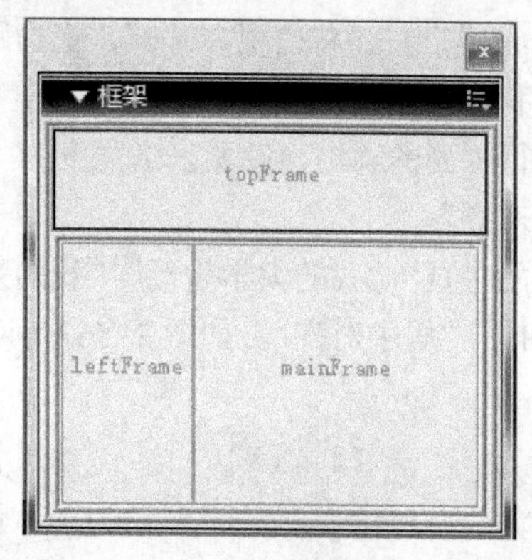

图 2-58　框架面板

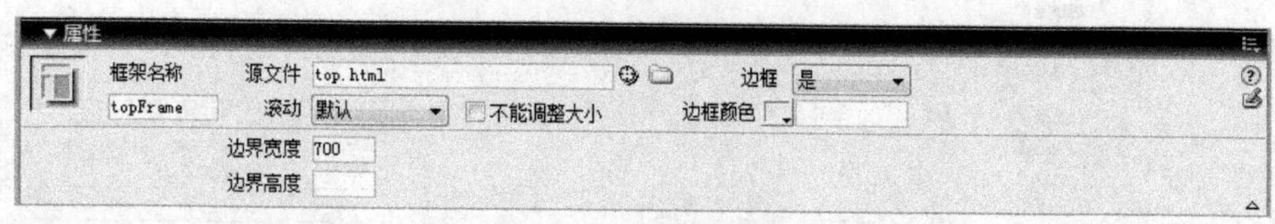

图 2-59　设置框架属性

（3）选择“topFrame”中的框架线，下方显示框架集属性，设置边框“是”、边框粗细“2”、边框颜色“#00FFFF”，如图 2-60 所示。选中“leftFrame”的框架线同样进行设置。

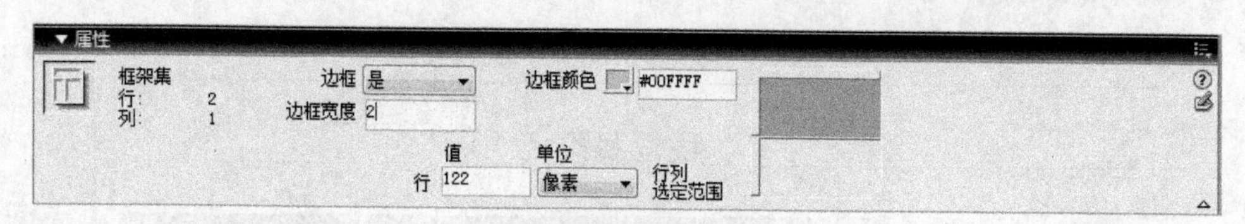

图 2-60　设置框架集属性

（4）更改左侧框架源文件，选中“框架”面板“leftFrame”，单击“属性”面板的“源文件”后的“浏览文件”按钮，弹出“选择 HTML 文件”对话框，选择“content”文件夹中的“list.html”，设置文件名及 URL 均为“list.html”，如图 2-61 所示。将右侧框架的源文件更改为“default.html”。

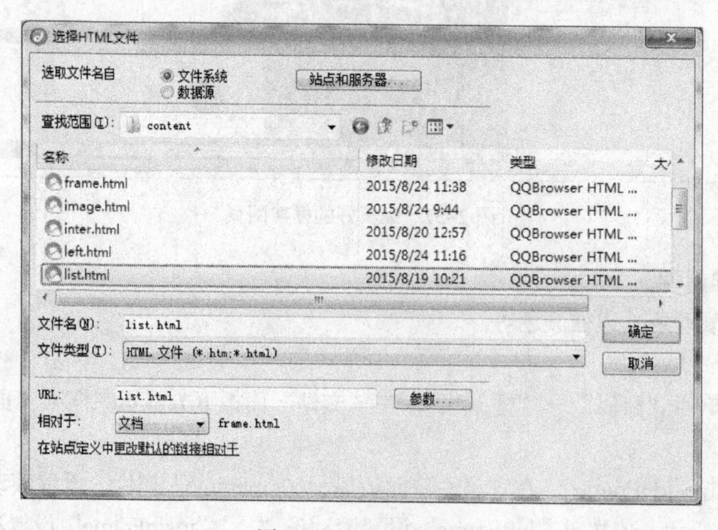

图 2-61　更改源文件

（5）更改好的网页如图 2-62 所示。按 F12 键在网页中浏览。

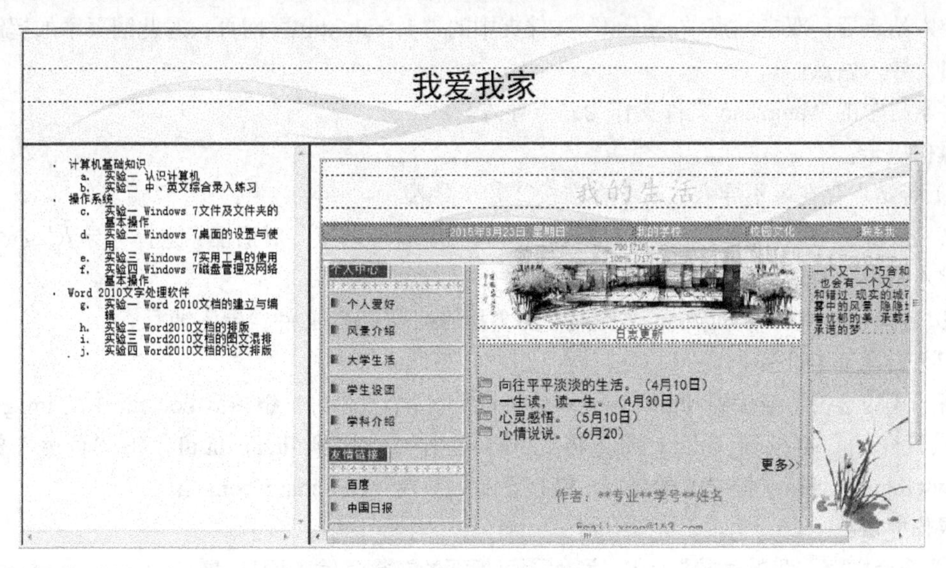

图 2-62 更改的网页

（6）将网页恢复为左侧框架为“left.html”、右侧为“right.html”，选择“文件”→“保存全部”。

实验六 创建超链接

【实验目的】

1. 掌握基本的超链接的创建、更改及删除
2. 掌握锚链接的创建
3. 掌握图像热点链接的创建
4. 掌握框架网页超链接的创建

【实验内容】

1. 建立超链接
2. 建立锚链接
3. 建立框架网页链接和图像热点链接

【实验步骤】

链接也叫超链接，是网页中很重要的一个元素。它是站点内网页之间、站点与 Web 之间的链接关系，可使站点的网页成为有机的整体。超链接是从一个网页指向其他目标的链接关系，这个目标可以是另外一个网页，可以是相同网页上的不同位置，还可以是一个图片、一个电子邮件地址、各种多媒体素材等。

本实验将介绍如何创建各种超链接。

1. 建立超链接

导入站点后，双击站点“content”文件夹中的“default.html”网页，对此网页添加超链接。

（1）导入站点。

将素材中的 Wangzhan 文件夹作为站点导入。

操作提示：

① 若站点存在可不导入，若不存在按②③步导入。

② 选择菜单栏“站点”→“管理站点”，弹出“管理站点”对话框，选择“导入”按钮，弹出“导入站点”对话框。

③ 选择素材中的 Wangzhan 文件夹中的“我的站点.ste”文件，导入即可。

（2）创建基本链接。

将“我的学校”链接到 http://www.witpt.edu.cn，“个人爱好”链接到 content 中的 image.html，将“风景介绍”链接至 inter.html，将“大学生活”链接到 index.html，将“百度”链接至 http://www.baidu.com，将“中国日报”链接至 http://www.chinadaily.com.cn。

操作提示：

① 选择文字“我的学校”，在“属性”面板下的链接里输入网址“http://www.witpt.edu.cn”，按 Enter 键确认。对于“百度”和“中国日报”创建的方法一样。

② 选择“个人爱好”，选择“插入”面板中的“常用”→“超链接”，弹出“超链接”对话框，在文本中输入“个人爱好”，链接目标通过“浏览文件”按钮选择 content 中的“image.html”网页，目标选择“blank”，单击“确定”按钮创建。如图 2-63 所示。

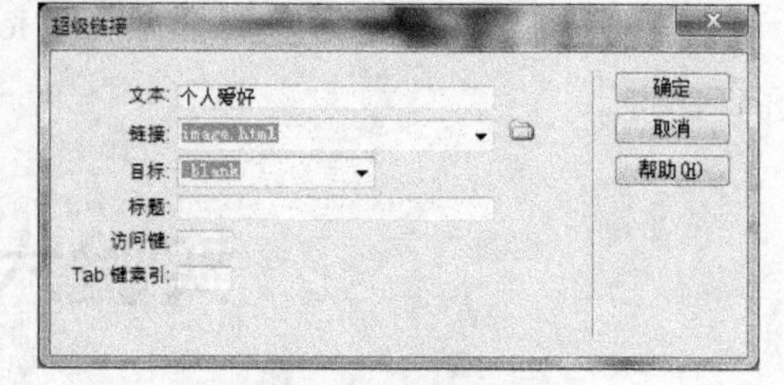

图 2-63 创建超链接

③ 创建好后删除原本的文字“个人爱好”。

④ 选择“风景介绍”，单击“属性”面板中的“链接”后的“指向文件”按钮，拖动至“文件”面板中的“inter.html”网页，如图 2-64 所示。

图 2-64 指向文件创建超链接

⑤ 选择“大学生活”通过上述方法链接到“index.html”。

（3）创建邮件链接。

“联系我”创建 E-mail 链接至自己的邮箱。

操作提示：选择“联系我”，选择“插入”面板中的“常用”里的“电子邮件链接”按钮，弹出“电子邮件链接”对话框。设置文本“联系我”、E-mail 地址为自己的邮箱，单击“确定”即可。如图 2-65 所示。

（4）设置超链接字体为“黑体”、链接颜色为“红色”、活动链接颜色为“绿色”、已访问过的链接为“蓝色”、链接显示下划线。

操作提示：

① 选择“属性”面板的“页面属性”按钮，弹出“页面属性”对话框。选择“分类”中的“链接”选项。

② 设置“链接字体”为“黑体”“链接颜色”为“红色”“变换图像链接”颜色为“绿色”“已访问链接”颜色为“蓝色”“下划线样式”为“始终有下划线”，如图 2-66 所示。

图 2-65　创建电子邮件链接

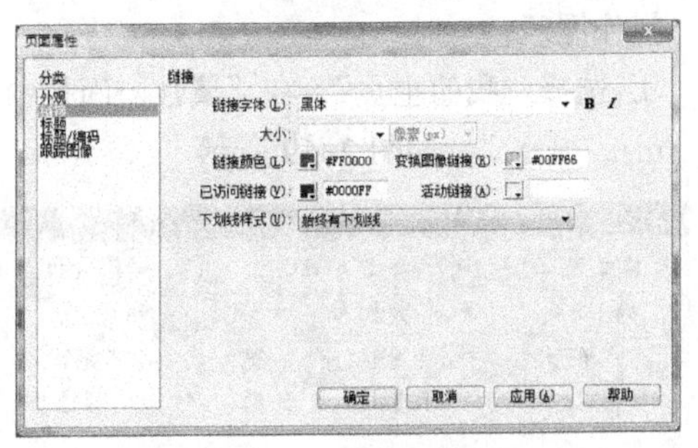

图 2-66　设置链接属性

③ 按 F12 键在网页中浏览，查看超链接的显示样式。

2. 建立锚链接

将配套光盘中“素材”中的“gaishu.html”导入站点下的 content 文件夹中，双击“gaishu.html”对网页进行编辑。

操作提示：

① 将“计算机网络的概述”“计算机网络的定义与发展”“计算机网络的功能”复制到网页顶部作为标题。如图 2-67 所示。

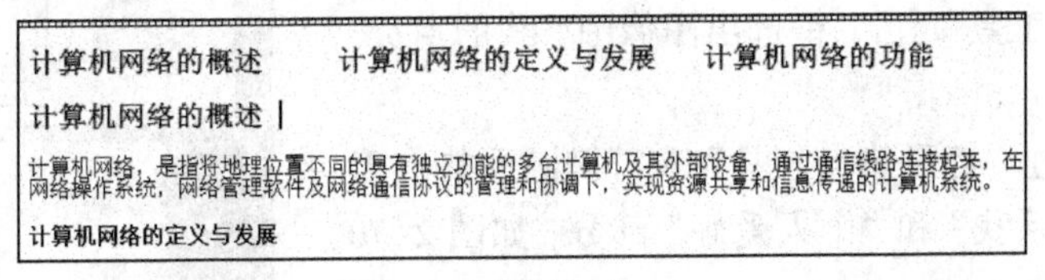

图 2-67　复制文本

② 选择标题下方的“计算机网络的概述”后的空白地方，选择“插入”面板“常用”中的“命名锚记”按钮，弹出“命名锚记”对话框，设置“锚记名称”为“a”。如图 2-68 所示。

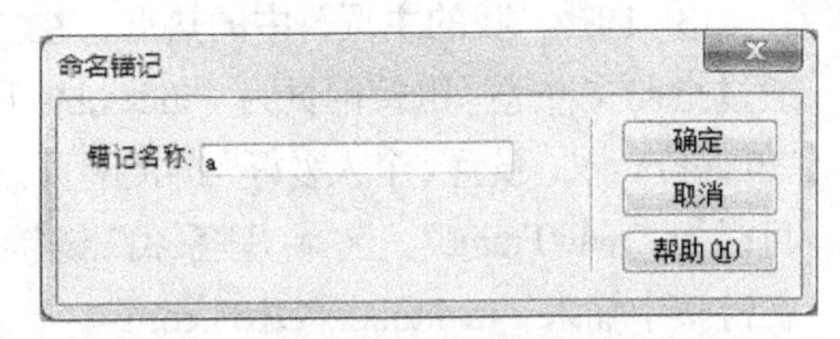

图 2-68　命名锚记

③ 依次选中文本中的“计算机网络的定义与发

展”和“计算机网络的功能”后的空白地方，添加锚记名称为“b”和“c”。

④ 选择标题中的“计算机网络的概述”，在“属性”面板“链接”中输入地址“#a”，按 Enter 键确定。

⑤ 对“计算机网络的定义与发展”“计算机网络的功能”同样设置，“链接”地址分别为“#b”和“#c”。

⑥ 按 F12 键保存浏览，查看链接显示的情况。

3. 创建框架网页链接和图像热点链接

双击 content 文件夹下的 frame.html 网页，对网页创建超链接。将“我的主页”链接到“default.html”，目标选择为“mainframe”。将“我的大学生活”链接到“index.html”，目标选择“blank”。将“我的爱好”链接到“location.html”，目标选择“mainframe”。将“个人成绩管理”链接到“xuesheng.html”，目标为“top”。为右侧图像中的“我的主页”“个人爱好”“联系我”创建图像热点链接。

（1）创建框架网页链接。

操作提示：

① 选择“我的主页”，在“属性”面板中的链接里输入“default.html”，在目标下拉列表中选择“mainFrame”，如图 2-69 所示。

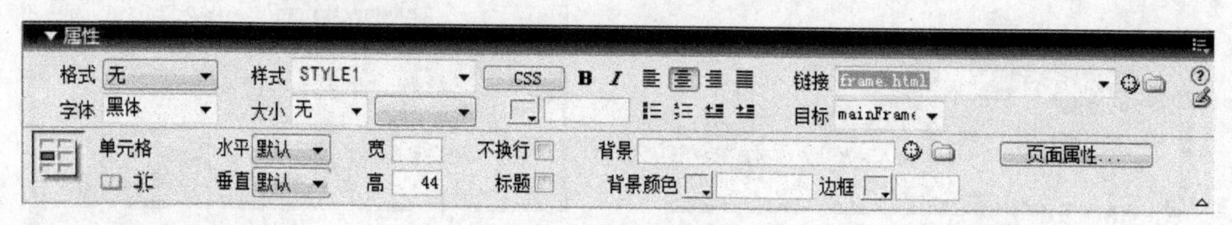

图 2-69 设置链接目标

②“我的大学生活”，通过“属性”面板“链接”后的“指向文件”按钮链接到“index.html”，在目标中选择“blank”。

③ 同样方法将“我的爱好”链接到“location.html”，目标选择“mainframe”，将“个人成绩管理”链接到“xuesheng.html”，目标为“top”。

（2）创建图像热点链接。

操作提示：

① 选择网页右侧图像，单击“属性”面板底部左侧的“矩形热点工具”，框选出图像中“我的主页”部分。

② 分别通过“矩形热点工具”和“椭圆形热点工具”框选出“联系我”和“个人爱好”部分，如图 2-70 所示。

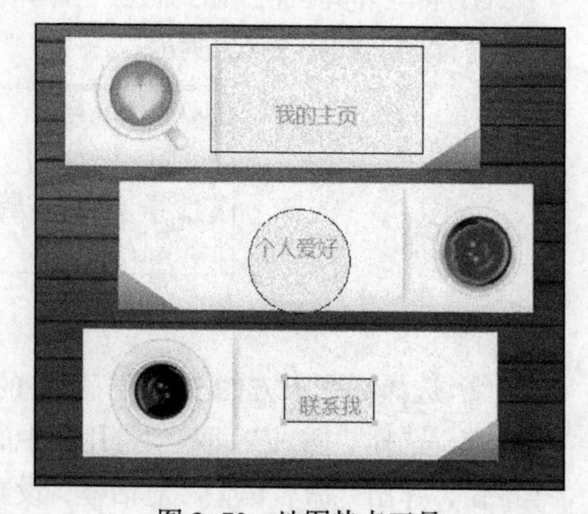

图 2-70 地图热点工具

③ 选择“我的主页”中的热点，在“属性”面板中通过指向文件选择链接网页为“index.html”，设置目标为“mainFrame”。设置“个人爱好”链接网页为“image.html”，目标为“mainFrame”。选择“联系我”链接到自己的邮箱，在链接中输入“mailto:xxx@163.com”。

④ 按 F12 键保存并浏览网页。

实验七　行为、时间轴和 Flash 元素

【实验目的】

1. 掌握应用行为的方法
2. 掌握创建时间轴和设置时间轴的方法
3. 掌握 FLASH 元素的添加方法

【实验内容】

1. 创建打开浏览器窗口行为
2. 创建弹出信息行为
3. 创建播放声音行为
4. 创建时间轴动画
5. 添加 Flash 元素

【实验步骤】

行为是 Dreamweaver 预置的 JavaScript 程序库，行为和时间轴动画一样，是一种动态 HTML 技术。行为是在特定时间或者因某个特定事件而触发的动作。事件可以是鼠标单击、双击，鼠标移动、释放等。动作可以是弹出窗口、弹出信息、变换图像等。

本次实验将介绍在网页中添加行为和时间轴动画。

1. 创建打开浏览器窗口行为

（1）导入站点，在 content 文件夹下新建一个 window.html 网页，双击此网页对其进行编辑。在网页中输入“欢迎光临我的网站!”，字体为“黑体”“36px”，并将文字链接到 default.html 网页。

操作提示：

① 在 window.html 中输入文字“欢迎光临我的网站!”。选中文字，在“属性”面板中设置字体为“黑体”、大小为“36px”。

② 选中文字，在“属性”面板中“链接”后的指向文件指向 default.html 网页，创建超链接。目标选择为 blank。保存网页。

（2）打开“index.html”网页，对此网页添加“打开浏览器窗口”行为，弹出 window.html 网页，窗口宽度为 200、高度为 150。

操作提示：

① 双击 index.html 网页，选择标签中的<body>标签，选中整个网页。选择“窗口”→“行为”打开“行为”面板，选择“添加行为”下拉列表，在下拉列表中选择“打开浏览器窗口”行为，如图 2-71 所示。

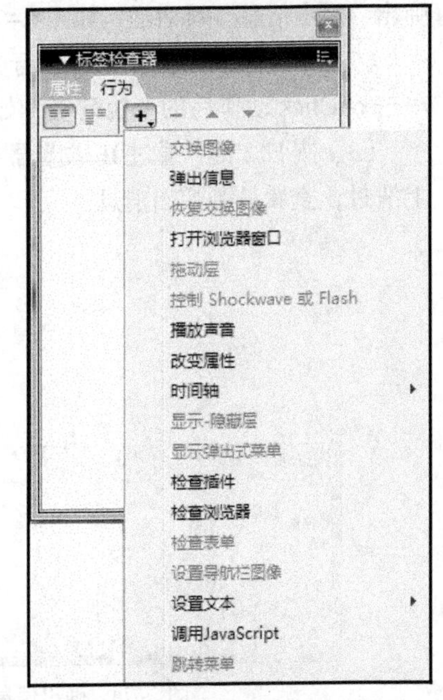

图 2-71　添加打开浏览器窗口行为

② 弹出“打开浏览器窗口”对话框，如图 2-72 所示，在“要显示的 URL”中通过“浏览”选择 content 中的 window.html 网页，窗口宽度为“200”、高度为“150”。

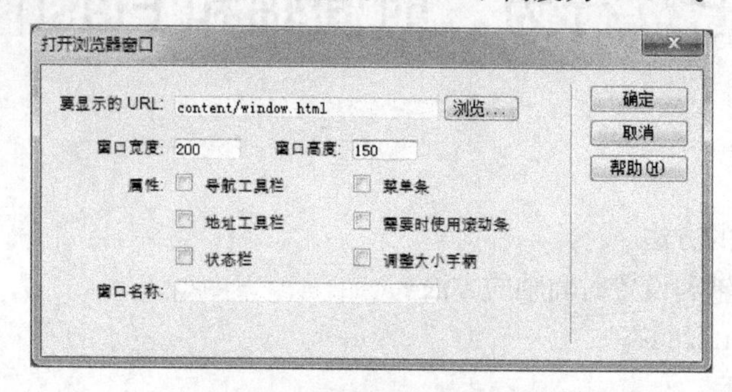

图 2-72　打开浏览器窗口对话框

③ 单击“确定”按钮，将会在“行为”面板中添加 onLoad 事件。

④ 按 F12 键通过 IE 浏览器进行浏览，浏览器下方将弹出阻止消息，如图 2-73 所示，选择“允许阻止的内容”。弹出 window.html 网页。

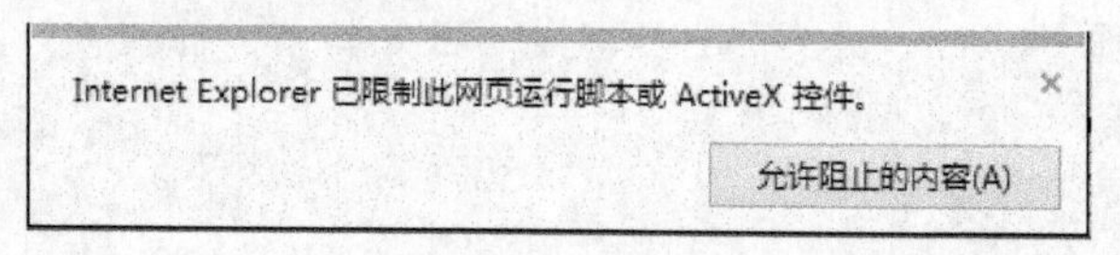

图 2-73　阻止消息

2. 创建弹出消息行为

双击 default.html 网页，对网页中的 xiaoyuan.png 图片添加弹出信息行为，弹出的信息为“这是一张校园图片”。当鼠标滑过图片时，弹出此行为。

操作提示：

（1）选择 xiaoyuan.png 图片后，选择“行为”面板，选择“添加行为”→“弹出信息”选项。弹出“弹出信息”对话框，如图 2-74 所示。在此对话框的“消息”中输入“这是一张校园图片”。

（2）单击“确定”按钮，在行为面板中添加了一个 onClick 动作，触发“弹出信息”事件。单击 onClick 动作后的下拉列表，如图 2-75 所示，在其中选择鼠标滑过 onMouseOut 事件。

（3）按 F12 键，通过 IE 浏览器进行浏览，将显示阻止消息，允许阻止的内容。将鼠标从图片上滑过，查看是否弹出消息。

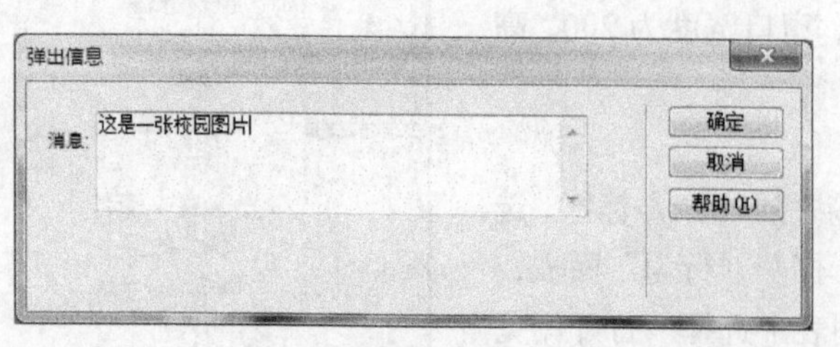

图 2-74　弹出信息对话框

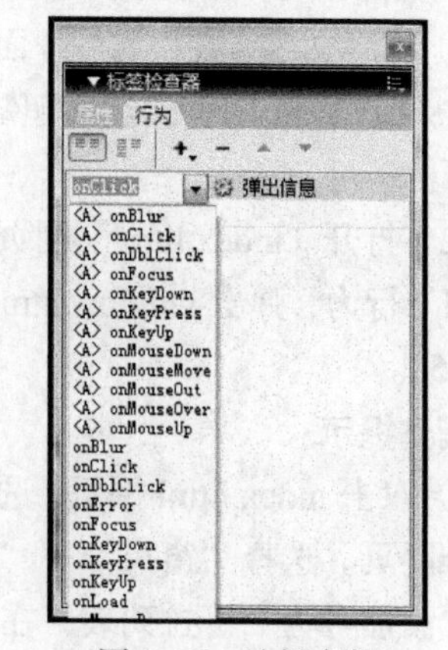

图 2-75　选择事件

3. 创建播放声音行为

将配套光盘中的 1.mp3 导入到站点下的 music 文件夹下。打开 index.html 网页时将播放此音乐。

操作提示：

① 选择配套光盘中的 1.mp3 音乐，复制到站点文件夹下的 music 文件夹中。

② 打开 index.html 网页，选择标签中的<body>标签。在“行为”面板中选择“播放声音”行为。弹出“播放声音”对话框，如图 2–76 所示。浏览文件，选择 music 中的 1.mp3 文件。

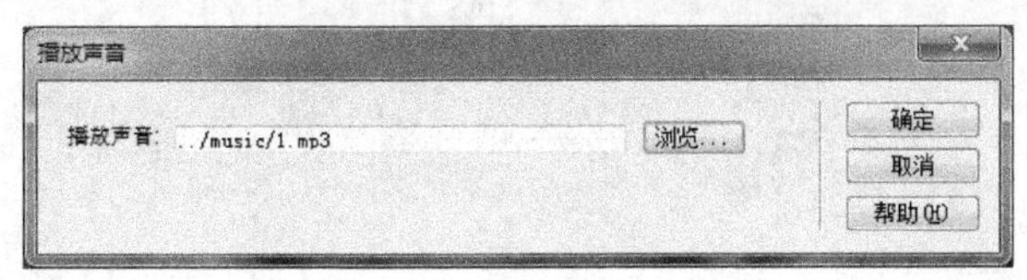

图 2–76　播放声音行为

③ 单击“确定”按钮，“行为”面板将添加 onLoad“播放声音”事件。按 F12 键浏览，允许阻止的消息，查看是否播放音乐。

4. 创建时间轴动画

（1）将配套光盘中的“素材”中的 butterfly.png 导入到站点的 photo 文件夹下。双击 default.html 网页，以第 1 帧为起始帧，第 20 帧为结束帧，为图 butterfly.png 添加直线运动动画。

操作提示：

① 双击 default.html 网页，打开此网页。在“插入”面板中选择“布局”中的“绘制层”按钮，绘制一个层。

② 将插入点定位于层中，选择 photo 文件夹中的 butterfly.png 图像。设置层的大小与图像大小一致。

③ 选择菜单栏“窗口”→“时间轴”，调出“时间轴”面板。在工作界面上选中创建的层，在时间轴的第一轴单击鼠标右键选择“添加对象”。将 Layer1 添加到时间轴。

④ 选择时间轴第 1 轴，将图层移到左上角。将时间轴的结束轴拖动到第 20 帧，将图层移到界面右下角。界面上将会出现一条直线。选中时间轴的“自动播放”和“循环”复选框。如图 2–77 所示。按 F12 键进行浏览。

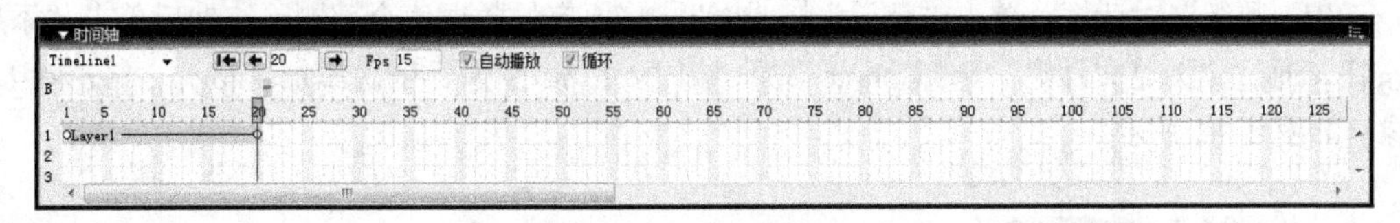

图 2–77　时间轴设置

（2）将层的直线运动改为曲线运动，时间轴的结束帧为第 50 帧，并在第 10 帧、20 帧、30 帧处改变层的位置。

操作提示：

① 在时间轴中将结束帧拖动至第 50 帧处，并将层拖动至界面的右下角。选中动画通道的第 10 帧，单击鼠标右键，选择“增加关键帧”移动图层的位置至左下角。在第 20 帧单击鼠标右键，选择“增加关键帧”，移动图层的位置至右上角。在第 30 帧单击鼠标右键“增加关键帧”，移动图层位置至左上角。网页界面如图 2–78 所示。

② 保存后按 F12 键进行浏览。

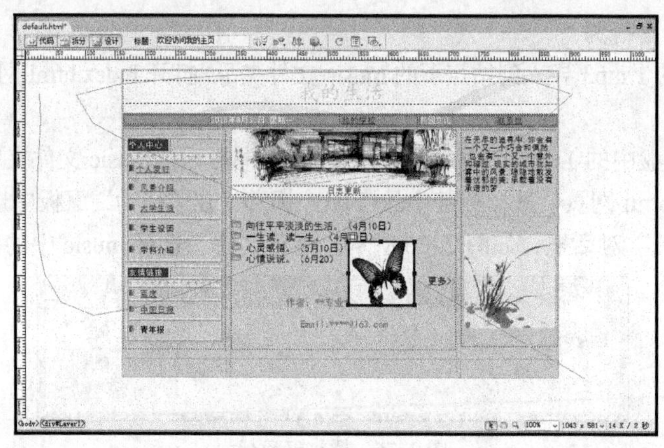

图 2–78　时间轴设置

5. 添加 Flash 元素

在 content 文件夹下新建一个 flash.html 文件，双击对此文件进行编辑。在此网页中插入 Flash 元素。浏览插入 1.jpg、2.jpg、3.jpg、4.jpg 图像。

操作提示：

① 选择“插入”面板下的“Flash 元素”，选择其中的“图像查看器”按钮。弹出“保存 Flash 元素”对话框，选择保存位置为 Wangzhan 文件夹下的 flash 文件夹。保存文件名为 picture。

② 单击“保存”按钮。在网页中将显示一个图像查看器。单击此图像查看器，在“属性”面板中设置宽为“600”、高为“500”、对齐为“居中”，勾选“循环”和“自动播放”。如图 2–79 所示。

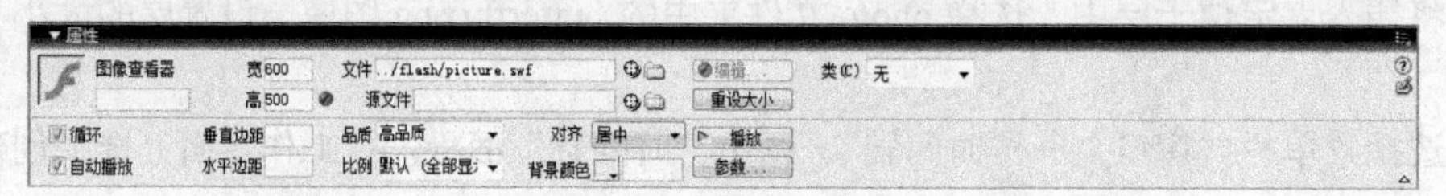

图 2-79　图像查看器属性

③ 选择“文件”面板上的“Flash 元素”面板。如图 2–80 所示。

④ 选择其中的 imageURLs 选项，单击文本框后的“编辑数组值…”按钮。弹出“编辑 imageURLs 数组”对话框。单击“删除” 按钮，将原有的数据值全部删除。然后单击“添加” 按钮，通过“浏览文件夹”选择 photo 文件夹中的 1.jpg 图像，依次添加 2.jpg、3.jpg 和 4.jpg 图像。如图 2–81 所示。

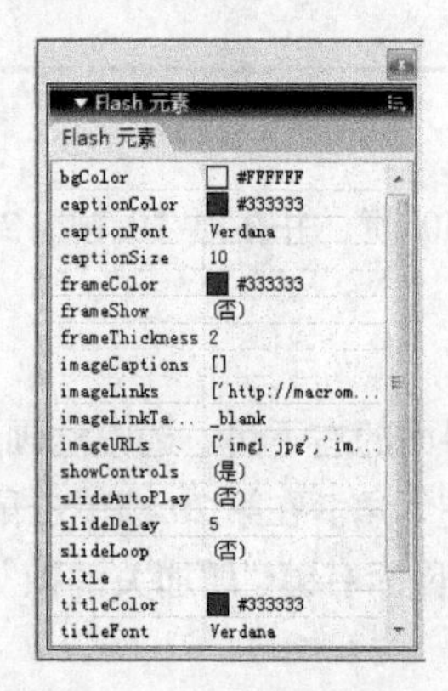

图 2–80　Flash 元素面板

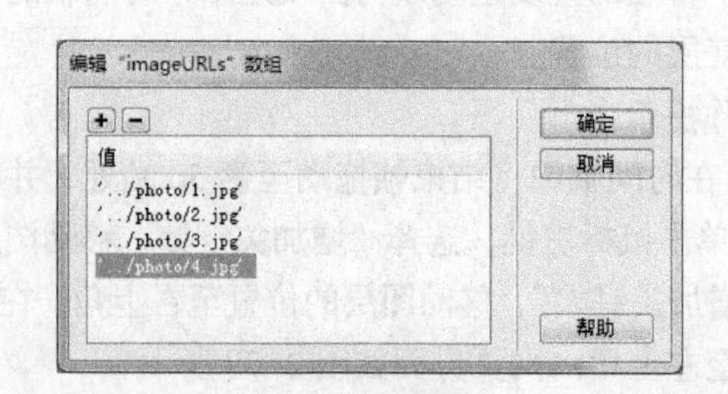

图 2-81　编辑图像值

⑤ 单击“确定”按钮，添加元素。然后设置 slideAutoPlay 为“是”，slideLoop 选项为“是”，slideDelay 值为“2”。保存后按 F12 键浏览。

实验八 HTML 实验

【实验目的】

1. 了解 HTML 的基本结构及基本标记
2. 掌握运用 HTML 制作简单的网页

【实验内容】

运用 HTML 语言编写网页。

【实验步骤】

超文本标记语言 HTML 是通过标记符号来标记要显示的网页的各个部分的一种语言。HTML 文件是一种可以用任何文本编辑器创建的 ASCII 码文档，以.html 或.htm 为扩展名。本实验通过编写 HTML 语言来编写网页。

在 content 文件夹下新建一个 poem.html 文件，双击此文件对其进行编辑。

操作提示：

（1）在“文档”面板中单击“显示代码视图” 代码 按钮，切换到代码视图模式。

（2）在<title>标签下输入<title>诗词欣赏</title>。

（3）在<body>标签下输入如下代码。

```
<body>
<table width="600" height="500" border="0" align="center" cellpadding="0" cellspacing="0">
   <tr>
     <td height="163" colspan="2" background="../photo/fengjing.jpg">
     <p align="right"><font size="+1" face="黑体">首页唐诗宋词典故</font><'p>
     <p align="center"><font size="+5" face="华文琥珀">诗词欣赏</font></p>
   </td>
   </tr>
   <tr>
   <td width="286" height="221"><font face="黑体">
     <p align="center" class="STYLE5">江南柳</p>
     <p align="right" class="STYLE5">宋.张先</p>
     <p align="center" class="STYLE5">隋堤远，急波路尘轻。</p>
     <p align="center" class="STYLE5">今古柳桥多送别，见人分袂亦愁生，</p>
     <p align="center" class="STYLE5">何况自关情？</p>
     <p align="center" class="STYLE5">斜照后，新月上西城。</p>
     <p align="center" class="STYLE5">城上楼高重倚望，愿身能似月亭亭，</p>
     <p align="center" class="STYLE5">千里伴君行。</p>
     </font></td>
   <td width="293" valign="top"><imgsrc="../photo/1.jpg" width="300" height="350" /></td>
   </tr>
</table>
</body>
```

（4）保存后按 F12 键进行浏览，编辑好的网页如图 2-82 所示。

图 2-82 HTML 编辑网页

实验九 网站上传

【实验目的】

1. 了解域名的申请步骤
2. 掌握 FTP 文件上传的方法

【实验内容】

1. 申请域名
2. 上传网站

【实验步骤】

域名是由一串用点分隔的名字组成的 Internet 上某一台计算机或计算机组的名称，用于在数据传输时标识计算机的地理位置。域名是便于记忆和沟通的一组服务器的地址。域名系统是分层的、允许定义的子域。域的组成至少有一个标签。如果有多个标签，标签之间必须用点分开。在一个域名中，最右边的标签，必须是顶级域名。

1. 申请域名

（1）准备资料。com 域名目前无须提供身份证、营业执照等申请资料；cn 域名目前个人不允许申请、注册，所以需要提供企业营业执照。

（2）寻找域名注册商。注册域名需要从注册管理机构寻找经过其授权的顶级域名注册服务机构进行域名注册。如果是 CNNIC 双重认证企业，则无须到其他注册服务机构申请域名。

（3）查询域名。在注册商用网站输入要注册的域名如自己姓名，单击查询域名，选择要注册的域名，单击注册。登录网站后立即注册。

（4）申请域名。提交注册消息后，每年缴纳一定的年费则申请成功。

（5）申请空间。网站空间有免费空间和收费空间。申请免费空间只需向空间的提供服务器提出申请，在得到答复后，上传主页即可。

2. 上传网站

下面介绍设置 FTP 服务器。

① 打开“文件”面板，单击该面板中的“显示本地和远端站点”按钮，将显示如图 2-83 所示窗口。

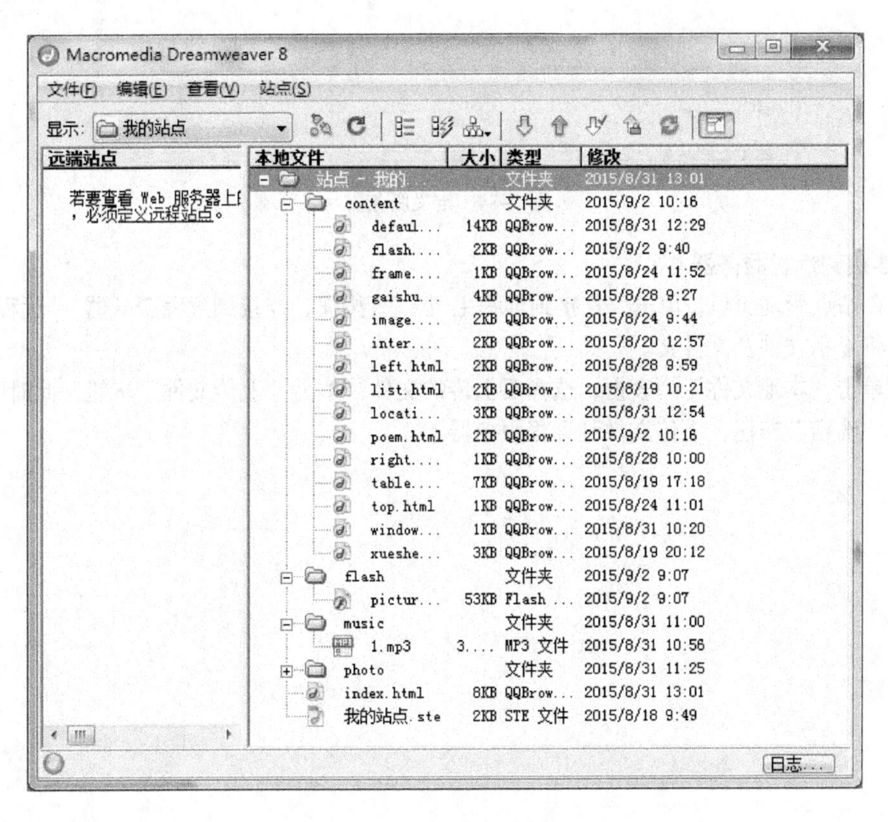

图 2-83　站点管理窗口

② 单击“定义远程站点”链接，弹出“我的站点的站点定义为”对话框，在其中选择“远程信息”，在“访问”下选择“FTP”。如图 2-84 所示。

③ 设置 FTP 主机的 IP 地址、访问的目录、登录的用户名和密码，单击“测试”按钮。

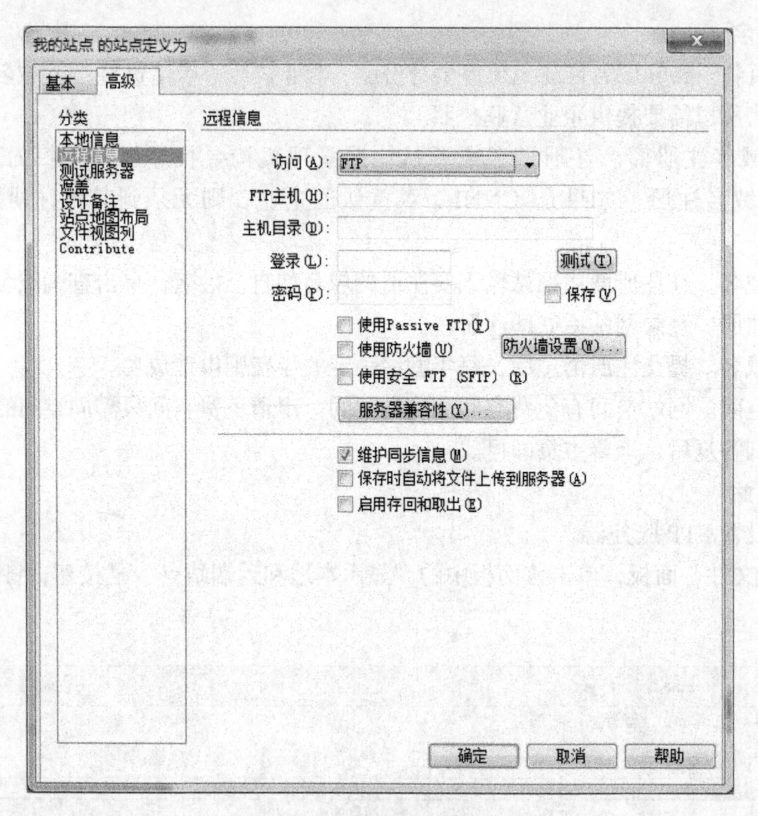

图 2-84 定义服务器

3. 连接到远程服务器

（1）在站点管理窗口，单击“连接到远程主机” 按钮，连接到远程服务器，“远程服务器”列表框中将显示文件及文件夹。

（2）单击“本地文件”列表框，选择要上传的文件，单击“上传文件”按钮，此时弹出提示框，单击“确定”按钮，上传文件到远程服务器。

第 3 章 音频编辑与处理

实验一 GoldWave 操作

【实验目的】

1. 熟悉音频编辑处理软件 GoldWave 的环境
2. 掌握 GoldWave 对声音文件的基本操作
3. 掌握 GoldWave 对声音文件的效果处理

【实验内容】

1. GoldWave 的基本操作
2. GoldWave 的效果处理
3. GoldWave 的高级效果处理

【实验步骤】

GoldWave 是一个功能强大的数字音频编辑器，它可以对声音进行播放、录制、编辑以及格式转换等处理。

1. GoldWave 的基本操作

（1）启动 GoldWave。

操作提示：

① 双击桌面上的 GoldWave 图标，或者在安装文件夹中双击 GoldWave 图标，就可以运行 GoldWave。

② 第一次启动时会出现一个错误提示，单击“是”按钮即可。如图 3–1 所示。

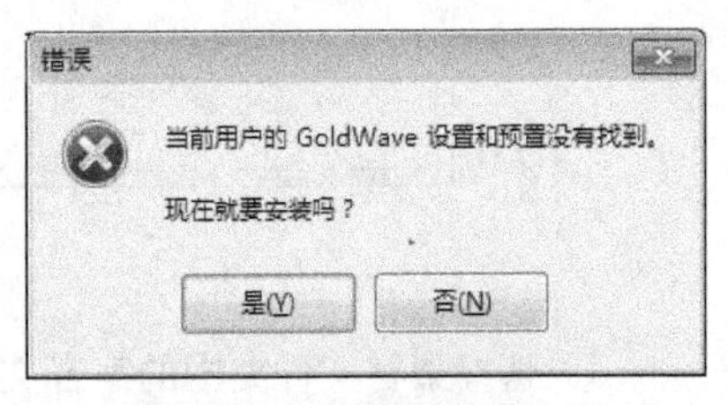

图 3–1　安装错误提示

③ 顺利进入后打开 GoldWave 的界面，如图 3–2 所示。刚打开 GoldWave 时，窗口是空白的，需要先建立一个新的声音文件或者打开一个声音文件，窗口上的大多数按钮、菜单才能使用。

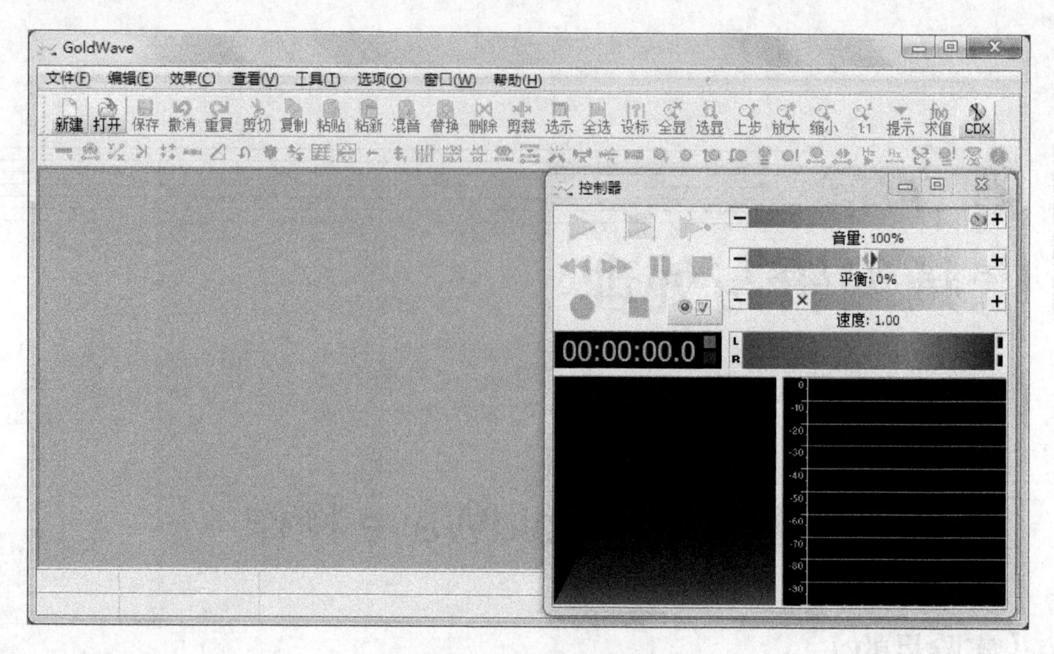

图 3-2　GoldWave 主界面

（2）打开声音文件。

操作提示：

① 单击工具栏上的“打开”按钮 或在菜单栏中选择“文件”→“打开”命令，弹出“打开声音文件”对话框。如图 3-3 所示。

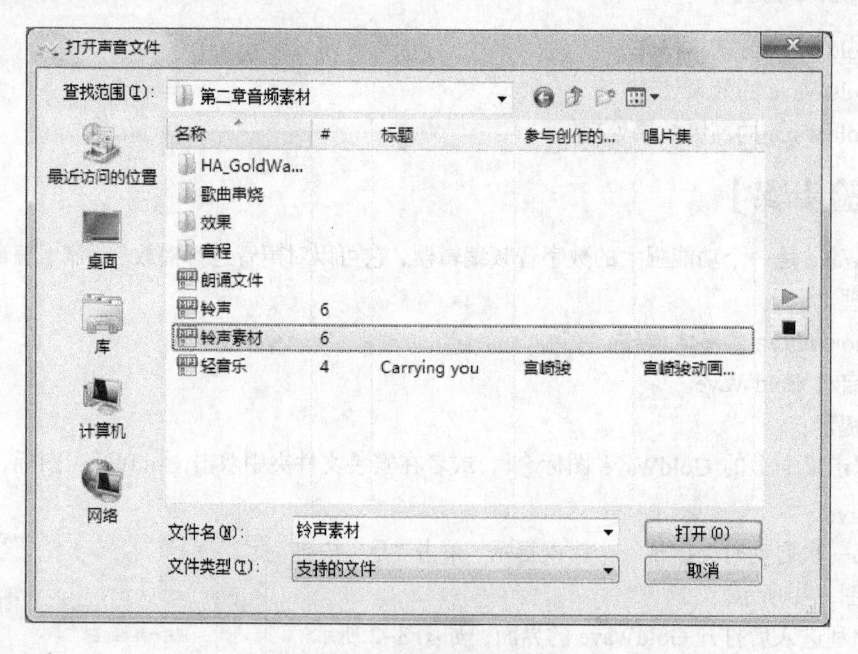

图 3-3　打开声音文件对话框

② 选择素材文件夹中的声音文件“铃声素材”，单击“打开”按钮（或直接用鼠标双击这个声音文件）即可打开文件。如图 3-4 所示。

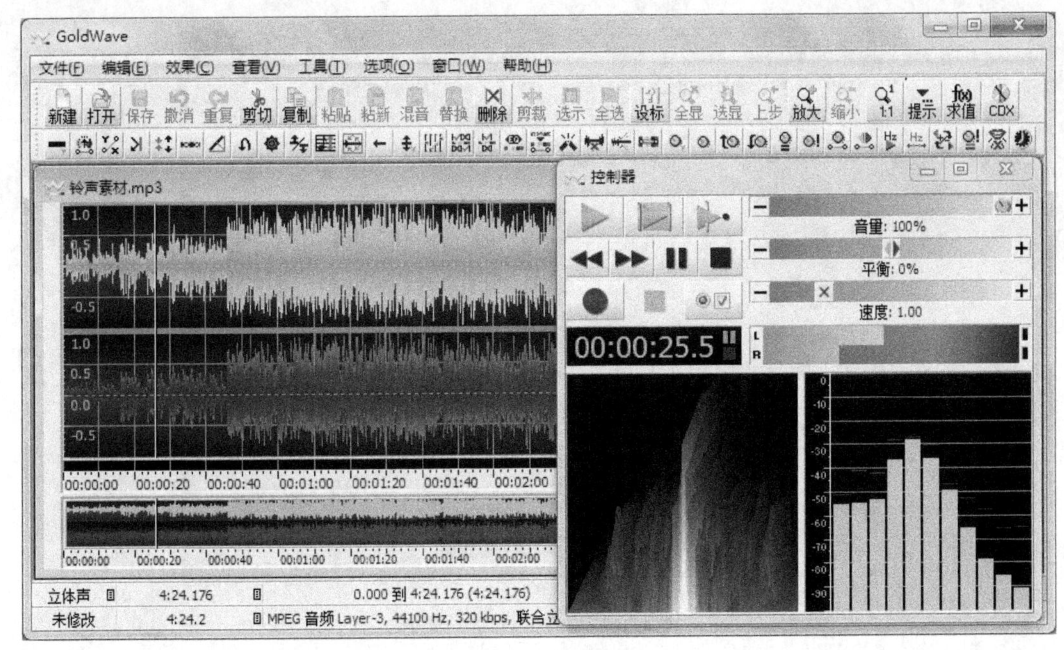

图 3-4 打开效果图

③ 此时 GoldWave 的窗口中显示出声音文件的波形。如果是立体声，GoldWave 会分别显示两个声道的波形，上面的绿色部分波形代表左声道，下面的红色部分波形代表右声道。

④ 此时设备控制面板上的按钮可以使用。单击控制器上的"播放"按钮▶，GoldWave 就会播放这个声音文件，播放声音文件的时候，在 GoldWave 工作区中有一条白色的指示线，指示线的位置表示正在播放的声音的位置。与此同时，控制器上会显示音量以及各个频率段的声音的音量大小。单击控制器上的"暂停"按钮❚❚，GoldWave 就会暂停播放这个声音文件。单击控制器上的"停止"按钮■，GoldWave 就会停止播放这个声音文件。

（3）保存声音文件。

操作提示：

方法一：单击工具栏上的"保存"按钮保存即可保存此声音文件。

方法二：在菜单栏中选择"文件"→"保存"命令即可保存此声音文件。

（4）另存声音文件。

在 E 盘新建一个文件夹，命名为"专业班级姓名学号"。使用 GoldWave 打开素材文件夹中的"轻音乐"文件，并将其保存在这个新建的文件夹中。

操作提示：

① 打开 E 盘，在 E 盘的空白处单击鼠标右键，在弹出的菜单中选择"新建"→"文件夹"，文件夹建好后，名称部分呈蓝色选中状态时输入"专业班级姓名学号"。

② 在菜单栏中选择"文件"→"打开"命令，弹出"打开声音文件"对话框。选择需打开的声音文件"轻音乐"，单击"打开"按钮即可打开文件。

③ 在菜单栏中选择"文件"→"另存为"命令，打开"保存声音为"对话框，选择保存的位置为刚才建好的文件夹，单击"保存"按钮即可。如图 3-5 所示。

（5）选择区域。在 GoldWave 中，所进行的操作都是针对声音文件的某个区域。所以，在处理波形之前，要先选择需要处理的波形区域。

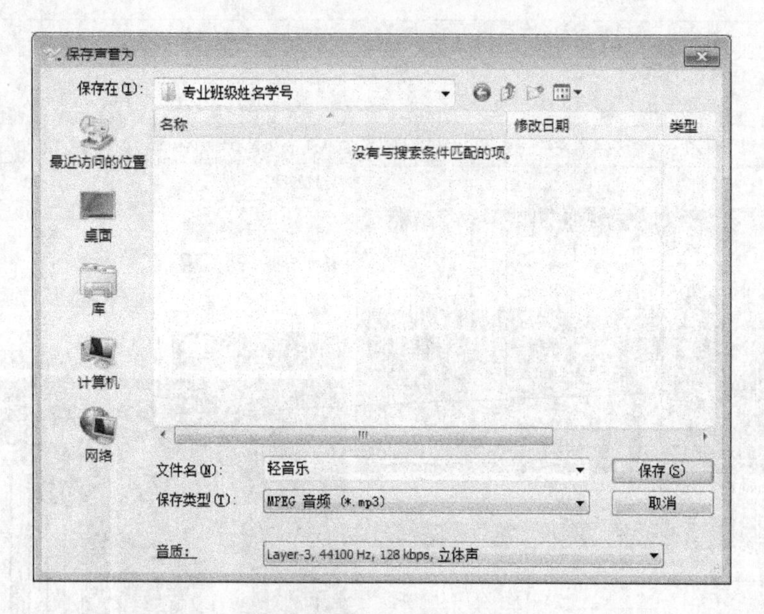

图 3-5 “保存声音为”对话框

打开上一步另存的声音文件“轻音乐”，选择 0 秒至 20 秒的区域。

操作提示：

方法一：

① 在菜单栏中选择“文件”→“打开”命令，弹出“打开声音文件”对话框。选择上一步另存的声音文件“轻音乐”，单击“打开”按钮即可打开文件。

② 在波形图上用鼠标左键单击所选区域的开始第 0 秒，然后单击鼠标右键，在弹出的快捷菜单中选择“设置开始标记”命令。如图 3-6 所示。

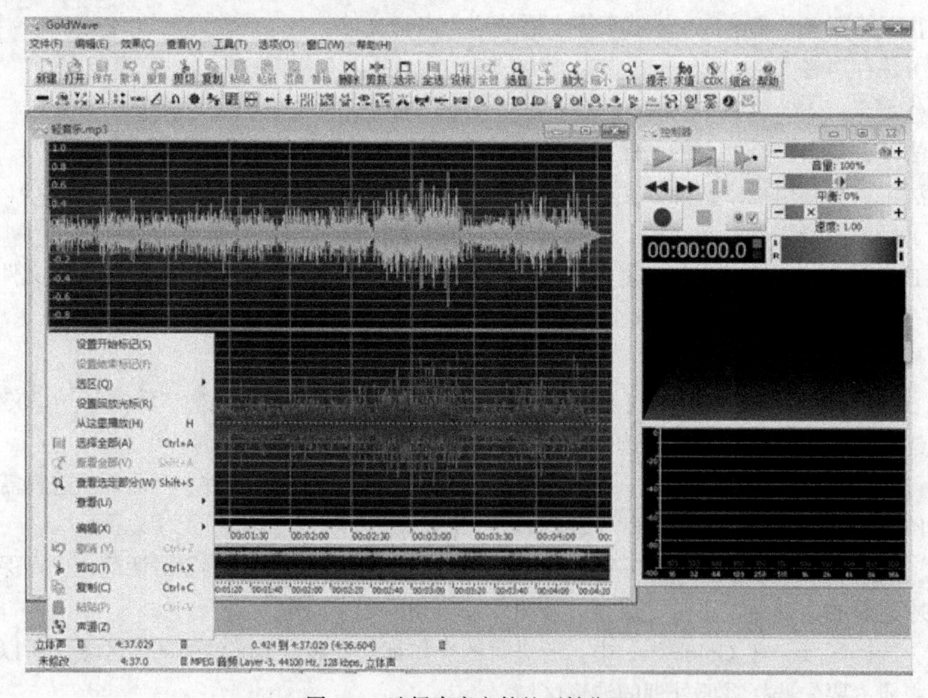

图 3-6 选择声音文件的开始位置

③ 在需要结束的位置第 20 秒，单击鼠标右键，在弹出的快捷菜单中选择“设置结束标记”命令，确定所选区域的结尾。如图 3-7 所示。

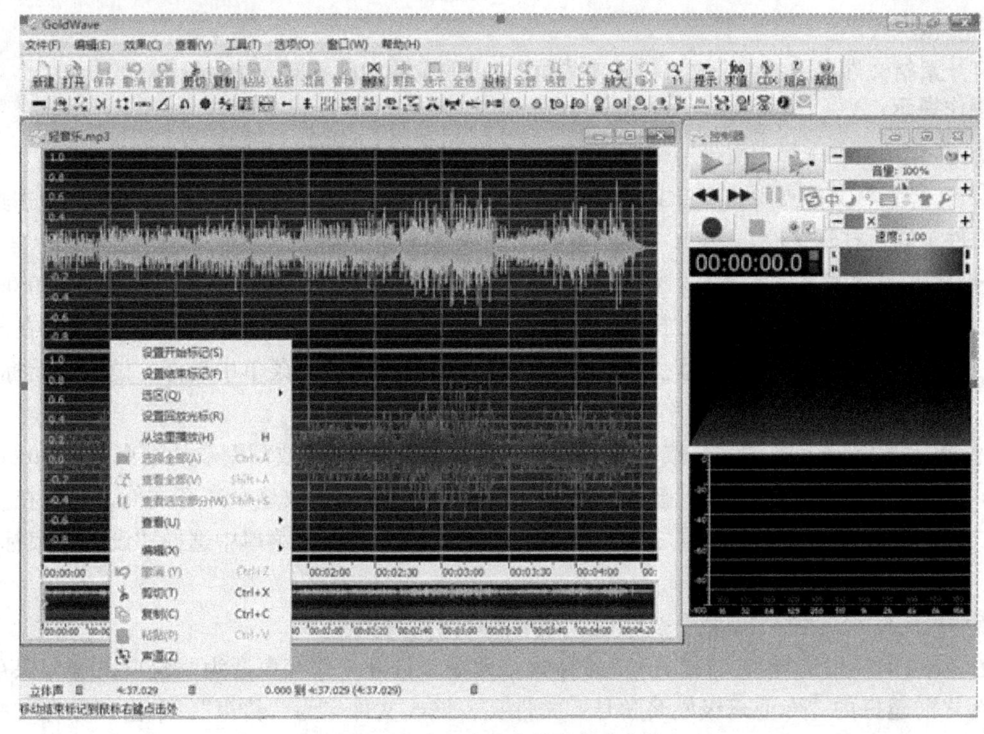

图 3-7　选择声音文件的结束位置

上述步骤完成后，就选择了一段波形，选中的波形以较亮的颜色并配以蓝色底色显示，未选中的波形以较暗的颜色并配以黑色底色显示。现在，可以对这段波形进行效果处理。

方法二：

单击“设标”按钮，打开“设置标记”对话框，选中“基于时间位置”单选按钮，设置开始时间 00:00:00 和结束时间 00:00:20 后，单击“确定”按钮即可选中 0 秒至 20 秒的区域。如图 3-8 所示。

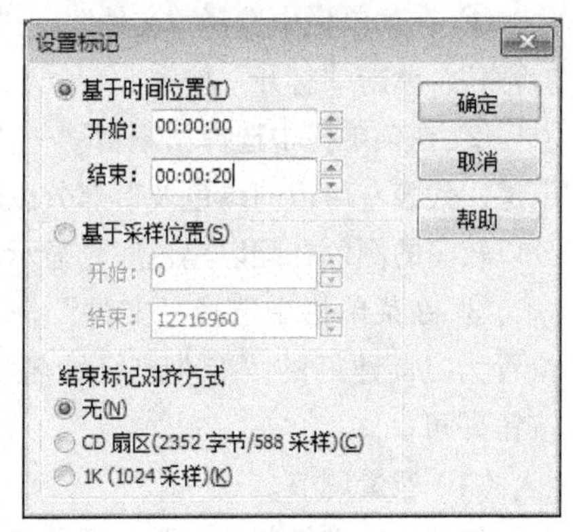

图 3-8　设标

（6）复制选择的区域。将上一步选择的区域复制到“轻音乐”文件的 20 秒处。

操作提示：

① 选择 0 秒至 20 秒的区域，鼠标左键单击工具栏的“复制”按钮，选中的区域即被复制。

② 用鼠标选中波形的第 20 秒，单击工具栏的“粘贴”按钮，刚才复制的波形段即可粘贴到所选的位置。

（7）删除选择的区域。将 0 秒至 20 秒的波形删除。

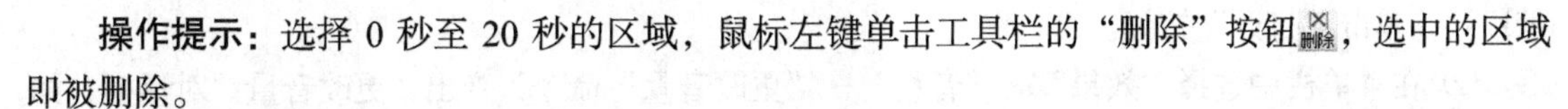

操作提示：选择 0 秒至 20 秒的区域，鼠标左键单击工具栏的“删除”按钮，选中的区域即被删除。

（8）剪裁选择的区域。将 0 秒至 20 秒的波形删除。

操作提示：选择 0 秒至 20 秒的区域，鼠标左键单击工具栏的“剪裁”按钮，未选中的波形即被删除。剪裁后，GoldWave 会自动把剩下的波形放大显示。

2. 效果处理

（1）截取铃声。

打开素材文件夹中的声音文件“铃声素材”，截取歌曲的副歌部分作为铃声。

操作提示：

① 在菜单栏中选择“文件”→“打开”命令，弹出“打开声音文件”对话框。

② 选择素材文件夹中的声音文件“铃声素材”，单击“打开”按钮（或直接用鼠标双击这个声音文件）即可打开文件。

③ 单击控制器上的“播放”按钮 ▶，试听此声音文件。播放到副歌的开始部分 00:00:10 分时，单击控制器上的“暂停”按钮 ⏸，GoldWave 就会暂停播放这个声音文件，此时在波形图中白色的指示线所指示的位置上单击鼠标右键，在弹出的快捷菜单中选择“设置开始标记”命令。

④ 单击控制器上的“播放”按钮 ▶，继续试听此声音文件。播放到副歌的结束部分 00:00:45 分时，单击控制器上的“暂停”按钮 ⏸，GoldWave 就会暂停播放这个声音文件，此时在波形图中白色的指示线所指示的位置上单击鼠标右键，在弹出的快捷菜单中选择“设置结束标记”命令。

⑤ 单击工具栏上的“剪裁”按钮，截取出所需的铃声。

⑥ 在菜单栏中选择“文件”→“另存为”命令，打开“保存声音为”窗口，选择保存的位置为之前建好的“专业班级姓名学号”文件夹，修改文件名为“铃声”，单击“保存”按钮即可。

（2）声道分离。

打开上一步截取的声音文件“铃声”，分离出左声道。

操作提示：

① 在菜单栏中选择“文件”→“打开”命令，弹出“打开声音文件”对话框，选择声音文件“铃声”，单击“打开”按钮。

② 在菜单栏中选择“编辑”→“声道”→“左声道”命令，如图 3-9 所示，此时分离出左声道，代表左声道的绿色波形部分以较亮的颜色并配以蓝色底色显示，代表右声道的红色波形部分以较暗的颜色并配以黑色底色显示。

③ 在菜单栏中选择“文件”→“另存为”命令，打开“保存声音为”窗口，选择保存的位置为之前建好的“专业班级姓名学号”文件夹，修改文件名为“声道分离”，单击“保存”按钮即可。

（3）音量调节。

打开声音文件“铃声”， 调节音量大小。

操作提示：

① 在菜单栏中选择“文件”→“打开”命令，弹出“打开声音文件”对话框，选择声音文件“铃声”，单击“打开”按钮。

② 在菜单栏中选择“效果”→“音量”→“更改音量”命令，弹出“更改音量“对话框，如图 3-10 所示。

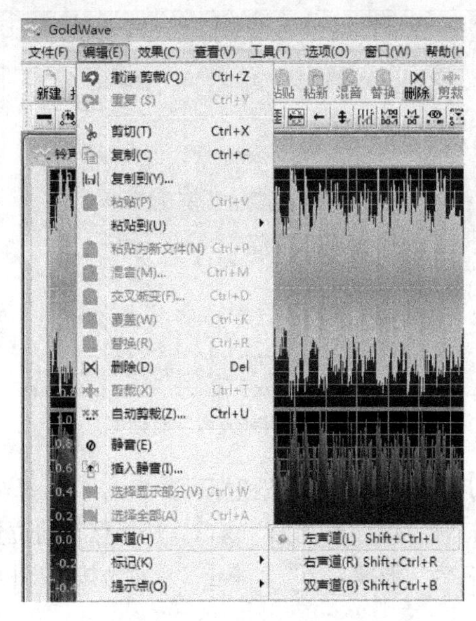

图 3-9　声道分离

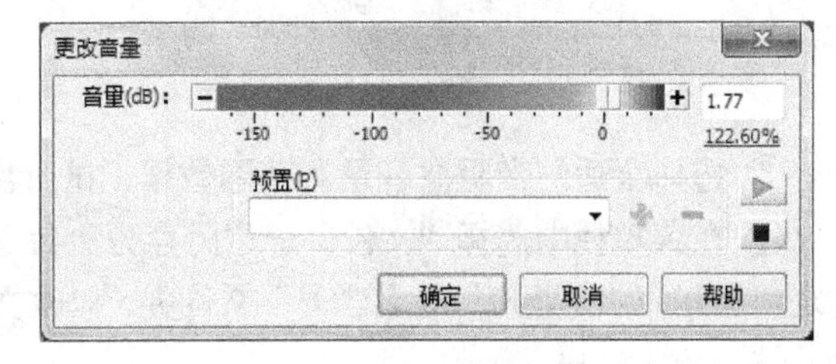

图 3-10　更改音量

③ 拖动音量调整滑块来调整音量大小。单击此对话框中的“播放”按钮可以试听调整后的声音效果，以便重新指定合适的音量大小，试听满意后单击“确定”按钮即可。

④ 在菜单栏中选择“文件”→“另存为”命令，打开“保存声音为”窗口，选择保存的位置为之前建好的“专业班级姓名学号”文件夹，修改文件名为“音量调节”，单击“保存”按钮即可。

（4）升降调处理。

打开声音文件“铃声”， 提高音调。

操作提示：

① 在菜单栏中选择“文件”→“打开”命令，弹出“打开声音文件”对话框，选择声音文件“铃声”，单击“打开”按钮。

② 在菜单栏中选择“效果”→“音调”命令，弹出“音调”对话框，如图 3-11 所示。

③ 拖动音阶调整滑块来调整音量大小。单击此对话框中的“播放”按钮可以试听调整后的声音效果，以便重新指定合适的音调高低，试听满意后单击“确定”按钮即可。

④ 在菜单栏中选择“文件”→“另存为”命令，打开“保存声音为”窗口，选择保存的位置为之前建好的“专业班级姓名学号”文件夹，修改文件名为“升降调”，单击“保存”按钮即可。

（5）消减人声。

某些歌曲需要消减人声，如果背景音乐和歌唱声分别单独保存在左右声道中，只需要删除歌唱声的声道即可。但是实际情况往往不是如此简单，此时需要用到消减人声的功能。

打开声音文件“铃声”， 去掉文件中的人声。

操作提示：

① 在菜单栏中选择“文件”→“打开”命令，弹出“打开声音文件”对话框，选择声音文件“铃声”，单击“打开”按钮。

② 单击效果栏的“消减人声”按钮，弹出“消减人声”对话框，如图 3-12 所示。

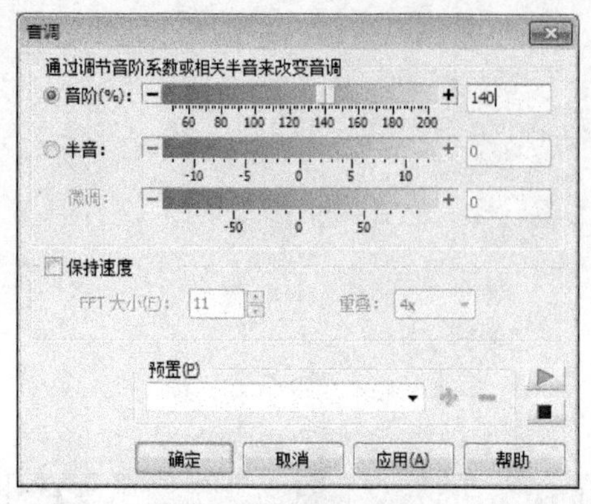

图 3-11 “音调”对话框

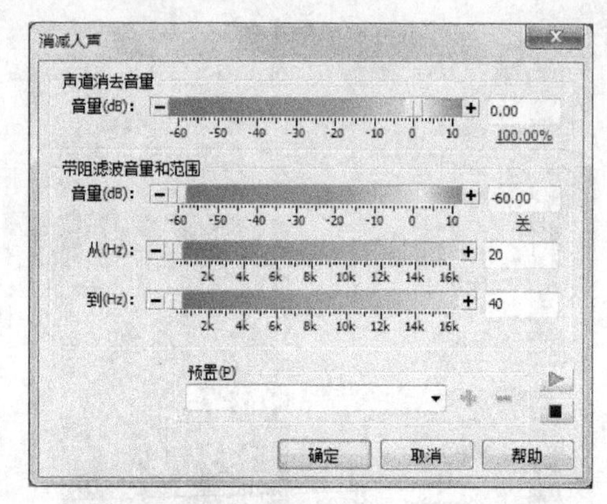

图 3-12 “消减人声”对话框

③ 选择合适的带阻滤音量和范围数据，试听满意后单击“确定”按钮即可。

④ 在菜单栏中选择“文件”→“另存为”命令，打开“保存声音为”窗口，选择保存的位置为之前建好的“专业班级姓名学号”文件夹，修改文件名为“消减人声”，单击“保存”按钮即可。

（6）淡入淡出。

淡入和淡出指声音的渐强和渐弱，常用于声音的开始、结束或者两个声音的交替切换。淡入效果使声音从无到有、由弱到强；淡出效果与之相反，声音逐渐消失。

打开声音文件“铃声”，给此文件加上淡入效果。

操作提示：

① 在菜单栏中选择“文件”→“打开”命令，弹出“打开声音文件”对话框，选择声音文件“铃声”，单“打开”按钮。

② 单击效果栏的“淡入”按钮，弹出“淡入”对话框，如图 3-13 所示。

③ 调整初始音量和选择渐变曲线，试听满意后单击“确定”按钮即可。

④ 在菜单栏中选择“文件”→“另存为”命令，打开“保存声音为”窗口，选择保存的位置为之前建好的“专业班级姓名学号”文件夹，修改文件名为“淡入”，单击“保存”按钮即可。

（7）回声。

回声在影视剪辑和配音中广泛应用，它可以使声音听起来更具有空间感。

打开素材文件夹中的声音文件“朗读文件”，给此文件加上回声效果。

操作提示：

① 在菜单栏中选择“文件”→“打开”命令，弹出“打开声音文件”对话框，选择声音文件“朗读文件”，单击“打开”按钮。

② 单击效果栏的“回声”按钮，弹出“回声”对话框，如图 3-14 所示。

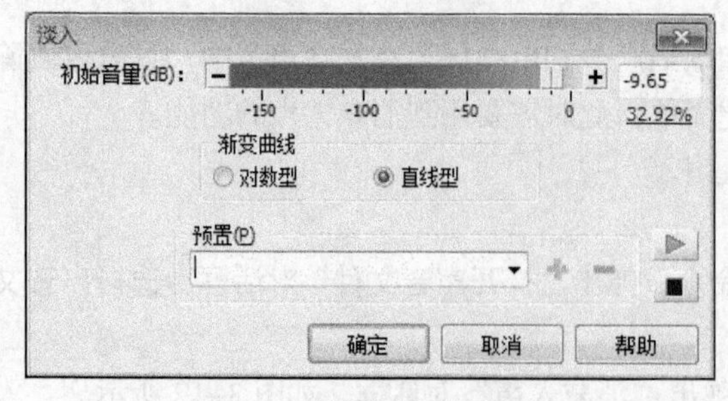

图 3-13 “淡入”对话框

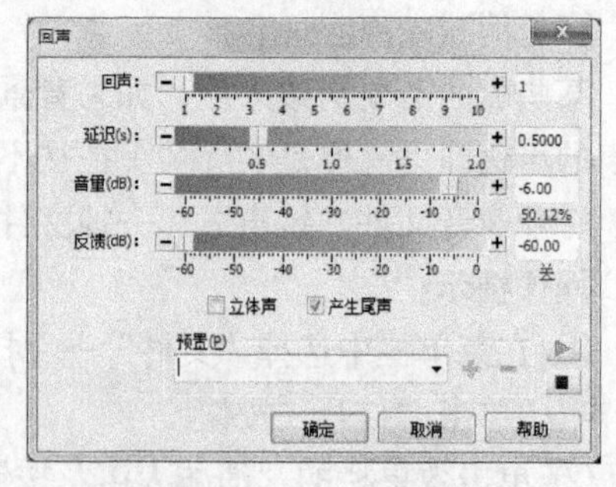

图 3-14 “回声”对话框

③ 调整回声次数、延迟时间和音量大小等选项，试听满意后单击“确定”按钮即可。

④ 在菜单栏中选择“文件”→“另存为”命令，打开“保存声音为”窗口，选择保存的位置为之前建好的“专业班级姓名学号”文件夹，修改文件名为“回声”，单击“保存”按钮即可。

（8）批处理。

对素材文件夹中的“朗读文件”、“铃声素材”和“轻音乐”进行批处理，转化为 Wave 格式。

操作提示：

① 在菜单栏中选择“文件”→“批处理”命令，弹出“批处理”对话框。

② 单击“添加文件”按钮，添加素材文件夹中的“朗读文件”、“铃声素材”和“轻音乐”，选中“转换”选项卡，勾选“转换文件格式为”，另存类型选择“Wave(*.wav)”，如图 3-15 所示。

③ 选中“文件夹”选项卡，选择“在此文件夹保存所有文件”，并选择保存位置为 E 盘的“专业班级姓名学号”文件夹，单击“开始”按钮即可。如图 3-16 所示。

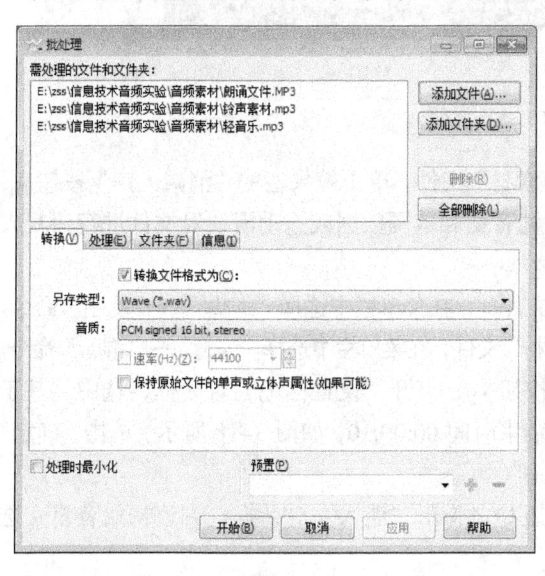

图 3-15 “转换”选项卡

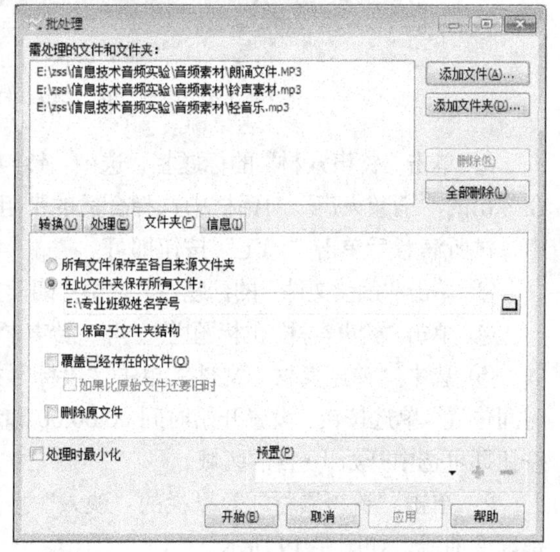

图 3-16 “文件夹”选项卡

3. 高级效果处理

（1）混音。

使用 GoldWave 软件，按下列要求处理声音文件，并将最后结果命名为“配乐朗读”，保存到 E 盘的“专业班级姓名学号”文件夹中。

- 导入“铃声素材”和“朗读文件”两个声音文件。
- 将“铃声素材”文件中的人声去掉。
- 将两个声音文件进行混音，制作成一个文件，命名为“配乐朗读”。
- 对“配乐朗读”文件的开始 10 秒使用淡入效果，结束 10 秒使用淡出效果。

操作提示：

① 在菜单栏中选择“文件”→“打开”命令，弹出“打开声音文件”对话框，选择声音文件“铃声”，单击“打开”按钮。打开素材文件夹中的“朗读文件”和“铃声素材”。如图 3-17 所示。

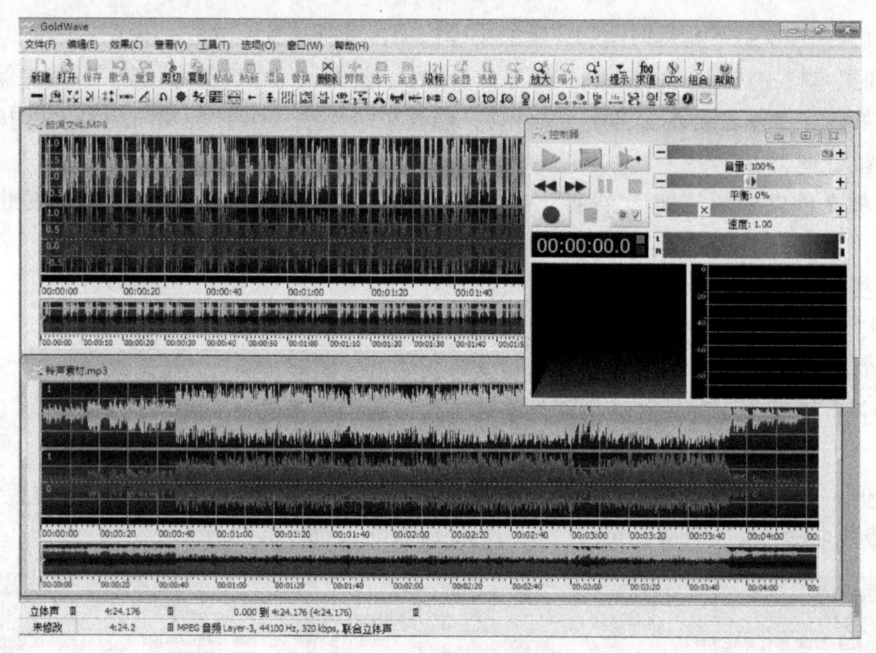

图 3–17　打开多个文件

② 单击“铃声素材”的标题栏，选中“铃声素材”文件。单击效果栏的“消减人声”按钮，在弹出的“消减人声”对话框中选择合适的带阻滤音量和范围数据或拖动滑块对文件进行消减人声，试听满意后单击“确定”按钮即可。

③ 单击“朗读文件”的标题栏，选中“朗读文件”，在菜单栏中选择“编辑”→“复制”命令。

④ 单击“铃声素材”的标题栏，选中“铃声素材”文件，在菜单栏中选择“编辑”→“混音”命令。

⑤ 选中“铃声素材”文件，单击“设标”按钮，打开“设置标记”对话框，选中“基于时间位置”单选按钮，设置开始时间 00:00:00 和结束时间 00:00:10，如图 3–18 所示，单击“确定”按钮即可选中开始 10 秒的区域。

⑥ 单击“铃声素材”效果栏的“淡入”按钮，弹出“淡入”对话框，调整初始音量，选择渐变曲线，如图 3–19 所示。

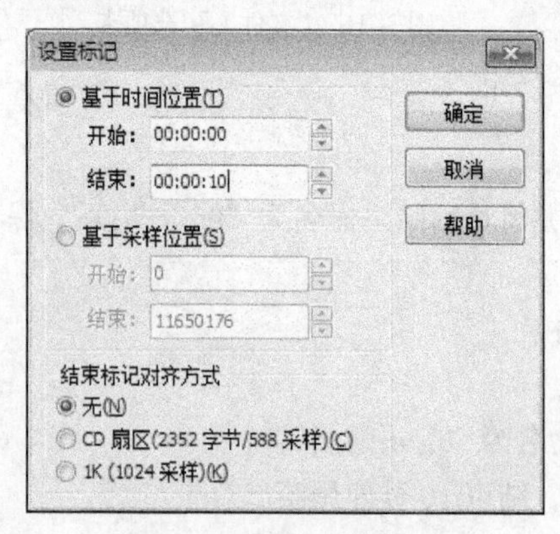

图 3–18　设置开始区域

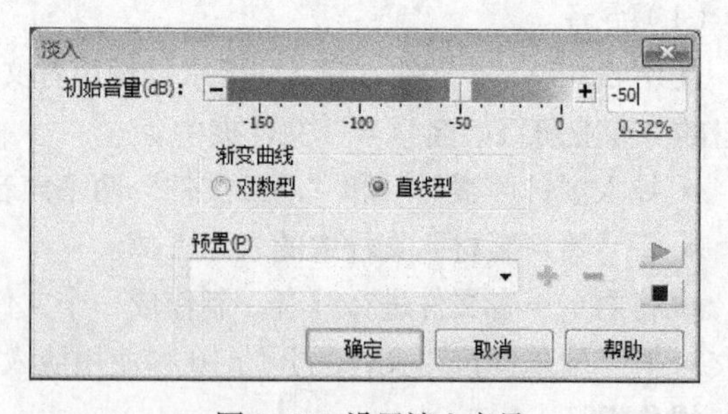

图 3–19　设置淡入音量

⑦ 选中“铃声素材”文件，单击“设标”按钮，打开“设置标记”对话框，选中“基于时间位置”单选按钮，设置开始时间 00:04:14 和结束时间 00:04:24，如图 3–20 所示，单击“确定”

按钮即可选中结束 10 秒的区域。

⑧ 单击“铃声素材”效果栏的“淡出”按钮，弹出“淡出”对话框，调整最终音量，选择渐变曲线，如图 3–21 所示，单击“确定”按钮即可选中结束 10 秒的区域。

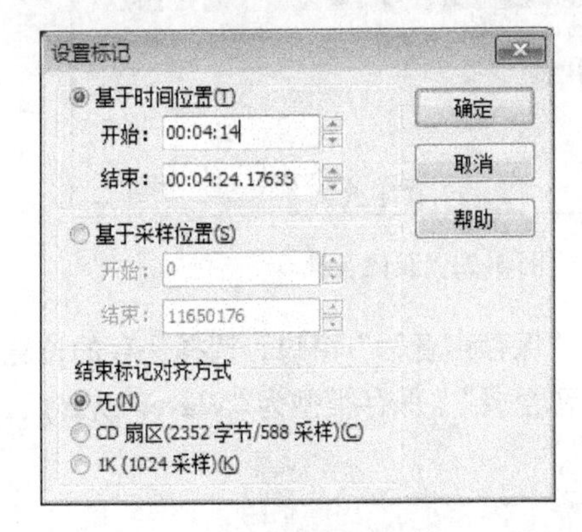

图 3–20　设置结束区域

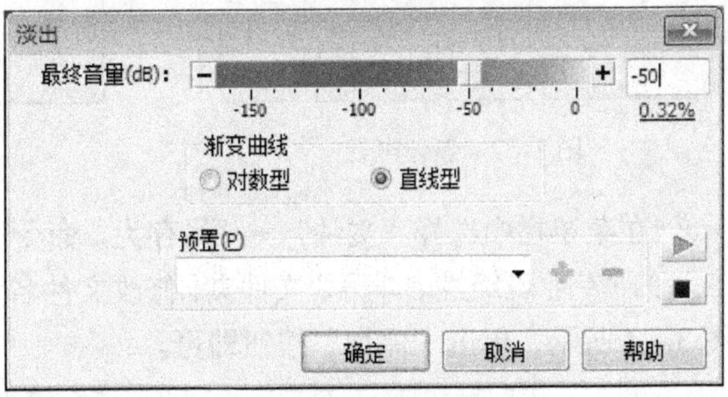

图 3–21　设置淡出音量

⑨ 在菜单栏中选择“文件”→“另存为”命令，打开“保存声音为”窗口，选择保存的位置为 E 盘的“专业班级姓名学号”文件夹，修改文件名为“配乐朗读”，单击“保存”按钮即可。

（2）声音的合成。

使用 GoldWave 软件，按下列要求处理声音文件，并将最后结果命名为“声音合成”，保存到 E 盘的“专业班级姓名学号”文件夹中。

- 导入“朗读文件”和“轻音乐”两个声音文件。
- 把“朗读文件”作为左声道，“轻音乐”作为右声道合成一个新的音频文件。
- 将音量调节为原来的 120%。
- 将文件转化为 Wave 格式。

操作提示：

① 在菜单栏中选择“文件”→“打开”命令，弹出“打开声音文件”对话框，选择声音文件“铃声”，单击“打开”按钮。打开素材文件夹中的“朗读文件”和“轻音乐”。

② 在菜单栏中选择“文件”→“新建”命令，弹出“新建声音”对话框，选择声道数为“2（立体声）”，采样速率为“44100”，初始化长度为“5:00”，如图 3–22 所示，单击“确定”按钮。

③ 单击“朗读文件”的标题栏，选中“朗读文件”，在菜单栏中选择“编辑”→“复制”命令。

④ 单击新建的声音文件的标题栏，选中此文件，在菜单栏中选择“编辑”→“声道”→“左声道”命令，激活左声道。在菜单栏中选择“编辑”→“粘贴”命令，将复制的声音粘贴到新建文件的左声道上。

⑤ 单击“轻音乐”的标题栏，选中“轻音乐”，在菜单栏中选择“编辑”→“复制”命令。

⑥ 单击新建的声音文件的标题栏，选中此文件，在菜单栏中选择“编辑”→“声道”→“右声道”命令，激活右声道。在菜单栏中选择“编辑”→“粘贴”命令，将复制的声音粘贴到新建文件的右声道上。

⑦ 选中新建的声音文件，在菜单栏中选择“效果”→“音量”→“更改音量”命令，弹出“更改音量“对话框，调整音量滑块至 120%，如图 3–23 所示。

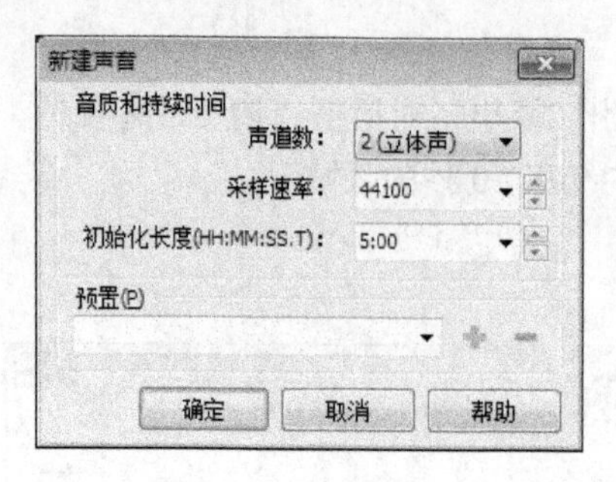

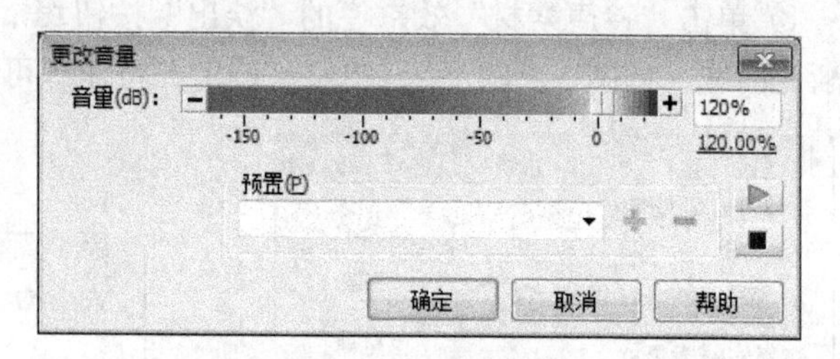

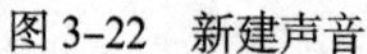

图 3–22　新建声音

图 3–23　更改音量

⑧ 在菜单栏中选择“文件”→“另存为”命令，打开“保存声音为”窗口，选择保存的位置为 E 盘的“专业班级姓名学号”文件夹，修改文件名为“声音合成”，保存类型为“Wave(*.wav)”，如图 3–24 所示，单击“保存”按钮即可。

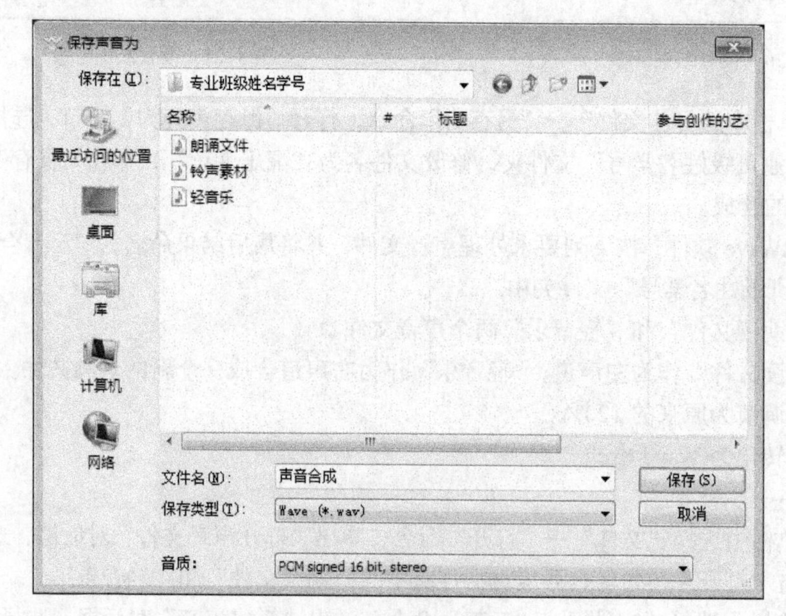

图 3–24　保存合成的声音

实验二　录音机软件

【实验目的】

1. 掌握录音机软件的设置
2. 掌握使用录音机软件录制音频的方法

【实验内容】

1. Windows 7 录音机录音与混音设置
2. 使用录音机录制音频

【实验步骤】

可使用录音机来录制声音并将其作为音频文件保存在计算机上。可以从不同音频设备录制声音，例如计算机上插入声卡的麦克风。可以从其录音的音频输入源的类型取决于所拥有的音频设备以及声卡上的输入源。

1. Windows 7 录音机录音与混音设置

操作提示：

（1）右键单击系统右下角的“小喇叭”，在弹出的菜单中选择“录音设备”。如图 3–25 所示。

（2）打开“声音”对话框，选择“录制” 选项卡，如图 3–26 所示。

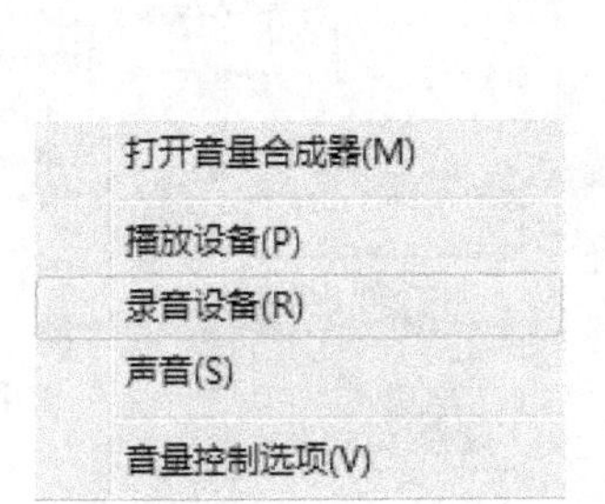

图 3–25　选择录音设备

图 3–26 “声音”对话框

（3）在此选项卡的任意空白处单击鼠标右键，选择“显示禁用的设备”，如图 3–27 所示。

（4）右键单击“立体声混音”，在弹出的菜单里选择“启用”，然后再次单击右键，选择“设置为默认设备”。如图 3–28 所示。

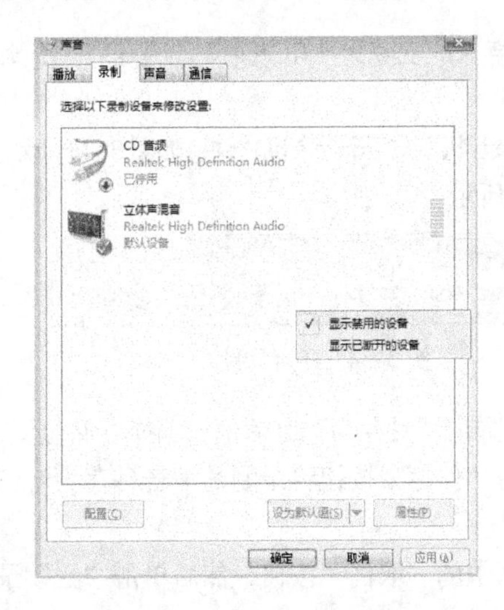

图 3–27　显示禁用的设备

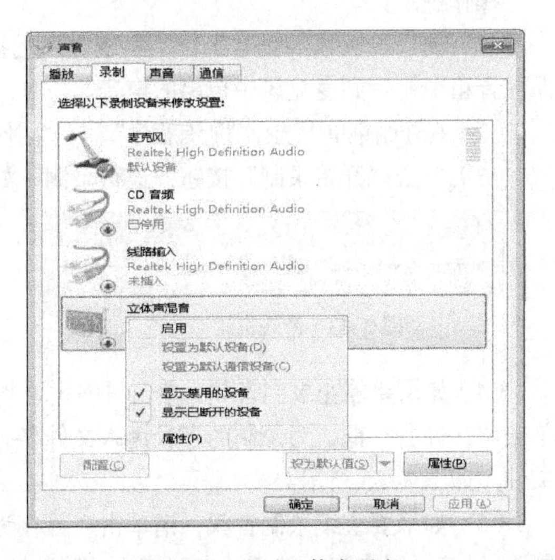

图 3–28　启动立体声混音

（5）双击桌面的“计算机”，选择“打开控制面板”，如图 3–29 所示。

图 3–29　打开控制面板

（6）在弹出的控制面板中选择“音频管理器”，如图 3–30 所示。

（7）在弹出的控制面板中选择“音频管理器”对话框，将“立体声混音”设为默认设备，并将默认格式修改为“16 位，44100Hz（CD 音质）”，如图 3–31 所示。

（8）在“音频管理器”对话框中选中“麦克风”选项卡，调节麦克风音量，如图 3–32 所示。

图 3–30　选择音频控制器

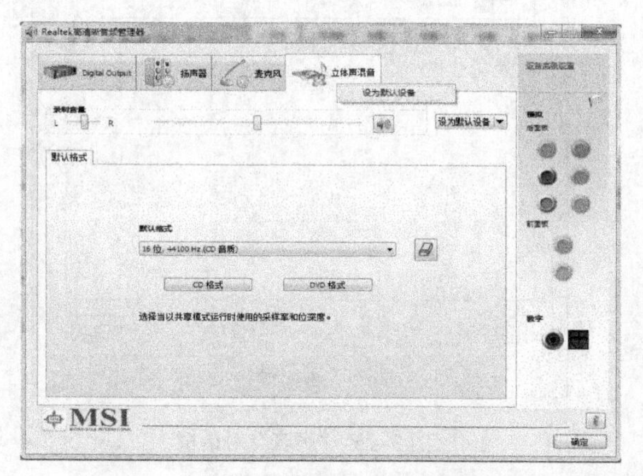

图 3–31　设置立体声混音的默认设备

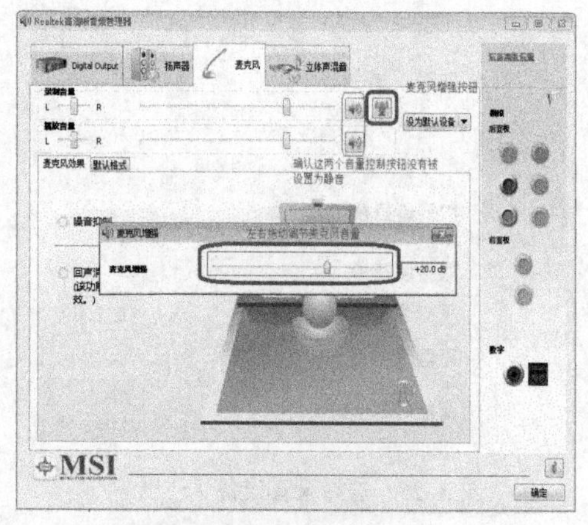

图 3–32　设置麦克风

2. 使用录音机录制音频

操作提示：

（1）确保麦克风能正常工作，将麦克风的插头插入声卡的麦克风(MIC)插口，试麦克风，确保在音箱中能听到麦克风中传出的声音。

（2）在开始菜单中选择“所有程序” →“附件” →“录音机”，打开录音机软件，如图 3–33 所示。

（3）单击“开始录制”按钮，进行录制，如图 3–34 所示。

图 3–33　录音机软件

图 3–34　开始录制

（4）如果要停止录制音频，单击“停止录制”按钮。弹出“另存为”对话框，选择存储位置，单击“文件名”框，为录制的声音键入文件名，然后单击“保存”按钮将录制的声音另存为音频文件。如图 3–35 所示。

（5）如果要继续录制音频，请单击“另存为”对话框中的“取消”按钮，然后单击“继续录制”。继续录制声音，然后单击“停止录制”。

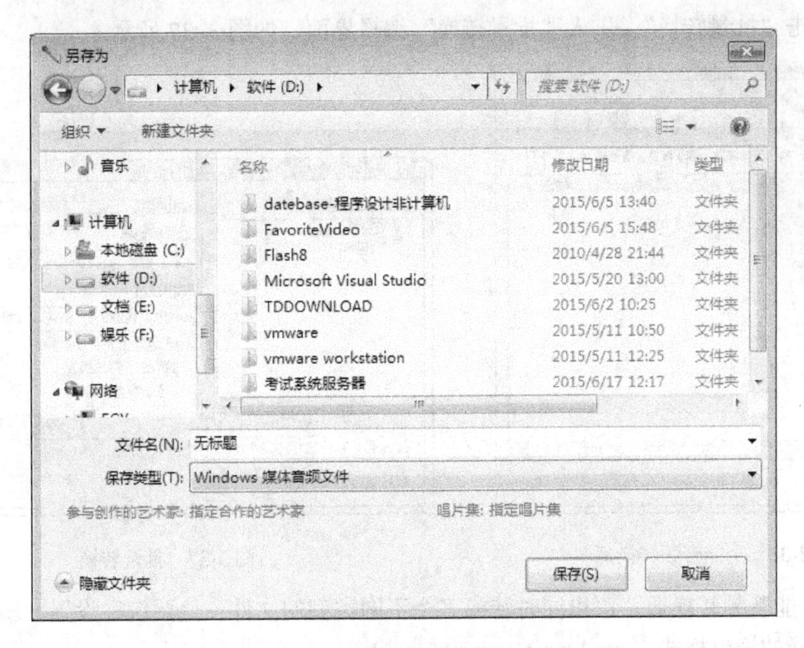

图 3-35　声音的保存

实验三　音频格式的转换

【实验目的】

1. 掌握音频的批量转换
2. 掌握音频的合并转换
3. 掌握音频的截取转换

【实验内容】

1. 批量转换
2. 合并转换
3. 截取转换

【实验步骤】

本实验以“全能音频转换通”为例，介绍音频格式的转换。在“全能音频转换通”软件中，可以进行“批量转换”“合并转换”和“截取转换”。

1. 批量转换

批量转换就是一次可以转换多个音频文件。

操作提示：

（1）双击“全能音频转换通.exe”图标，启动“全能音频转换通”。如图 3-36 所示。

（2）单击操作界面中的“添加文件”按钮，将 2 个以上要转换的音频添加到编辑窗口中。

（3）单击“批量转换”，进入“批量转换”编辑界面，如图 3–37 所示。

图 3-36　全能音频转换通

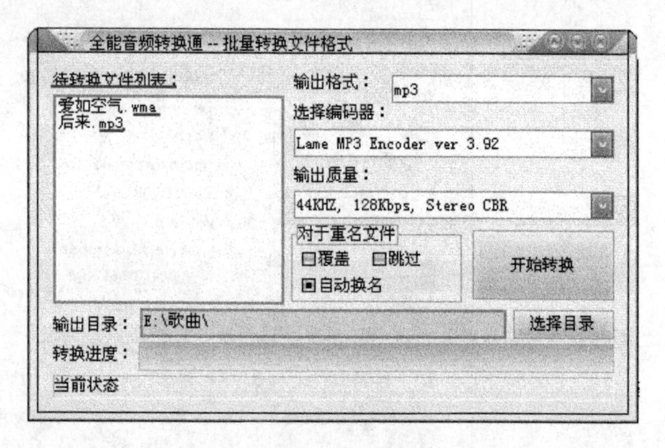

图 3-37　批量转换

（4）“全能音频转换通”可以同时转换多个不同类型的文件，但要统一设置“输出格式”。可以选择的输出格式有 mp3,wma,ogg,mp2,wav,ape。

（5）选择编码器，选择不同的输出格式，使用的编码器也不同，无特殊要求选择默认值。

（6）选择输出质量，如图 3–38 所示。

（7）如果在同一目录下有两个相同的文件，在“对于重名文件”下勾选“覆盖”“跳过”“自动换名”任一即可。

（8）设置输出文件目录，单击“选择目录”按钮，选择输出文件的保存路径。

（9）单击“开始转换”按钮，如图 3–39 所示。

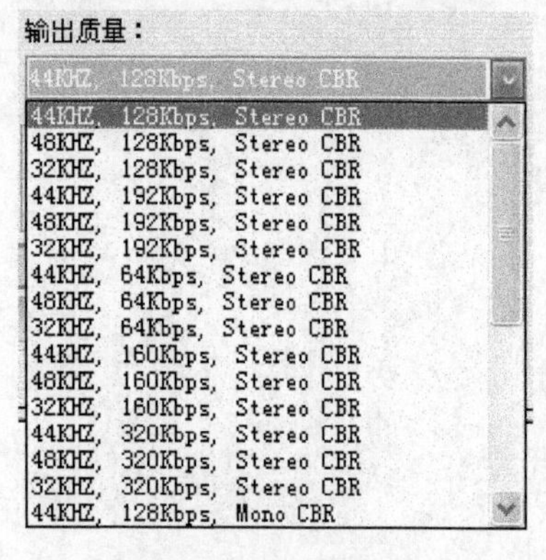

图 3–38　输出质量

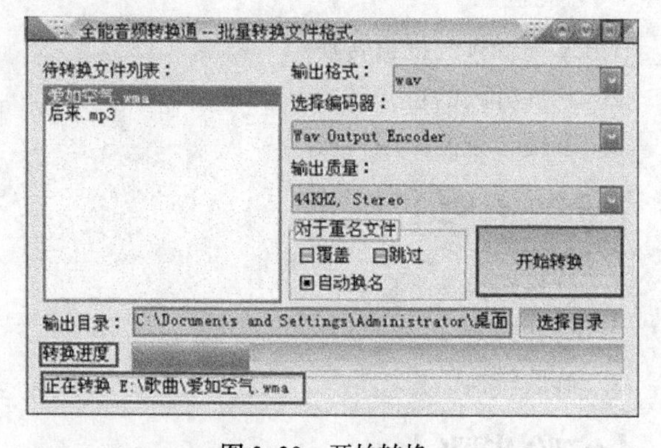

图 3–39　开始转换

（10）任务完成后，单击右上角的“关闭”按钮，回到初始界面。

2. 合并转换

合并转换就是将两个以上文件合并成一个输出文件。

操作提示：

（1）添加两个或两个以上文件，然后单击“合并文件”按钮，进入“合并文件”编辑状态，如图 3–40 所示。

（2）“输出格式”“选择编码器”“输出质量”的设置与“批量转换”设置相同。

（3）单击“上移”和“下移”按钮，调整待合并文件的顺序。

（4）单击“保存并开始转换”按钮，先选择输出文件的保存位置，然后开始转换。

（5）任务完成后，单击右上角的“关闭”按钮，回到初始界面。

3. 截取转换

截取转换就是截取一个文件的一部分进行转换。

操作提示：

（1）添加一个音频文件，使其处于选中状态，然后单击“截取转换”按钮，进入编辑状态，如图 3–41 所示。

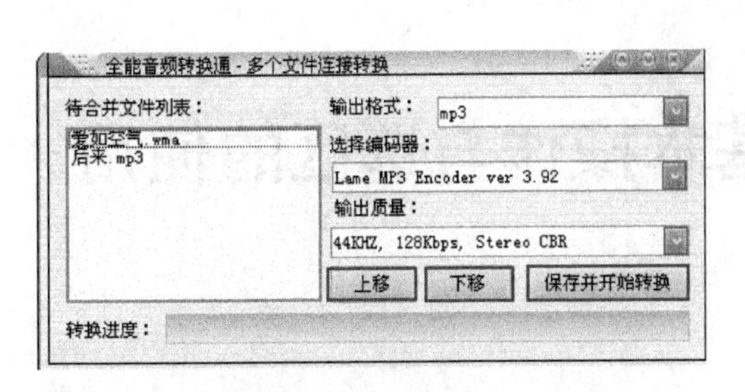

图 3–40　合并文件

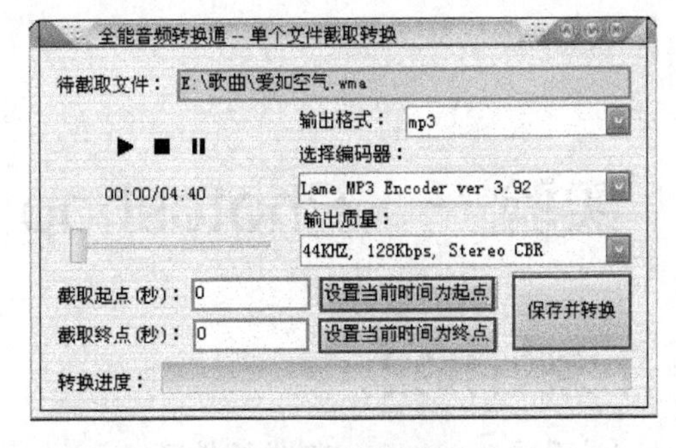

图 3–41　截取转换

（2）设置“输出格式”“选择编码器”和“输出质量”。

（3）单击“播放”按钮，在准备截取的初始位置，按“暂停”按钮，然后单击“设置当前时间为起点”按钮。

（4）单击“播放”按钮，在准备截取的终点位置，按“暂停”按钮，然后单击“设置当前时间为终点”按钮，得到我们要截取的中间音频。

（5）单击“保存并转换”按钮，先选择输出文件的保存位置，然后开始转换。

第4章 计算机图形图像技术

实验一 Photoshop 基本操作与选区的使用

【实验目的】

1. 熟悉 Photoshop CS 的软件环境
2. 掌握打开、新建、保存图像文件的方法
3. 了解图像文件的格式
4. 掌握图像两种不同的数据类型
5. 掌握创建选区的几种工具及修改和变换选区的操作

【实验内容】

1. Photoshop 的启动和退出
2. 图像的新建、打开和保存
3. 选区的创建、修改及变换选区

【实验步骤】

本实验主要介绍 Photoshop CS 使用的基础，包括 Photoshop CS 的启动和退出、操作环境、文件的保存和打开、窗口操作及系统参数的设置等，为后面的操作打下基础。

根据所给的素材图片，制作效果为图 4-1 所示的图片。

1. 创建一个图像文件

创建一个名为“PS1-学号姓名.psd”，宽为 1024 像素，高为 768 像素，分辨率 72，背景透明的图像文件；并保存在 D 盘。

（1）启动 Photoshop 软件。

操作提示： 鼠标双击桌面上的 Photoshop CS 快捷方式图标或执行“开始”→“所有程序”→“Adobe Photoshop CS”命令。

（2）新建图像文件。

操作提示：

① 选择“文件”→“新建”命令打开“新建”对话框，如图 4-2 所示。

② 在“名称”文本框中输入文件名。将宽度和高度单位改为“像素”，同时在“宽度”“高度”文本框中输入文件宽度和高度值。

③ 在“背景内容”下拉列表中选择“透明”选项。

④ 完成设置后单击“好”按钮创建文件。

图 4–1　效果图

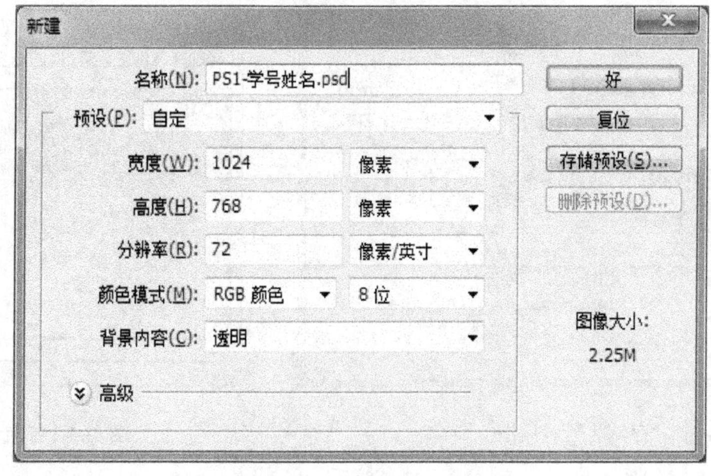

图 4–2　“新建”对话框

2. 更改图像文件的大小

将图片大小更改为 800 × 500 像素并保存。

操作提示：

（1）选择“图像”→“图像大小”命令打开“图像大小”对话框。在对话框中取消“约束比例”复选框的勾选。

（2）在“像素大小”栏中更改宽度和高度单位为像素，在“宽度”和“高度”文本框中输入数值。

（3）单击“好”按钮关闭对话框完成图片大小的修改。

（4）选择“文件”菜单中的“存储”命令，或使用 Ctrl+S 组合键将编辑过的文件存储到计算机中。第一次保存会弹出“存储为”对话框，如图 4–3 所示，选择存储路径，输入文件名后按“保存”按钮即可。非第一次存储文件会以原路径、原文件名、原文件格式存入计算机中并覆盖原始的文件。初学者在使用存储命令时应特别小心，否则有可能会丢失文件。

温馨提示：选择“文件”菜单中的“存储为”命令，或使用 Ctrl+Shift+S 组合键可将修改过的文件重新命名、改变路径、改换模式后再保存，这样不会覆盖原来的文件。

3. 更改图像在文档窗口的显示大小

操作提示：更改图片在文档窗口的显示比例一般有下面 4 种方法。

（1）在文档窗口下方的状态栏中直接输入显示比例。

（2）使用工具箱中的“缩放工具”。

（3）使用“导航器”面板，如图 4–4 所示。

图 4–3 “存储为”对话框

图 4–4 导航器面板

（4）使用组合键。按 Ctrl++组合键放大图片，按 Ctrl--组合键缩小图片。

4. 将画布背景使用蓝白渐变色填充

操作提示：

（1）在工具箱中单击“设置前景色”，将前景色设置为 R:113，G:165，B:248，用相同的方法将背景色设置为白色。

（2）在工具箱中选择“渐变工具”，在工具属性栏中单击“点按可编辑渐变”，在弹出的“渐变编辑器”对话框中进行设置，如图 4–5 所示。设置好后单击“好”按钮。

（3）在工具属性栏选“线性渐变”方式，在画布中从上至下拖动鼠标填充背景色。效果如图 4–6 所示。

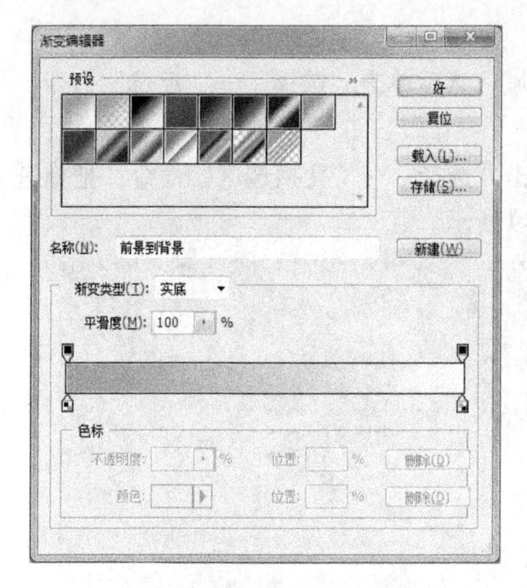

图 4-5 “渐变编辑器”对话框

图 4-6　渐变填充效果图

5. 制作雪花效果

制作雪花效果，如图 4–7 所示。

图 4–7　雪花效果图

操作提示：

（1）在工具箱中选择“椭圆选框工具” （在“矩形选框工具”上按住左键不放，在弹出的列表中选择），在渐变的背景上，拖动鼠标绘制一个圆形选区。

（2）单击“选择”菜单中的“羽化”命令，弹出“羽化选区”对话框，输入羽化半径 5 并确定。

（3）单击菜单栏中的“编辑”→“填充”命令，在弹出的“填充”对话框中选择以背景色填充选区，创建出雪花的效果，再多次重复这两步操作（创建选区、羽化及填充白色），以得到多个雪花，注意每次创建的选区的大小和羽化的强度是不同的。

6. 制作雪人

操作提示：

（1）单击“文件”→“打开”命令，在弹出的“打开”对话框中选择素材图片“卡通.jpg”，以此图片的外型作为我们雪人的外型。

（2）单击工具箱中的“魔棒工具”选取空白的区域，然后单击“选择”→“反选”命令，得到我们所需要的选区。如图 4–8 所示。

（3）将选择好的选区，拖动到雪花背景中去，并单击“选择”→“变换选区”命令，把拖进来的选区大小进行调整，并放置到合适的位置，如图 4–9 所示。

图 4–8　选取雪人外形

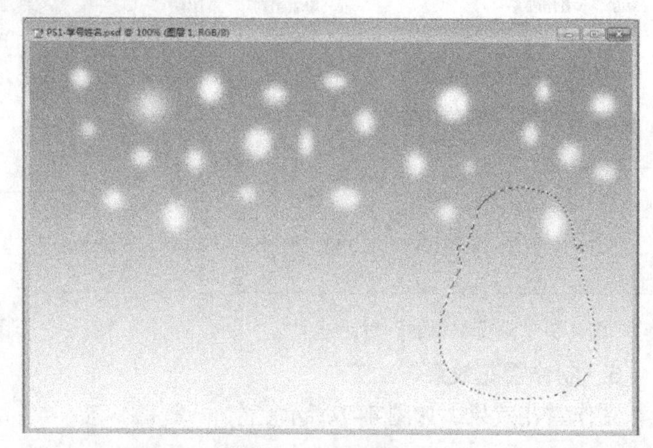

图 4–9　拖动选区

（4）同样选择渐变工具，选择较浅的蓝色，为我们刚才调整好的雪人的选区填充渐变效果。然后选择菜单栏中的“编辑”→“描边”命令，在弹出的“描边”对话框中选择宽度为 2、颜色为天蓝色，为选区进行描边，得到我们的小雪人大体形态，如图 4–10 所示。

（5）选择工具箱中的椭圆选框工具，按住键盘的 Shift 键的同时，用鼠标绘制一个正圆的选区，将前景色设置为黑色，然后选择菜单栏中“编辑”→“填充”命令填充选区，得到雪人的黑眼睛的效果。

（6）用同样的办法创建比刚才较小些的正圆选区，用白色为其填充，得到眼睛的白色部分。

（7）运用类似的方法，创建三角形选区（可使用多边形套索工具得到三角形的选区）或是圆形选区，填充不同的色彩，并进行描边，得到鼻子和钮扣等形态，效果如图 4–11 所示。

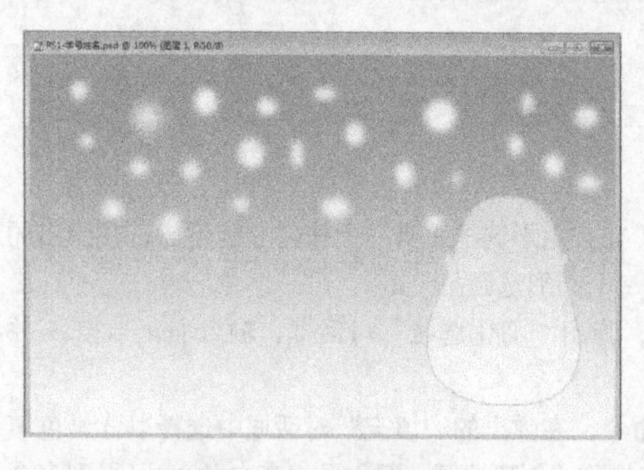

图 4–10　雪人填充及描边

图 4–11　雪人效果图

（8）下面我们为小雪人做个小帽子。选择树叶文件（由教师提供），使用树叶的外型作为帽子的选区，方法和我们获得雪人的方法相同，这里不再重复。树叶选区较大，单击“选择”→“变换选区”命令，在树叶选区周围会出现 8 个控制柄。拖动控制柄调整树叶选区到合适大小，然后使用“渐变工具”为选区填充渐变效果。完成我们小雪人的绘制，如图 4-12 所示。

（9）我们也可以为图像再增加些装饰，在制作的时候，颜色的选取可以有所改变，但是要注意色彩的搭配和整体的协调性。

7. 保存图像

在图像中输入自己的班级学号姓名，并将图像保存为 JPEG 格式。

图 4-12 为雪人添加帽子

操作提示：

（1）单击工具箱中的“横排文字工具”，在图像中单击鼠标左键，在图像区域会出现闪烁的光标，按要求输入自己的班级学号姓名。

（2）选择“文件”→“存储为”命令，在弹出的“存储为”对话框中“选择”格式下拉列表中选择 JPEG（*.JPG;*.JPEG;*.JPE）选项。

（3）单击“保存”按钮。

实验二 图像的绘制、编辑与色彩调整

【实验目的】

1. 掌握各类绘图工具的使用
2. 掌握图像的编辑方法
3. 掌握调整图像色彩的方法

【实验内容】

1. 绘图工具的使用
2. 图像的编辑
3. 色彩的调整

【实验步骤】

1. 图像绘制练习

利用工具箱中工具，制作图 4-13 所示的图像。

（1）创建一个名为“PS2-学号姓名.psd”，宽为 1024 像素，高为 768 像素，背景透明的图像文件，并保存在 D 盘。

操作提示：

① 选择“文件”→“新建”命令打开“新建”对话框。

② 在“名称”文本框中输入文件名。将宽度和高度单位改为“像素”，同时在“宽度”“高度”文本框中输入文件宽度和高度值。

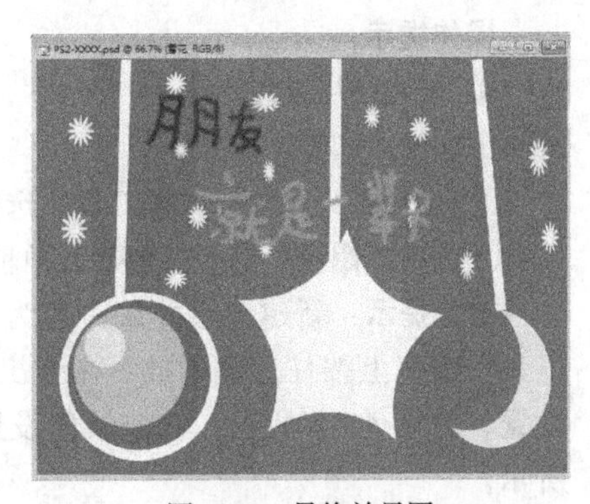

图 4-13 最终效果图

③ 在“背景内容”下拉列表中选择“透明”选项。

④ 完成设置后单击“好”按钮创建文件。

（2）将背景填充为深绿色。

操作提示： 在工具箱中单击“设置前景色”，选择颜色为深绿色，然后选择“油漆桶”工具，在画布中单击。

（3）新建图层，在画布中绘制白色圆形。

操作提示：

① 单击图层面板中的“创建新的图层”按钮，图层面板中会产生一个名为“图层 2”的新图层。双击“图层 2”，将其重命名为“白色圆”，如图 4–14 所示。

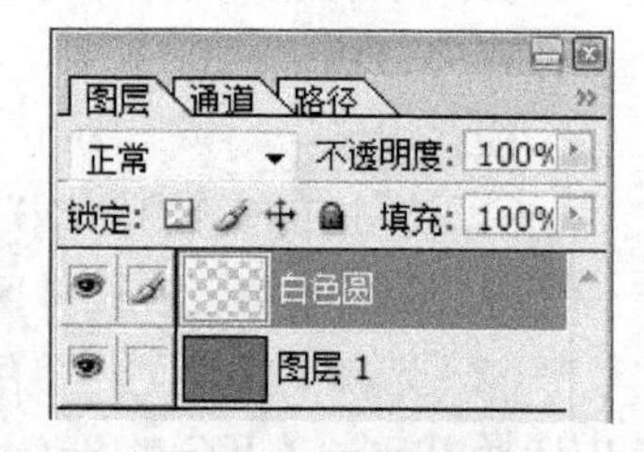

图 4–14　图层面板

② 在工具箱中选择“椭圆工具”（在“矩形工具”按钮上按住左键不放，在弹出的工具列表中选择“椭圆工具”），并将前景色选择为白色，在工具属性栏选择创建方式为“填充像素”，按住 Shift 键在图像窗口的左下方绘制白色圆形，如图 4–15 所示。

（4）分别将前景色设置为玫红色、浅玫红色、粉红色和浅粉色，再绘制 4 个圆形，如图 4–16 排列。

图 4–15　在画布中绘制圆

图 4–16　多个椭圆排列图

温馨提示： 若对于圆形的位置需要调整，可把圆形分别建在不同的图层中，方便进行调整。

（5）利用椭圆工具绘制月亮图形。

操作提示：

① 新建图层并重命名为“浅黄”，将前景色分别设置为浅黄色和白色，在图像窗口右下方绘制两个椭圆，如图 4–17 所示。

② 选择工具箱中的魔棒工具，选取白色圆形，按 Delete 键将其删除，效果如图 4–18 所示。

（6）在图像窗口中下方创建五角星形图像。

操作提示： 新建图层并重命名为“五角星”，单击工具箱中的“多边形工具”（在“矩形工具”按钮上按住左键不放，在弹出的工具列表中选择“多边形工具”），对工具属性栏进行设置，如图 4–19 所示，将前景色设置为白色，在图像窗口中下方创建五角星形，如图 4–20 所示。

图 4-17　月亮图形制作

图 4-18　月亮图形

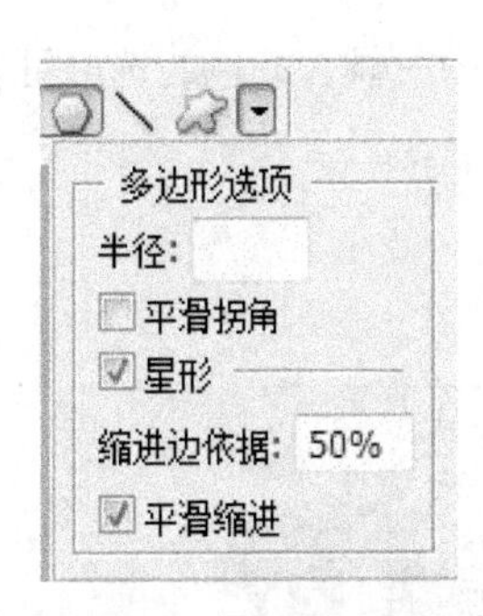

图 4–19　多边形选项

图 4–20　绘制五角星形

（7）在图像中绘制白色线条，效果如图 4–21 所示。

操作提示：单击工具箱中的“直线工具”（方法和选“椭圆工具”相同），将工具属性栏中“粗细”设置为 20 像素，在图像中绘制三条直线。

（8）绘制的雪花效果如图 4–22 所示。

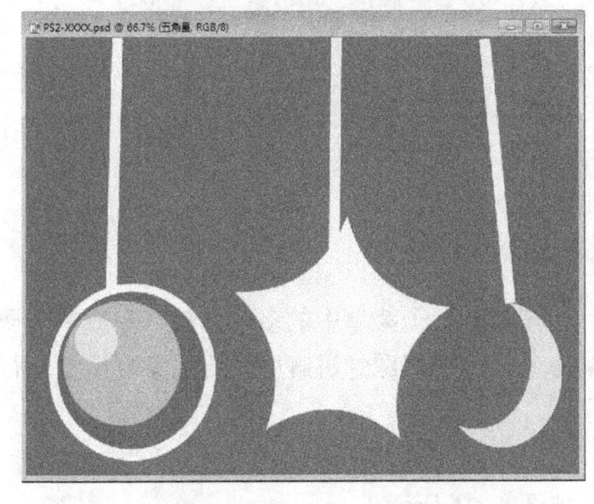

图 4–21　添加白色线条

图 4–22　添加雪花效果

图 4–23　最终效果图

操作提示：新建图层，并重命名为“雪花”，单击工具箱中的“自定义形状工具”（方法和选“椭圆工具”相同），在工具属性栏中选择形状为花，然后在图像中拖动鼠标完成雪花的绘制。

（9）使用画笔工具写出文字，完成最后效果，如图 4–23 所示。

操作提示：在工具箱中选择“画笔工具”，在工具属性栏中设置合适的画笔直径，设置前景色分别为蓝色和紫色，在图像中书写“朋友，就是一辈子”。

（10）将图像保存到 D 盘，并命名为“PS2–学号姓名”。

操作提示：单击“文件”→“存储”命令，在弹出的对话框中选择路径为 D 盘，输入文件名，并选择存储格式后确定。

温馨提示：我们也可以为图像再增加些装饰，同学们在制作的时候，颜色的选取可以有所改变，但是要注意色彩的搭配和整体的协调性。

2. 图像色彩调整练习

为未上色的黑白照片上色，效果如图 4–24 所示。

（a）　　　　（b）

图 4–24　效果对比图

在练习时，应注意，要改变图像的颜色可以运用“调整”子菜单中的多个调整命令或单个调整命令来实现。对于本练习没有练习到的色彩调整命令，可根据课堂讲解中介绍的参数设置自行上机操作。

（1）打开需要处理的黑白照片（原照片.jpg），然后选择“磁性套索工具”，按下“Shift”键，沿着小孩的脸部和双手的边缘选取皮肤部分图像；如图 4–25 所示。

图 4–25　选择皮肤部分

（2）打开一幅肤色相近的彩色照片，用“套索工具”选取一小部分皮肤图像，然后选择“图层”→“新建”→“通过复制的图层”菜单命令，将选取的图像复制到新图层 1 中，如图 4–26 所示。

图 4–26　选取皮肤图像

（3）切换到需要上色的照片图像窗口中，选择“图像”→“调整”→“匹配颜色”菜单命令，打开“匹配颜色”对话框，如图 4–27 所示，在“来源”下拉列表框中选择“baby.jpg”图像，在“图层”下拉列表框中选择“图层 1”，其他参数设置为亮度 128、颜色强度 115、渐隐 53。

（4）单击“好”按钮，应用颜色匹配效果，但这时的小孩脸部显示得有点苍白。放大小孩脸部的显示比例，将前景色设置为 R：148，G：7，B：12，选择“画笔工具”，在其工具属性栏中的“画笔”下拉列表框中选择一种柔角像素笔触，在“模式”下拉列表框中选择“颜色”选项，将不透明度设置为 15%，在小孩脸部两侧轻轻涂抹，添加红色光晕效果，然后将笔触设置小些，再提高不透明度的值，在小孩的嘴唇上轻轻涂抹，使其变得红润，如图 4–28 所示。

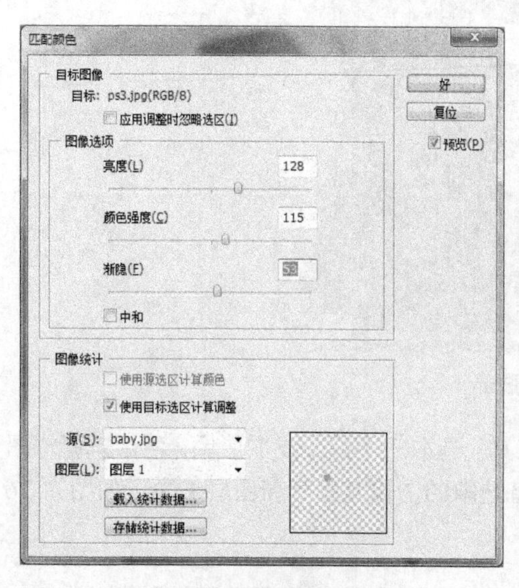

图 4–27 “匹配颜色”对话框

图 4–28 添加红色光晕效果

（5）缩小图像显示比例到正常状态，取消选区，完成皮肤的上色操作。

（6）选择“磁性套索工具”，沿着帽子和小孩穿的马褂的边缘进行拖动选取，如图 4–29 所示。

（7）选择“图像”→“调整”→“色相/饱和度”菜单命令，打开“色相/饱和度”对话框，选中“着色”复选框，再进行参数设置（H216、A27、I0），并同时查看图像的上色效果，如图 4–30 所示。

图 4-29 选取马褂区域

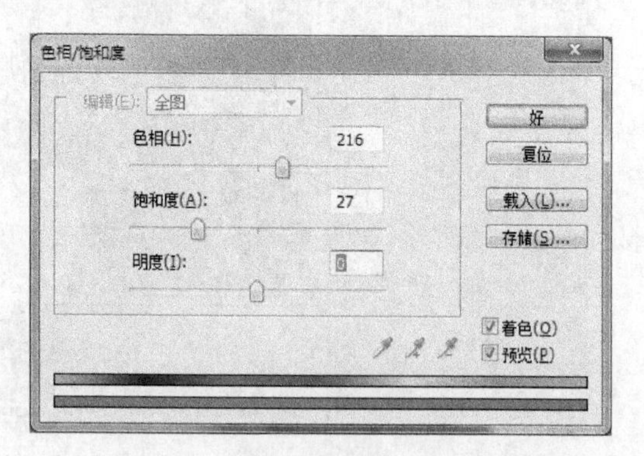

图 4-30 “色相/饱和度”对话框

（8）单击“好”按钮，应用调整效果，如图 4–31 所示。

（9）选择“磁性套索工具”，按下 Shift 键，沿着穿在马褂下面的衬衣的袖子和衣角的边缘选取衬衣部分图像，如图 4–32 所示。

图 4–31　给马褂上色

图 4–32　选取衬衣区域

（10）选择“图像”→“调整”→“色彩平衡”菜单命令，打开“色彩平衡”对话框，如图 4–33 所示，选中“中间调”单选按钮，并进行参数设置（色阶 100、–57、–36）。

（11）在“色彩平衡”对话框中选中“高光”单选按钮，其相应的参数设置为色阶 62、19、–16）同时从图像窗口中可以看出衬衣颜色变成为红色。

（12）单击“好”按钮，应用调整效果，并取消图像选区，如图 4–34 所示。

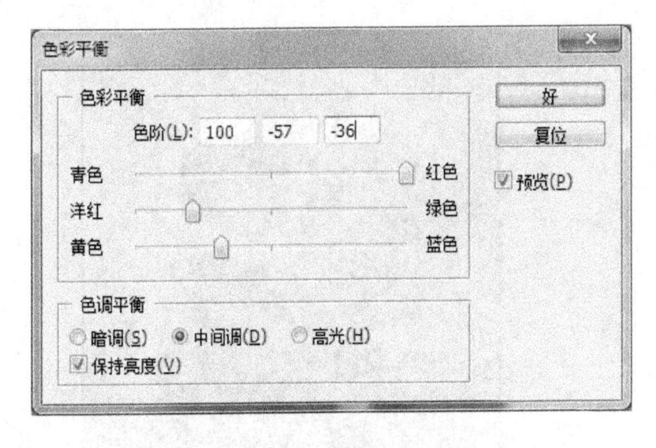

图 4–33　“色彩平衡”对话框

图 4–34　给衬衣填充红色效果

（13）用“多边形套索工具”选取小孩的裤子部分图像，选择“图像”→“调整”→“变化”菜单命令，打开“变化”对话框，分别单击“加深蓝色”“加深青色”“加深黄色”和“较亮”等中的缩略图，调整图像颜色，如图 4–35 所示。

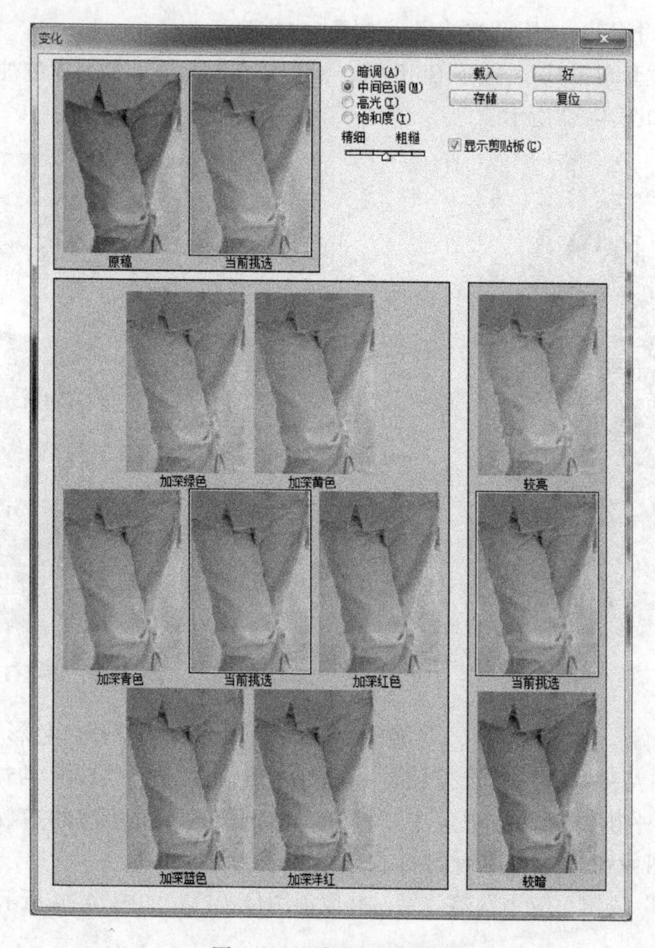

图 4-35 “变化”对话框

（14）单击“好”按钮，应用调整裤子图像的颜色效果，并取消图像选区，如图 4-36 所示。

（15）用“磁性套索工具”先选取整个人物图像，再通过反选操作选取照片的背景部分图像，如图 4-37 所示。

图 4-36 为裤子填充颜色

图 4-37 选取背景区域

（16）选择“图像”→“调整”→“照片滤镜”菜单命令，打开“照片滤镜”对话框，进行参数设置（滤镜为“绿色”、浓度 28，保留亮度），如图 4–38 所示。

（17）单击“好”按钮，应用照片背景的调整效果，取消选区，完成本例的练习，效果如图 4–39 所示。

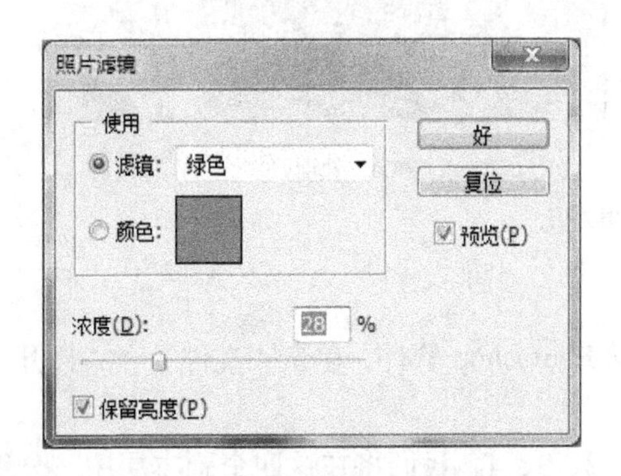

图 4–38　“照片滤镜”对话框

图 4–39　最终效果图

实验三　图层的使用

【实验目的】

1. 掌握新建图层、复制图层、删除图层、合并图层等操作
2. 掌握图层隐藏显示的方法
3. 掌握图层样式的设置

【实验内容】

1. 建新图层、复制图层、删除图层、合并图层等操作
2. 图层的隐藏与显示
3. 图层样式的设置

【实验步骤】

Photoshop 中的图层是编辑图像的有力工具，它使得制作各种效果的图像都成为可能。借助于图层可以将要编辑的多个图像放在不同的图层上，待每个图像编辑修改满意后，再将它们合成在一起制作一幅优美的图像。本实验通过几个实例熟悉图层的使用方法。

1. 图层的基本使用练习

根据所给素材图片制作出如图 4–40 所示的效果图片。

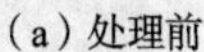
（a）处理前

（b）处理后

图 4-40　效果对比

（1）启动 Photoshop 软件，并打开素材图片。

操作提示：桌面双击 Photoshop 快捷图标，启动 Photoshop 软件，单击“文件”→“打开”命令，在弹出的“打开”对话框中选择素材图片。

（2）将背景图层复制 4 次，并分别重命名为 1、2、3、4，我们将在这四个副本层中，分别制作构成图像的拼板。

操作提示：

① 在图层面板中“背景”图层上单击鼠标右键，在弹出的快捷菜单中选择“复制图层”命令，如图 4-41 所示。在弹出的“复制图层”对话框中输入新图层的名称“1”。效果如图 4-42 所示。

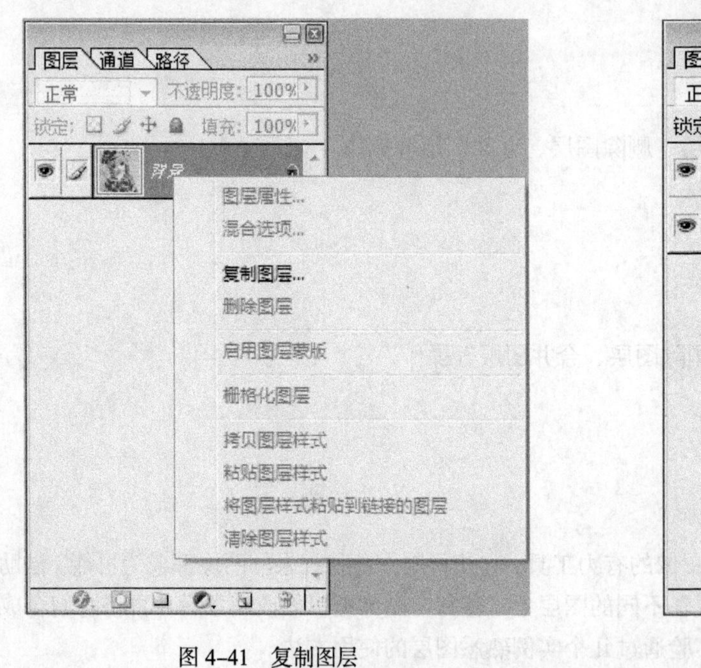

图 4-41　复制图层

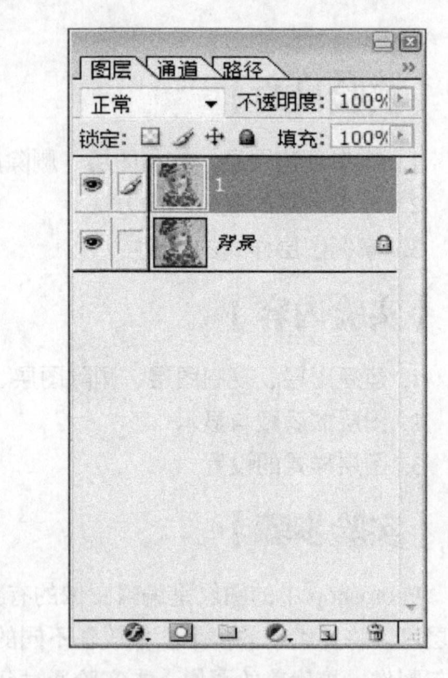

图 4-42　重命令图层

② 按上面的步骤，依次复制出图层 2、3、4，效果如图 4-43 所示。

（3）制作第一块拼板，效果如图 4-44 所示。

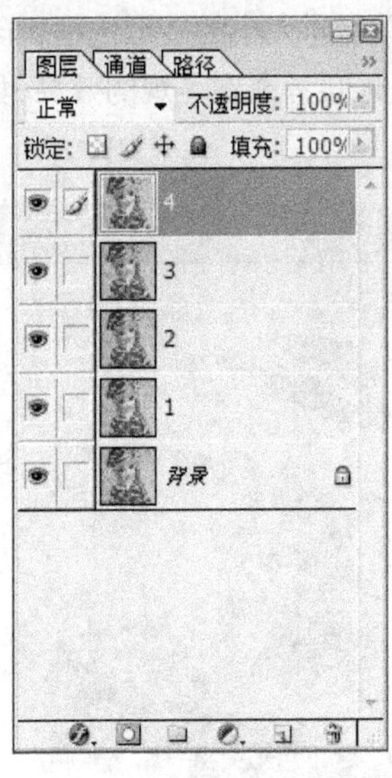

图 4-43　复制多个图层

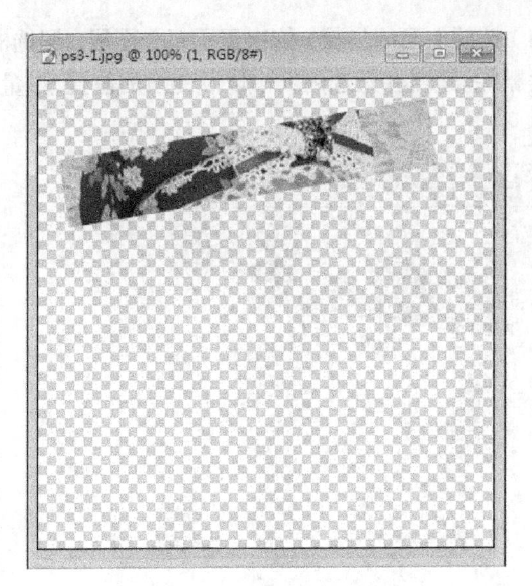

图 4-44　制作第一块拼板

操作提示：

① 单击除“1”图层之外所有图前左边的“眼睛”图标（该图标用于指示图层是否显示，有“眼睛”则图层显示，否则隐藏，在图层编辑中经常使用），将除“1”图层之外的所有图层隐藏。

② 单击工具箱中的“矩形选框工具”，在图像中选取一个矩形区域，该矩形区域就是拼板的基础形状，如图 4-45 所示。

③ 单击“选择”→“变化选区”命令（注意，这里选择“变化选区”命令，如果直接用 Ctrl+T 组合键，变换的则为选区内的图像），此时选区周围出现 8 个控制柄，将鼠标移动到角落的控制柄处，旋转选区后，在工具属性栏单击“进行变换：按钮✓。效果如图 4-46 所示。

图 4-45　矩形选区

图 4-46　变换选区

④ 单击“选择”→“反选”命令，确认图层面板中选中了图层“1”，然后按 Delete 键删除选区图像，单击“选择”→“取消选择”命令取消选区，效果如图 4-47 所示。

（4）按照上面的步骤，依次显示每个图层，用选框工具选择不同大小的矩形选框，自由变换，反选后删除。适当注意选区大小以及变换的位置，尽量在作图的时候考虑到美观的效果，如图 4-48 所示。

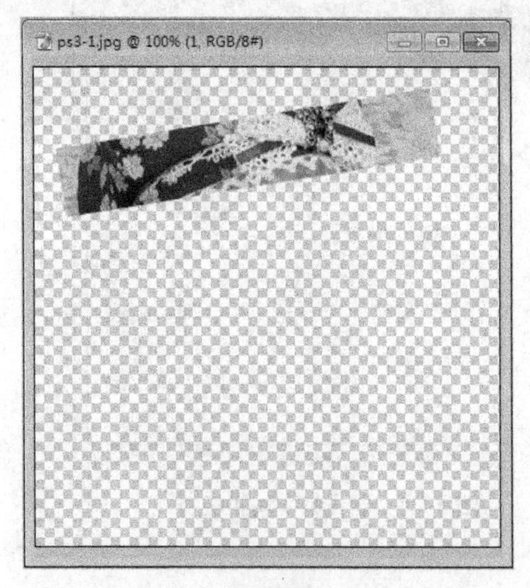

图 4-47　删除选区图像

图 4-48　制作其他几块拼板

（5）为拼板添加立体效果。

① 单击背景层左侧的“眼睛”图标，显示背景层，这样会较容易看清图像的变化。

② 选择图层“1”，双击该图层，弹出“图层样式”对话框，如图 4-49 所示。

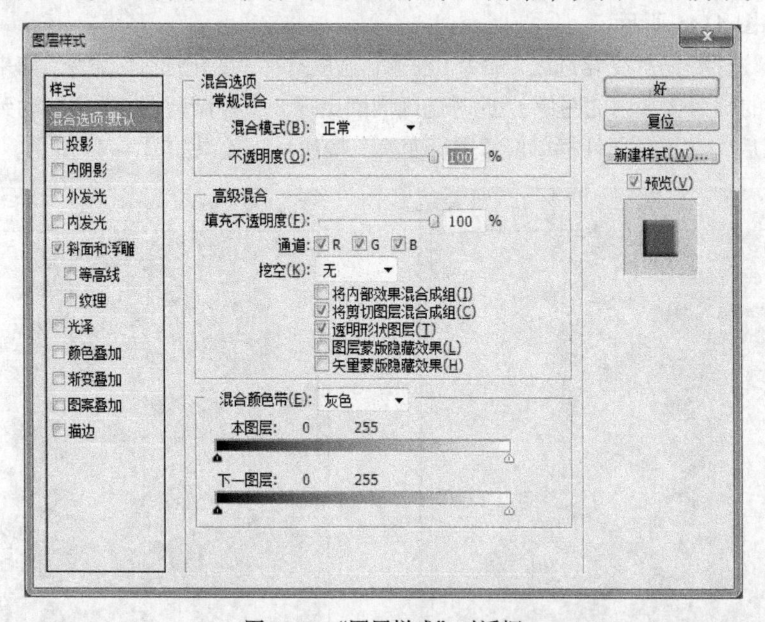

图 4-49　“图层样式”对话框

③ 勾选“斜面和浮雕”，这里可以按照默认样式（大多数时候，默认样式也能够看得出效果）选择确定，如果对拼板有特殊要求，可以更改数值。当然也可以尝试投影等其他效果，直到调整到自己满意的效果。为简单起见，我们这里使用浮雕效果的默认值，效果如图 4-50 所示。

（6）制作其他几个图层的立体效果，如图 4–51 所示。

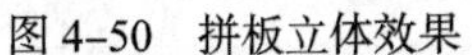
图 4–50　拼板立体效果

图 4–51　制作其他拼板立体效果

操作提示：设置好一个图层样式，其他的图层如果需要相同效果，重复设置较为麻烦，多层应用同一种样式的情况下，我们可以复制图层样式。有两种方式可以实现图层样式的复制。

方法一：在图层 1 上单击右键，在弹出的快捷菜单中选择“复制图层样式”命令，然后在图层 2、3、4 上单击鼠标右键，选择“粘贴图层样式”命令。

方法二：在图层 1 上按住鼠标左键不动，分别拖动到图层 2、3、4 上，松开鼠标左键，新图层就应用了图层 1 的样式。拖动的过程中，鼠标一直显示为抓手工具的形状。如果你希望只应用某一种图层样式，那么拖动的方法更为快捷，可选择所有的样式（拖动效果的选项），也可选择其中某种效果。依次对其他图层进行设置。

（7）最后，根据自己需要可调整图层位置。

2. 图层样式使用练习

制作如图 4–52 所示的水晶文件夹。

（1）新建一个图像文件并命名为“PS 图层样式–学号姓名”，高 500 像素，宽 500 像素，分辨率 72，背景为白色，保存在 D 盘。

操作提示：单击“文件”→“新建”命令，在弹出的对话框中输入文件名“PS 图层样式–学号姓名”，高 500 像素，宽 500 像素，分辨率 72，背景设置为白色。

（2）新建一个图层，使用矩形选框工具绘制一个矩形选区，新建层填充颜色为#0066ff。

操作提示：

① 单击图层面板下方的“创建新的图层”按钮，创建一个新的图层。

② 选择工具箱中的“矩形选框工具”在画布中选择一个矩形区域，将前景色设置为“#0066ff”，然后使用工具箱中的“油漆桶工具”为选区填充颜色。效果如图 4–53 所示。

（3）使用多边形套索工具绘制一个图 4–54 所示图形，然后也填充为同样的颜色。

操作提示：在工具箱中的“套索工具”按钮上按住鼠标左键不放，在弹出的列表中选择“多边形套索工具”，依次在图像中所示梯形的四个顶点位置单击鼠标左键，绘制出梯形选区，再使用“油漆桶工具”填充为相同颜色。

图 4–52　最终效果图

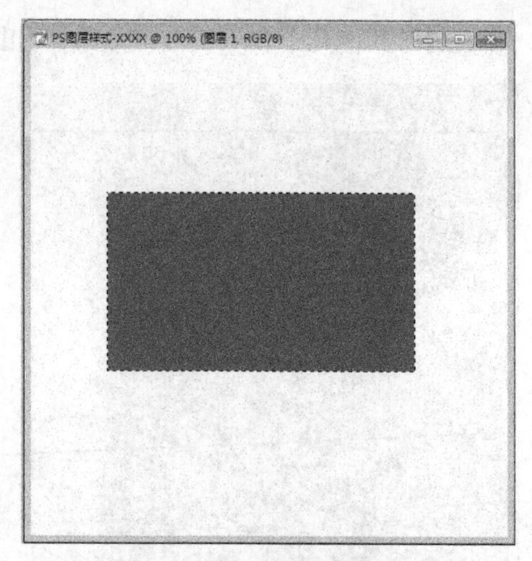

图 4–53　绘制蓝色矩形

（4）将图像变形为如图 4–55 所示样式。

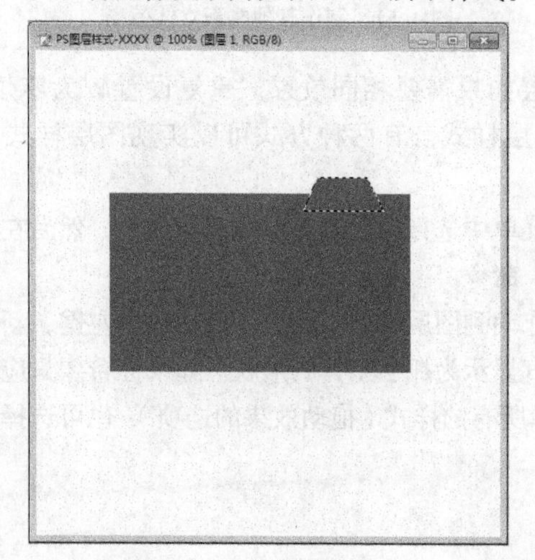

图 4–54　绘制梯形区域

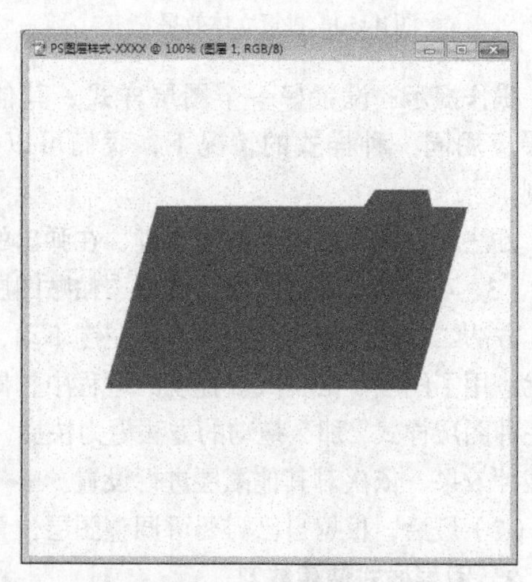

图 4–55　斜切图像

操作提示：单击“编辑”→“变换”→“斜切”命令，拖动鼠标，将图像斜切。

（5）为图像添加“内阴影”和“渐变叠加”两种图层样式，使效果如图 4–56 所示。

操作提示：

① 单击图层面板下方的“添加图层样式”按钮，在弹出的列表中选择“内阴影”命令。此时会弹出“图层样式”对话框，在该对话框中做如图 4–57 所示的参数设置。

图 4–56　添加图层样式

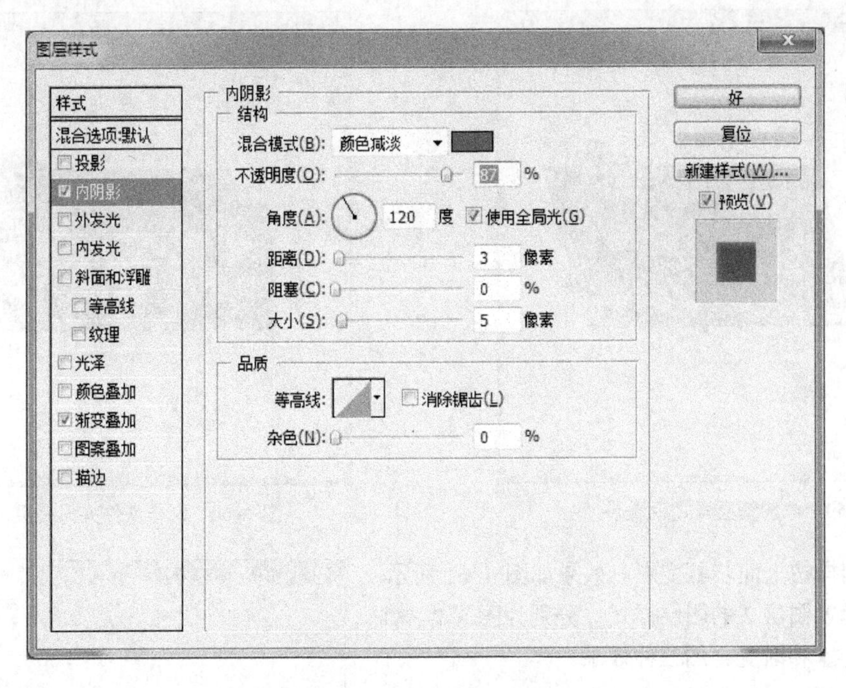

图 4–57　设置内阴影图层样式

② 单击图层面板下方的“添加图层样式”按钮，在弹出的列表中选择“渐变叠加”命令。此时会弹出“图层样式”对话框，在该对话框中做如图 4–58 所示的参数设置。

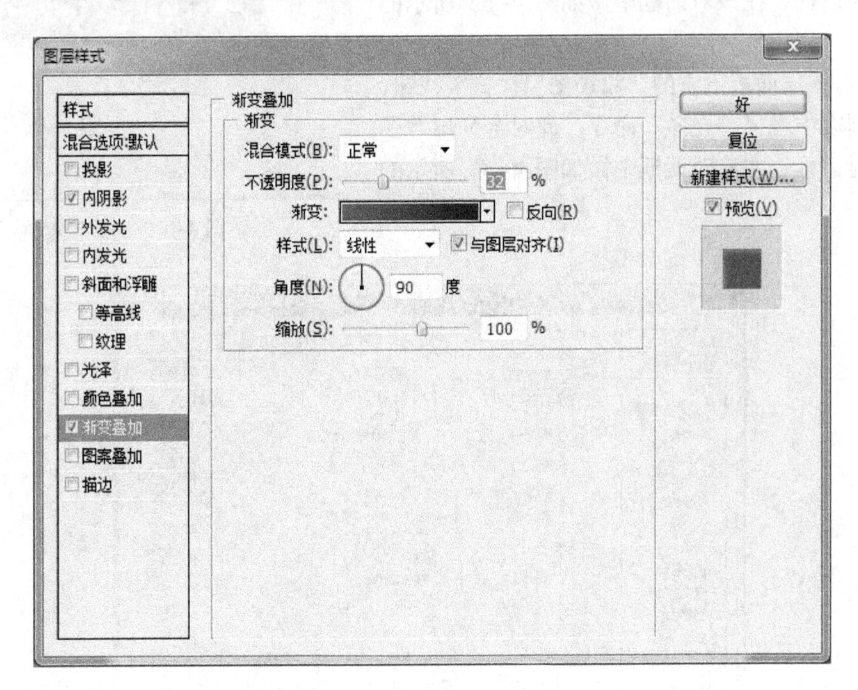

图 4–58　设置渐变叠加图层样式

③ 设置好后效果如图 4–59 所示。

（6）再创建一个新的图层，按上面同样的方法创建如图 4–60 所示形状，填充颜色为#0066ff。

图 4-59　添加图层样式后效果

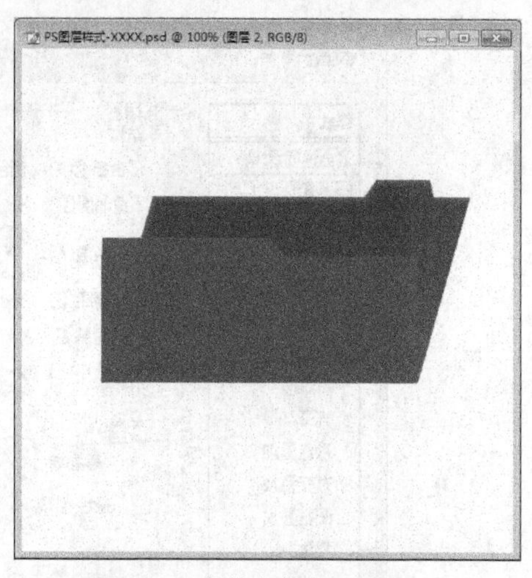

图 4-60　制作文件夹另一页

（7）同样按上面步骤变形，效果如图 4-61 所示。

（8）设置图层 2 的图层样式。分别为图层 2 添加内阴影、光泽和渐变叠加三种效果。

操作提示：

① 单击图层面板下方的“添加图层样式”按钮，在弹出的列表中选择“内阴影”命令。此时会弹出“图层样式”对话框，在该对话框中做如图 4-62 所示的参数设置。

② 单击图层面板下方的“添加图层样式”按钮，在弹出的列表中选择“光泽”命令。此时会弹出“图层样式”对话框，在该对话框中做如图 4-63 所示的参数设置。

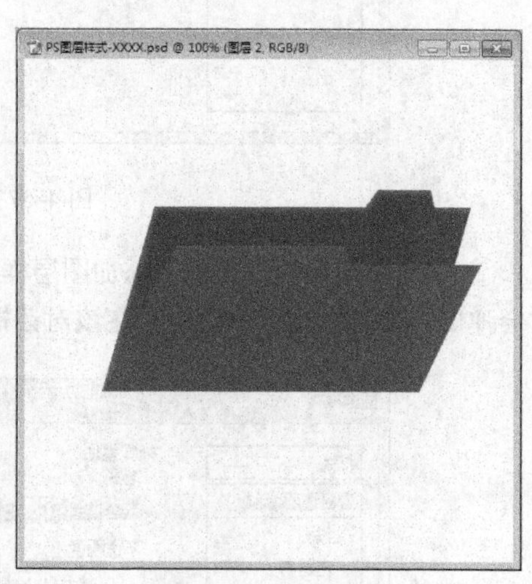

图 4-61　斜切图像

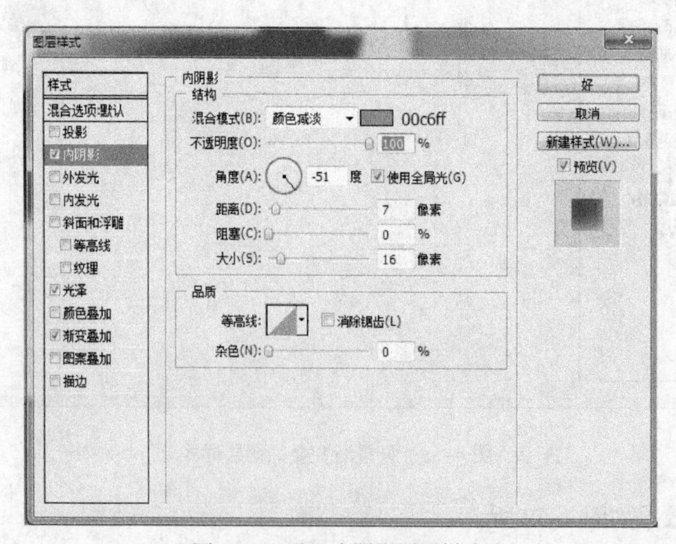

图 4-62　设置内阴影图层样式

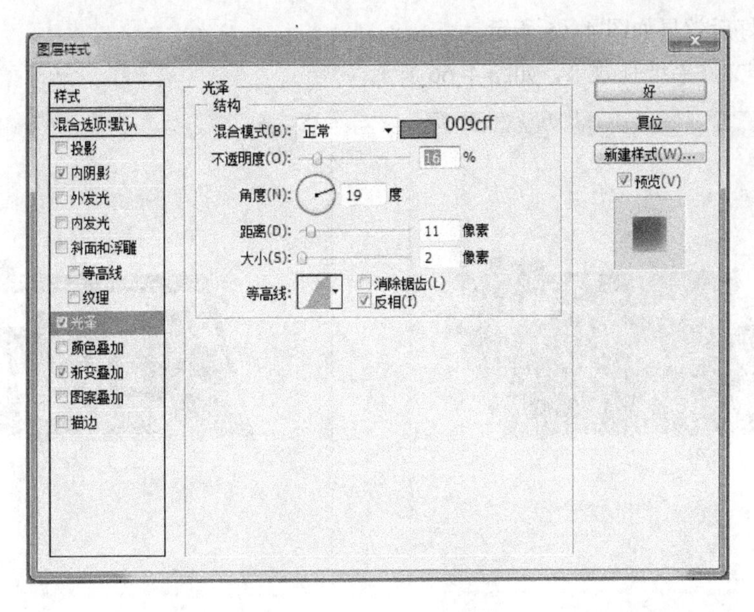

图 4-63　设置光泽图层样式

③ 单击图层面板下方的“添加图层样式”按钮，在弹出的列表中选择“渐变叠加”命令。此时会弹出“图层样式”对话框，在该对话框中做如图 4-64 所示的参数设置。

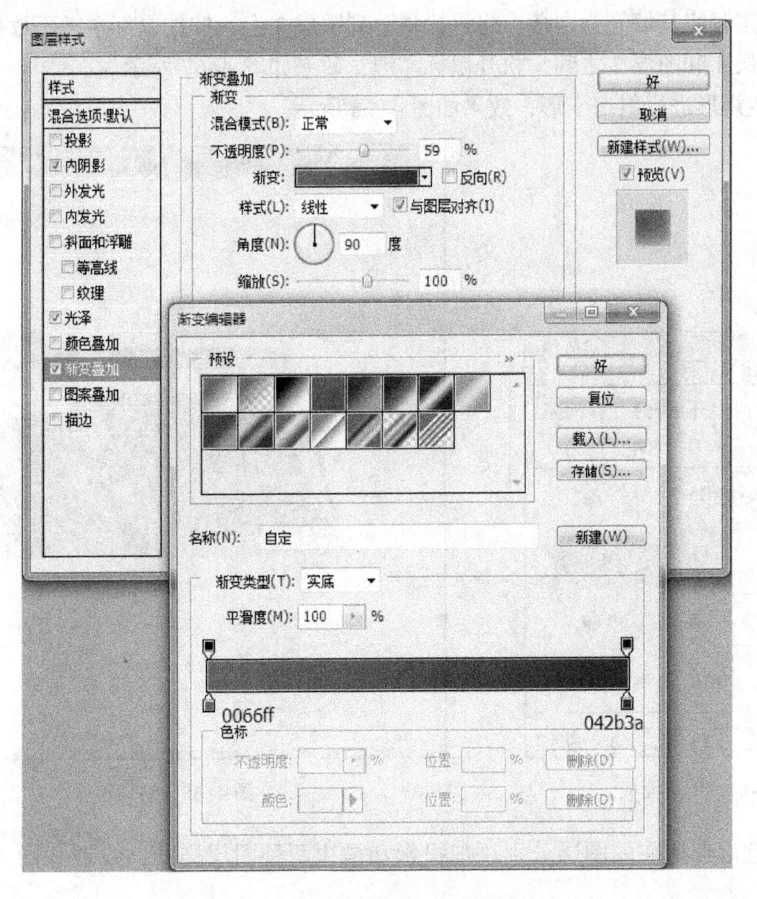

图 4-64　设置渐变叠加图层样式

（9）设置好后效果如图 4–65 所示。

（10）制作文件夹纸张效果，如图 4–66 所示。

图 4–65　设置图层样式后效果

图 4–66　文件夹纸张效果

操作提示：

① 新建一个图层，名称默认为“图层 3”，使用矩形选框工具在新图层中绘制一个矩形选区，并使用油漆桶工具将其填充为白色。将鼠标移动到图层 3 上，按住鼠标左键不放拖动鼠标，将图层 3 移动到图层 1 和图层 2 之间，松开鼠标左键，效果如图 4–67 所示。

② 对白色矩形进行斜切变形，效果如图 4–68 所示。

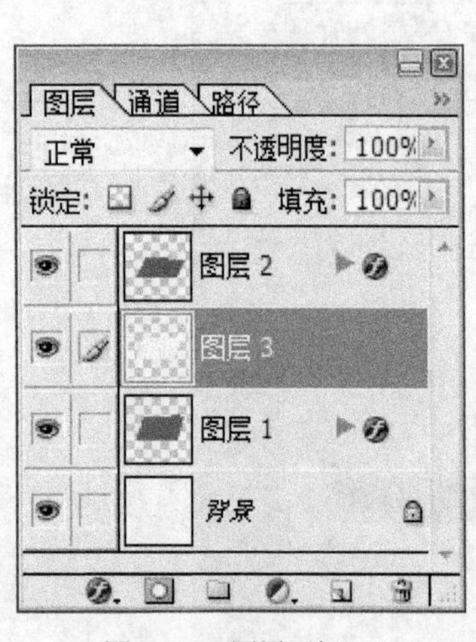

图 4–67　图层面板

图 4–68　斜切纸张

③ 为白色矩形所在的图层分别添加投影和描边两种图层样式，设置如图 4–69 和图 4–70 所示。

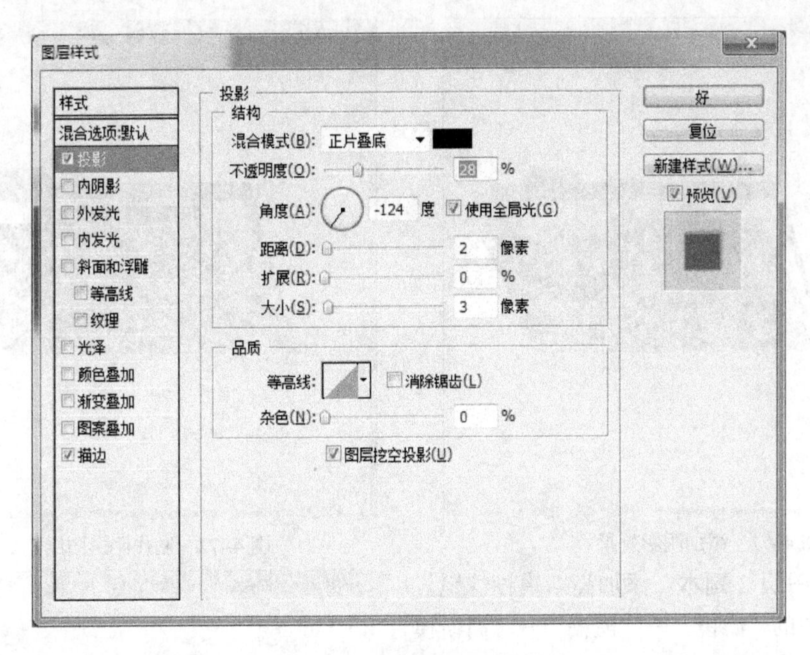

图 4–69　设置投影图层样式

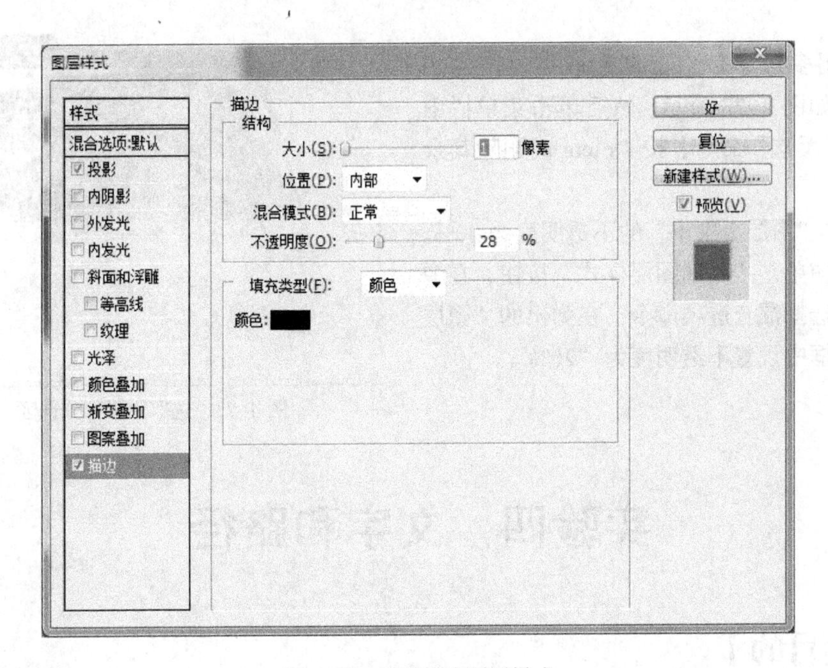

图 4–70　设置描边图层样式

（11）给文件夹设置阴影效果，让文件夹看起来更立体，效果如图 4–71 所示。

操作提示：

① 在图层 2 上单击鼠标右键，选择“复制图层”命令，会产生一个“图层 2 副本”的新图层。在“图层 2 副本”上单击鼠标右键，选择“清除图层样式”命令，清除该图层的图层样式。

② 使用油漆桶工具，将“图层 2 副本”中的图像填充成黑色，将“图层 2 副本”拖动到“图层 2”和“图层 3”之间。并调整“图层 2 副本”上图像的位置，如图 4–72 所示。

图 4–71 添加阴影效果

图 4–72 制作阴影图层

③ 为“图层 2 副本”添加高斯模糊滤镜。单击菜单栏中的“滤镜”→“模糊”→“高斯模糊”命令，在弹出的对话框中输入模糊半径“2”并确定。

④ 使用多边形套索工具选取需要产生阴影的部分，如图 4–73 所示。然后单击菜单栏中“选择”→“反选”命令，按 Delete 键删除其余部分。

⑤ 设置“图层 2 副本”的不透明度为 20%。在图层面板中单击“添加图层样式”按钮，在弹出的列表中选择混合选项命令，在弹出的“图层样式”对话框中设置不透明度为“20%”。

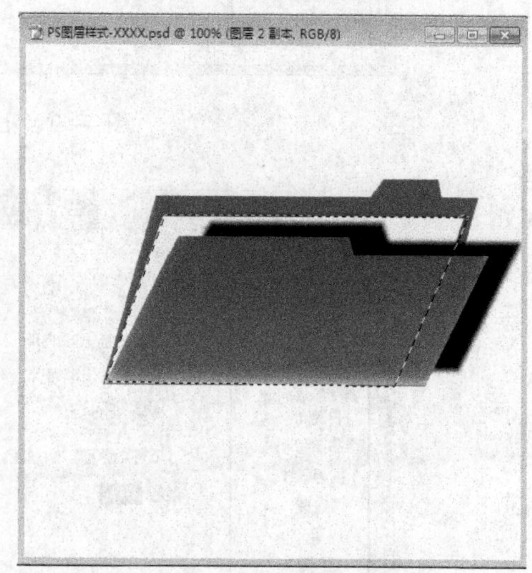

图 4–73 选取阴影部分选区

实验四 文字和路径

【实验目的】

1. 熟练运用各种文字工具
2. 熟练掌握文字图层的编辑
3. 掌握路径的概念以及路径控制面板的组成和操作
4. 掌握各种路径工具的使用方法

【实验内容】

1. 文字的输入

2. 文字的效果编辑
3. 使用钢笔工具绘制路径
4. 使用路径进行描边处理

【实验步骤】

在图像处理中文字也是不可忽视的部分，在作品中恰当地运用文字，可以使图像准确明了地表达作者的意图。路径是 Photoshop 处理图像非常得力的助手，使用路径可以进行复杂的图像选取和存储选择区域，以备再次使用和绘制优美平滑的图像等。本实验将通过几个实例学习文字和路径的使用。

1. 文字的使用

制作光芒文字效果，如图 4–74 所示。

（1）新建图像文件，要求名称为“PS4–光芒文字–学号姓名”，宽度为“500 像素”，高度为“500 像素”，分辨率为 120 像素/英寸，模式为 RGB 颜色，背景为白色。

操作提示：单击菜单栏中“文件”→“新建”命令，在弹出的“新建”对话框中创建名称为“PS4–光芒文字–学号姓名”，宽度为“500 像素”，高度为“500 像素”，分辨率为 120 像素/英寸，模式为 RGB 颜色，背景为白色的新文件。

（2）将背景填充为黑色。

操作提示：按 D 键将工具箱中的前景色和背景色设置为默认的黑色和白色，然后使用油漆桶工具将新建文件的“背景”层填充黑色。

（3）输入“信息技术”四个字，楷体，白色，72 点。

操作提示：按 X 键，将工具箱中的前景色和背景色的位置交换，单击工具箱中的“横排文字工具”按钮，在画面中输入“信息技术”文字。并在工具属性栏设置相应的字体字号和颜色。

（4）将文字放在画布正中间后将文字图层与背景图层合并。效果如图 4–75 所示。

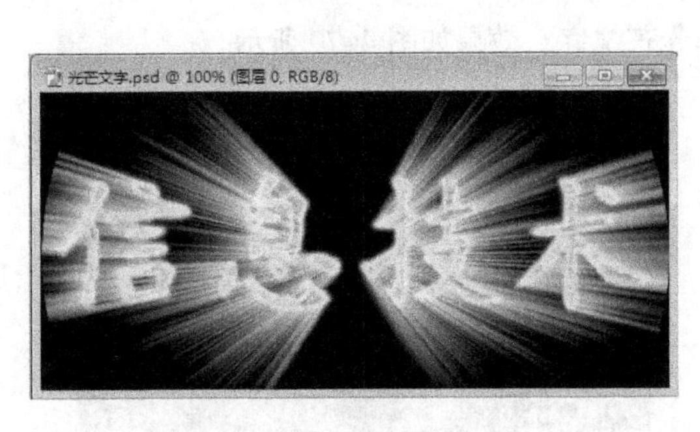

图 4–74　光芒文字效果图

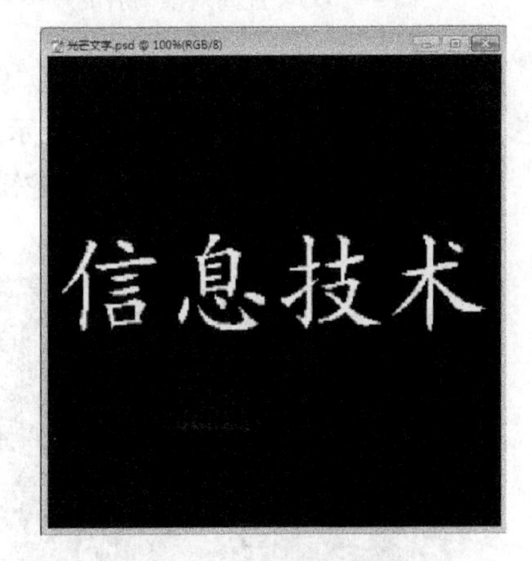

图 4–75　文字对齐效果

操作提示：

① 按 Ctrl+A 组合键，将新建文件全部选择。

② 选择菜单栏中的“图层”→“与选区对齐”→“垂直居中”命令，将输入的文字相对于选区垂直居中放置。

③ 选择菜单栏中的“图层”→“与选区对齐”→“水平居中”命令，将输入的文字相对于选

区水平居中放置。

④ 单击菜单栏“选择”→“取消选择”，将选择区域去除。然后选择菜单栏“图层”中的“合并图层”命令，将文字层向下合并为背景层。

（5）为文字设置高斯模糊滤镜，模糊半径为 2。效果如图 4–76 所示。

操作提示：选取菜单栏中的“滤镜”→“模糊”→“高斯模糊”，弹出“高斯模糊”对话框，设置模糊半径为 2，然后单击“好”按钮。

（6）为图像设置“曝光过度”滤镜并自动调整色阶。

操作提示：

① 选取菜单栏中的“滤镜”→“风格化”→“曝光过度”命令，将图像的正片和负片混合，执行“曝光过度”命令后的画面效果如图 4–77 所示。

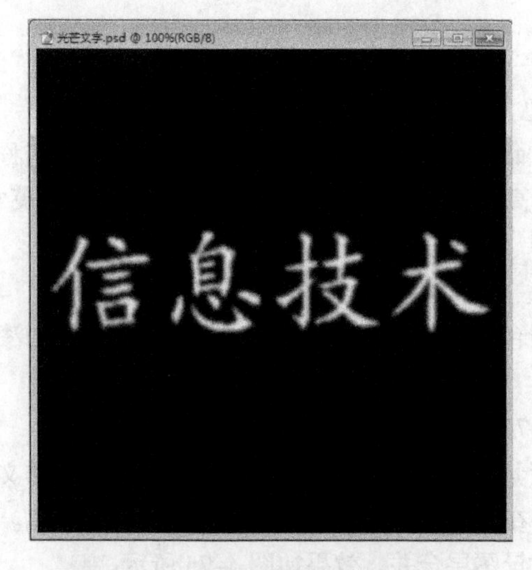

图 4–76 设置高斯模糊后的效果

图 4–77 设置曝光过度滤镜后的效果

② 选取菜单栏中的“图像”→“调整”→“自动色阶”命令，将图像中的黑色和白色自动调整。调整后的画面效果如图 4–78 所示。

（7）利用“极坐标”、“风”等滤镜效果制作光芒文字，效果如图 4–79 所示。

图 4–78 设置自动色阶后的效果

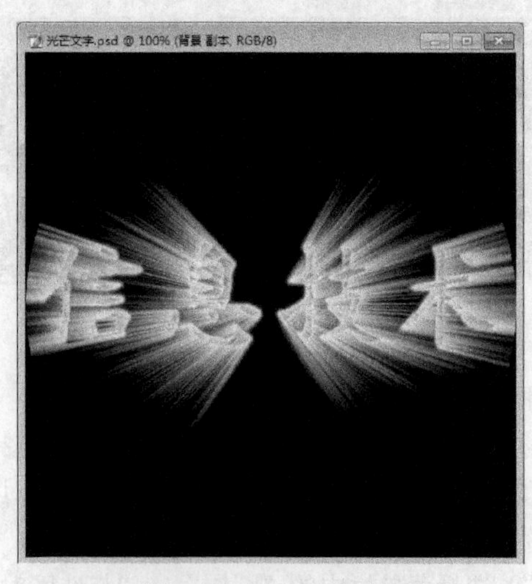

图 4–79 光芒文字效果图

操作提示：

① 在图层面板中将“背景”层复制生成为“背景副本”层，然后选取菜单栏中的“滤镜”→“扭曲”→“极坐标”命令，弹出“极坐标”对话框，选择“极坐标到平面坐标”选项并单击“好”按钮，效果如图 4-80 所示。

② 选取菜单栏中的“图像”→“旋转画布”→“90 度(顺时针)”命令，将画面顺时针旋转 90 度。

③ 选取菜单栏中的“滤镜”→“风格化”→“风”命令，弹出“风”对话框，选择“风”和“从右”选项，单击“好”按钮，执行“风”命令后的画面效果如图 4-81 所示。

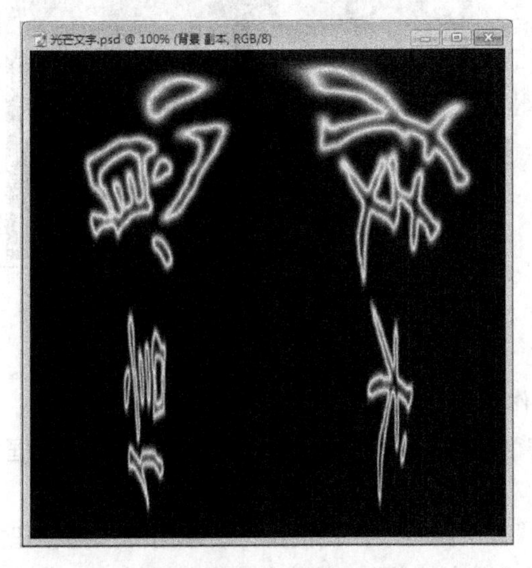

图 4-80　设置极坐标扭曲效果图

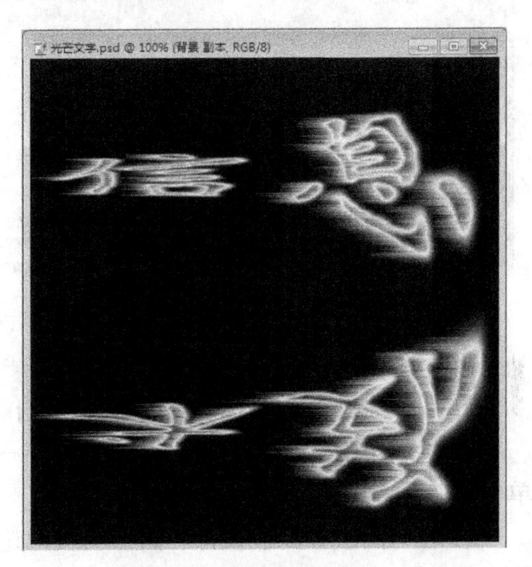

图 4-81　设置风滤镜效果图

④ 连续两次按 Ctrl+F 组合键，重复执行“风”命令，生成的画面效果如图 4-82 所示。

⑤ 选取菜单栏中的“图像”→“旋转画布”→“90 度（逆时针)”命令，将画面逆时针旋转 90 度。

⑥ 选取菜单栏中的“滤镜”→“扭曲”→“极坐标”命令，弹出“极坐标”对话框，选择“平面坐标到极坐标”选项，单击“好”按钮，执行“极坐标”命令后的画面效果如图 4-83 所示。

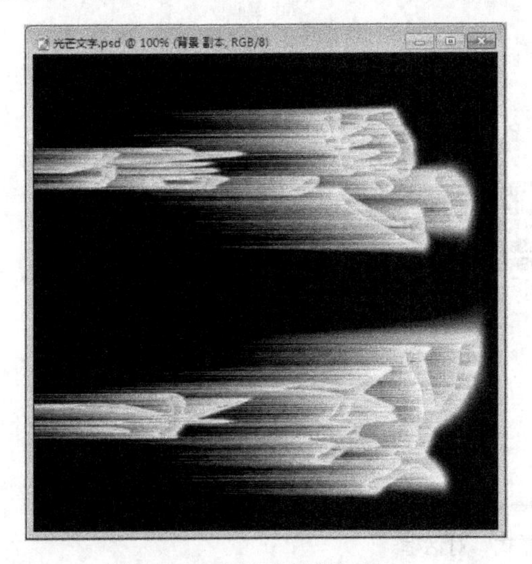

图 4-82　重复风滤镜效果图

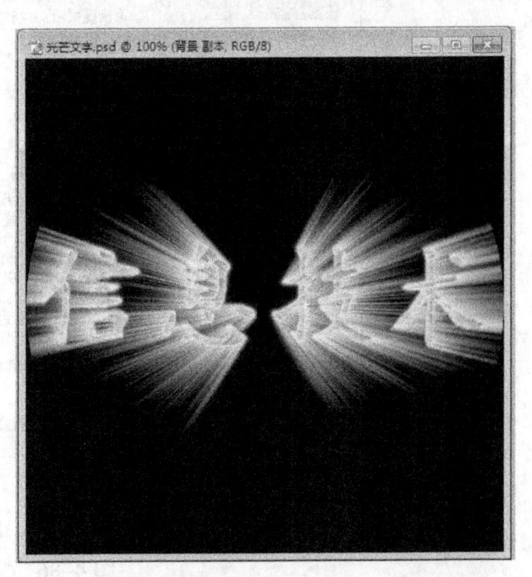

图 4-83　再次执行极坐标扭曲滤镜效果图

⑦ 按下 Ctrl+U 组合键，弹出“色相 / 饱和度”对话框，设置其参数如图 4-84 所示。

（8）利用图层样式使文字效果更生动，如图 4-85 所示。

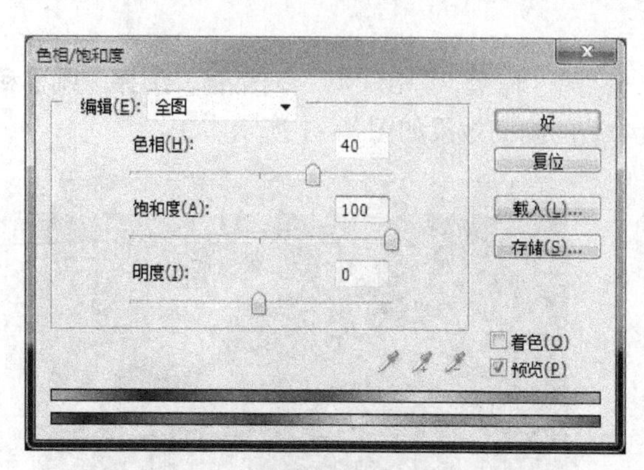

图 4-84 “色相/饱和度”对话框

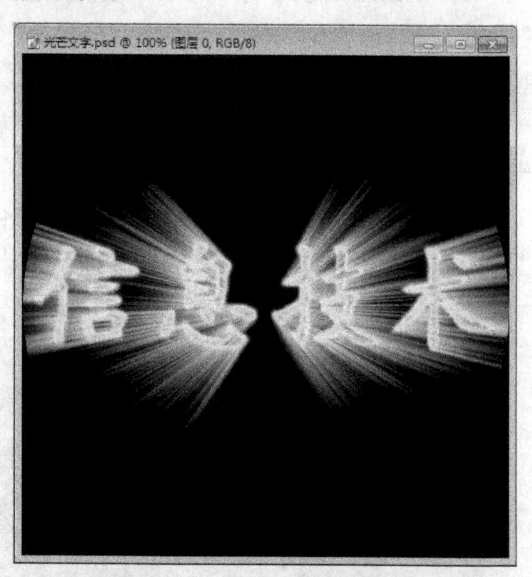

图 4-85 添加图层样式效果图

操作提示：

① 在“图层”面板中将背景层设置为当前工作层。

② 选取菜单栏中的“图层”→“新建”→“背景图层”命令，在弹出的“新图层”对话框中单击“好”按钮，将背景层转换为普通层。

③ 在“图层”面板中将“图层 0”调整至“背景副本”图层的上方，单击图层面板正文的“添加图层样式”按钮，在弹出的列表中选择“混合选项”，在弹出的“图层样式”对话框中将“图层混合模式”选项设置为“线性减淡”模式，“不透明度”选项参数设置为 40%，如图 4-86 所示。

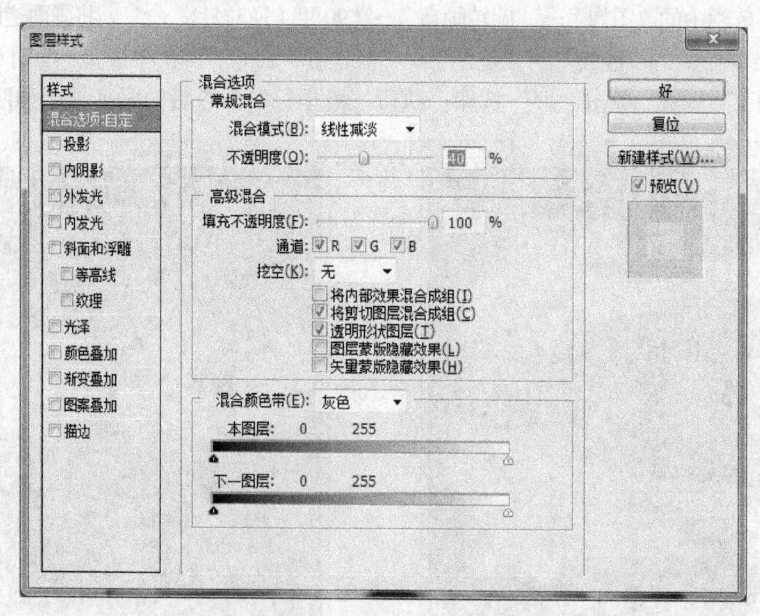

图 4-86 “图层样式”对话框

（9）单击工具箱中的“裁剪”按钮，将图像裁剪为如图 4-87 所示效果。

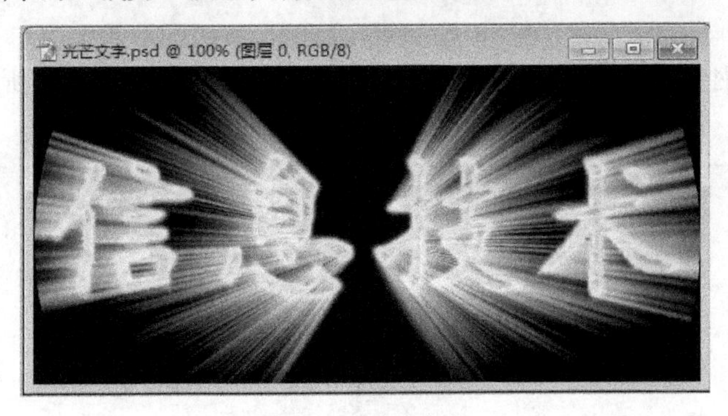

图 4-87　裁剪文字

2. 路径的基本使用

利用路径制作一个“心”形图案，效果如图 4-88 所示。

图 4-88　最终效果图

（1）新建一个文件，名称为“心型图案”，500 × 500，白色背景。

（2）使用钢笔工具在画布中绘制一个三角形路径，如图 4-89 所示。

操作提示： 单击工具箱中的“钢笔工具”，在工具属性栏，选中“路径”按钮。在画布中使用鼠标单击三角形的三个顶点，并回到起点单击一下，形成一个三角形。这三个顶点，我们就称为节点（或锚点）。现在全是直线，所以也可以称为直线节点。

在路径面板上，出现了一个新的层，“工作路径”层。路径也跟图层一样，可以画在不同的层上面。

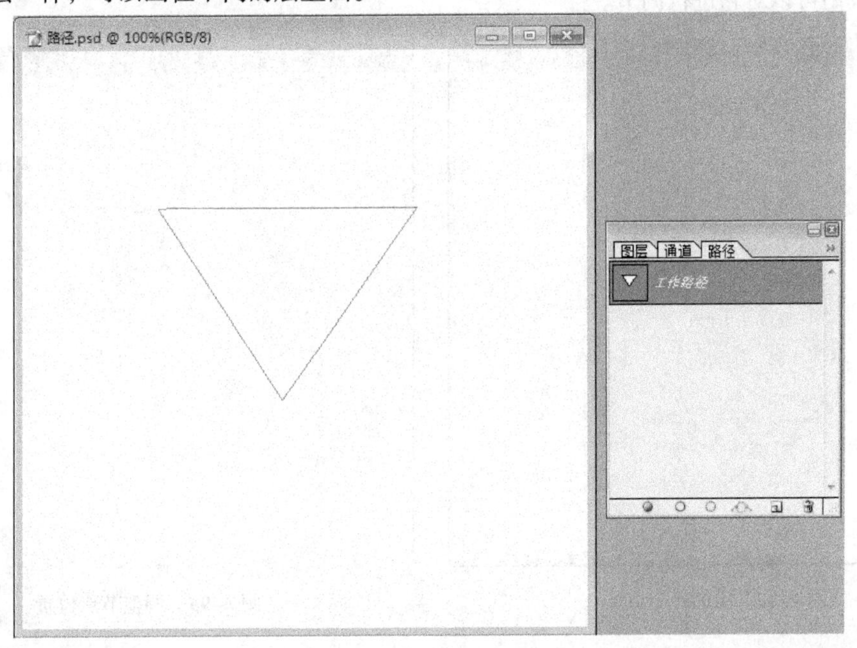

图 4-89　绘制三角形路径

（3）使用路径工具，将三角形路径转换为心形，如图 4-90 所示。

操作提示：

① 在工具箱“钢笔工具”按钮上按住鼠标左键不放，会弹出如图 4-91 所示的列表，选择“添加锚点工具”。

图 4-90　将三角形路径转换为心形

钢笔工具　P
自由钢笔工具　P
添加锚点工具
删除锚点工具
转换点工具

图 4-91　钢笔工具组

② 使用“添加锚点工具”在水平线的中间单击一下，增加一个节点。如图 4-92 所示。此时鼠标光标变成了白色箭头，叫作“直接选择工具”，它可以用来移动节点。

③ 使用鼠标将中间新加上的节点向下移动。如图 4-93 所示。此时，中间的水平线会向下凹，直线变成了曲线，中间的节点的两端出现了一左一右两个 180 度的手柄。手柄用来控制曲线的弯曲程度，我们可以对它进行调节。

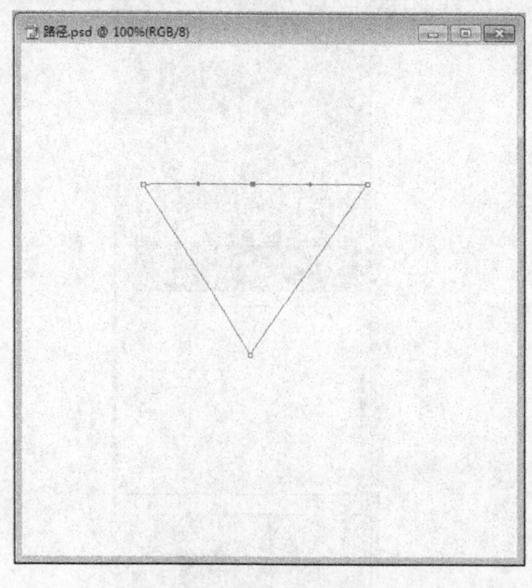

图 4-92　添加一个节点

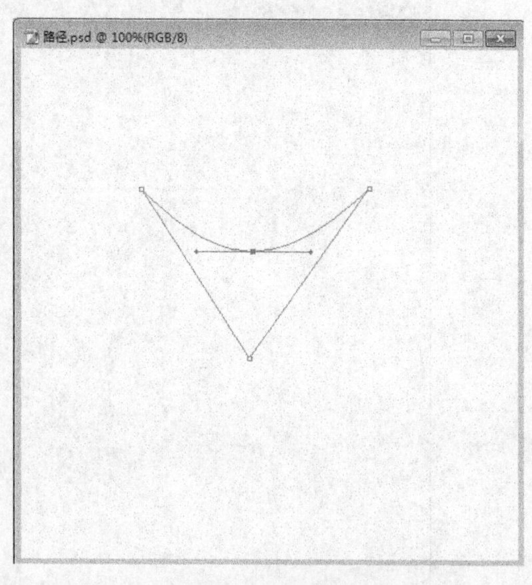

图 4-93　调整节点位置

④ 使用鼠标将左边的手柄向上移动，效果如图 4-94 所示。我们看到手柄仍然保持 180 度，

两边的手柄是一起运动的，曲线也随之变化。这种有两个成 180 度的手柄的节点，我们称为曲线节点。曲线节点可以把两部分不同的曲线非常完美非常光滑地结合在一起。我们所要掌握的，只是移动节点和调整手柄的方向与长度。至于手柄的长度，是可以分别拉长缩短的，形成一个长，一个短。这个节点仍然保持为曲线节点，即两个手柄保持呈直线状态。

⑤ 在工具箱“钢笔工具”按钮上按住鼠标左键不放，在弹出的列表中选择“转换点工具”。使用“转换点工具”将右侧的手柄向上移动，效果如图 4–95 所示。现在这个节点就不再是曲线节点，而应该称为“转折节点”了。转折节点的特点是两个曲线以很不自然的方式结合在一起，各有各的弯曲度，各有各的弯曲方向。

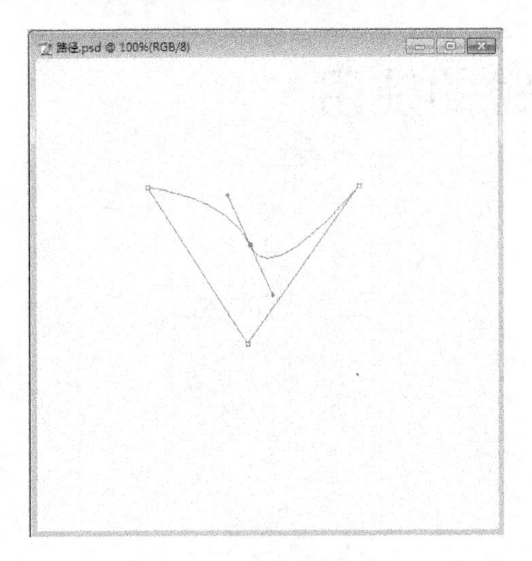

图 4–94 调整曲线

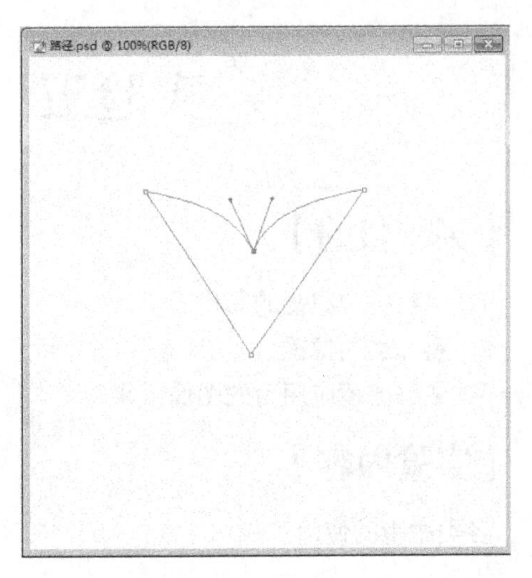

图 4–95 转换节点

⑥ 使用“转换点工具”将左上角的节点向右上方拖动，效果如图 4–96 所示。左上角的点是一条直线与一条曲线相结合，叫“半曲线节点”，现在我们要把它转换成曲线节点，所以需要使用“转换点工具”拖动该节点。

⑦ 使用相同方法将右上角的节点也转换为“曲线节点”，效果如图 4–97 所示。

图 4–96 转换左上角节点

图 4–97 转换右上角节点

(4)为绘制的心形路径添加描边效果。

操作提示：

① 单击路径面板下面的第三个按钮“将路径作为选区载入”，此时可以看到变成了心形的选区。

② 回到图层面板，将前景色设置为黄色。单击菜单栏“编辑”→“描边”命令，在弹出的“描边”对话框中做如图 4–98 所示的设置后确定。

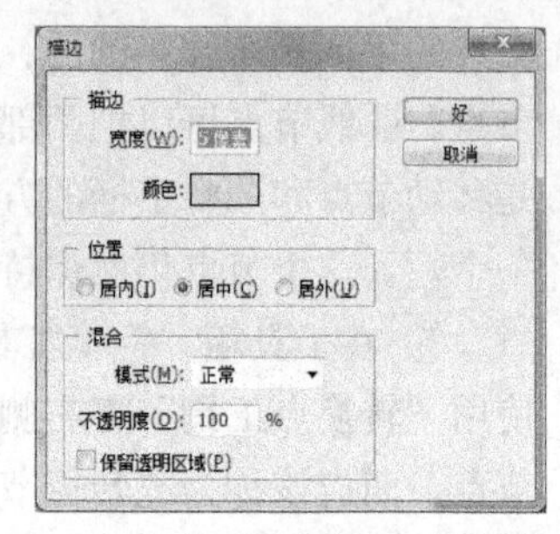

图 4–98 “描边”对话框

实验五　滤镜的使用

【实验目的】

1. 了解各种滤镜的名称
2. 熟练运用滤镜
3. 了解滤镜应用后的图像效果

【实验内容】

各类滤镜的使用。

【实验步骤】

滤镜是通过分析图像中各个像素的值，根据滤镜中各种不同的功能要求，调用不同的运算模块处理图像，以达到最佳的图像处理效果。使用滤镜功能执行一个简单命令就可以产生复杂的特殊效果，在图像编辑过程中能起到画龙点睛的作用。本实验通过几个实例学习各类滤镜的使用。

1. 新建图像文件，利用滤镜制作裂纹效果

效果如图 4–99 所示。

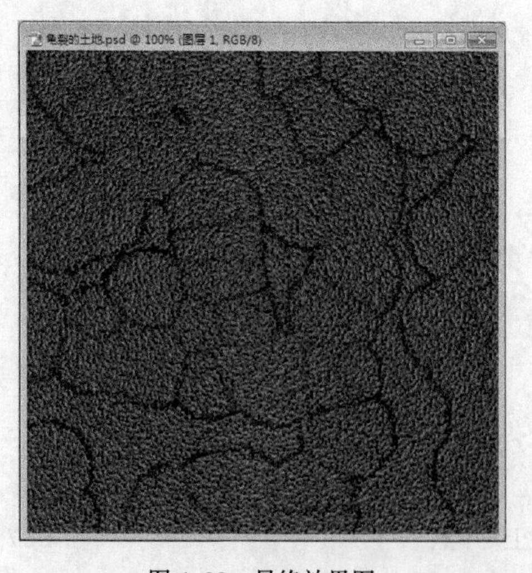

图 4–99　最终效果图

操作提示：

（1）选择菜单栏“文件”→“新建”命令，新建一幅背景为白色，大小为 500×500 像素的图像。

（2）单击图层面板中的“创建新的图层”按钮，新建“图层 1”。将前景色设为天蓝色（R:28,G:183,B:248），使用油漆桶工具将“图层 1”填充前景色。

（3）在菜单栏选择“滤镜”→“像素化”→“点状化”命令，在弹出的“点状化”对话框中设置“单元格大小”为 100，如图 4–100 所示。然后单击“好”按钮，得到效果如图 4–101 所示。

（4）在菜单栏选择“滤镜”→“画笔描边”→“喷色描边”命令，在弹出的“喷色描边”对话框中设置描边长度为 12，喷色半径为 7，描边方向为右对角线。如图 4–102 所示。然后单击“好”按钮，得到效果如图 4–103 所示。

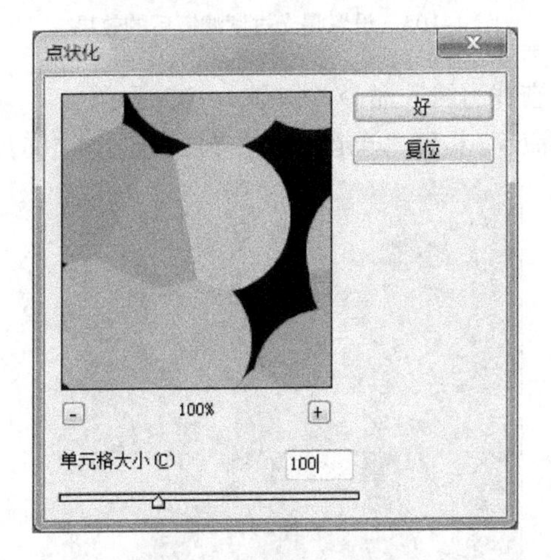

图 4–100　“点状化”对话框

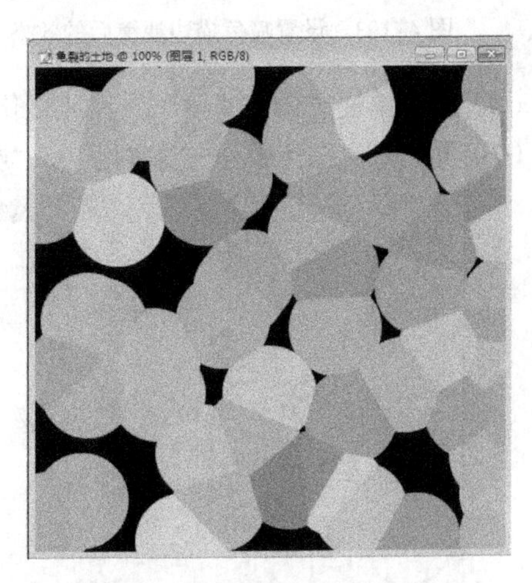

图 4–101　设置点状化滤镜后的效果

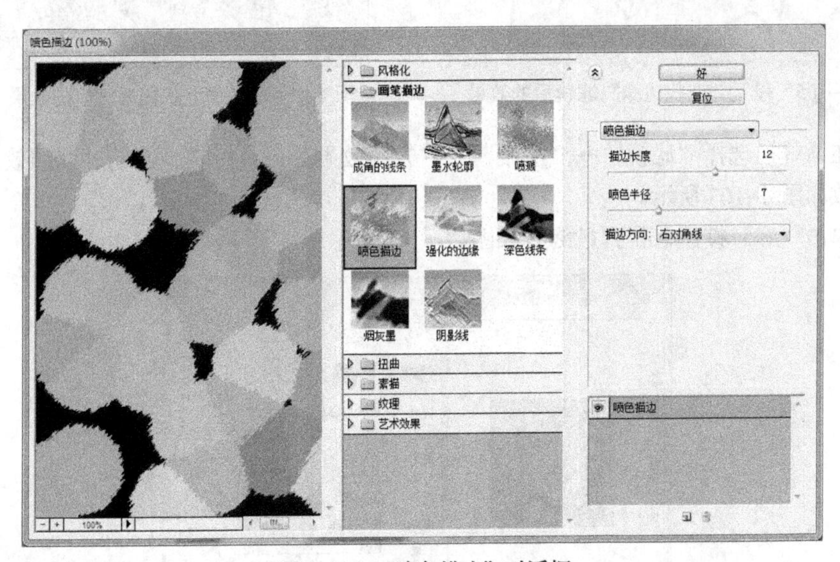

图 4–102　“喷色描边”对话框

（5）在菜单栏选择“滤镜”→“风格化”→“曝光过度”命令。如图 4–104 所示。

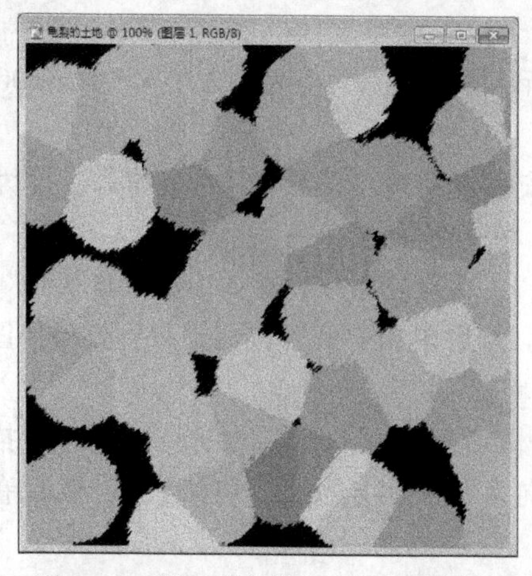

图 4–103　设置喷色描边滤镜后的效果

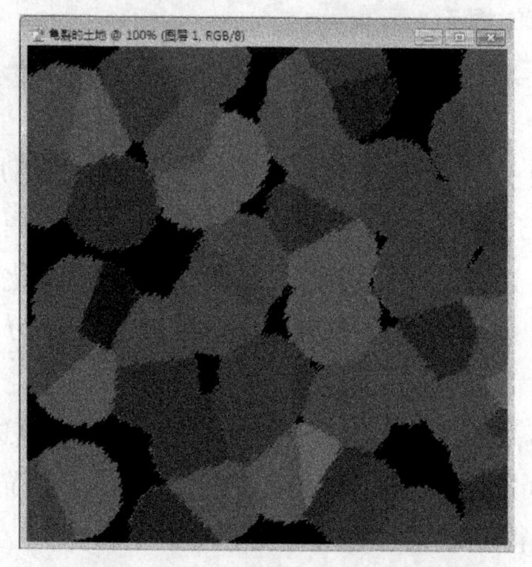

图 4–104　设置曝光过度滤镜后的效果

（6）在菜单栏选择“滤镜”→“风格化”→“查找边缘”命令。如图 4–105 所示。

（7）再次执行“滤镜”→“像素化”→“点状化”命令，设置“单元格大小”为3，如图4–106所示。

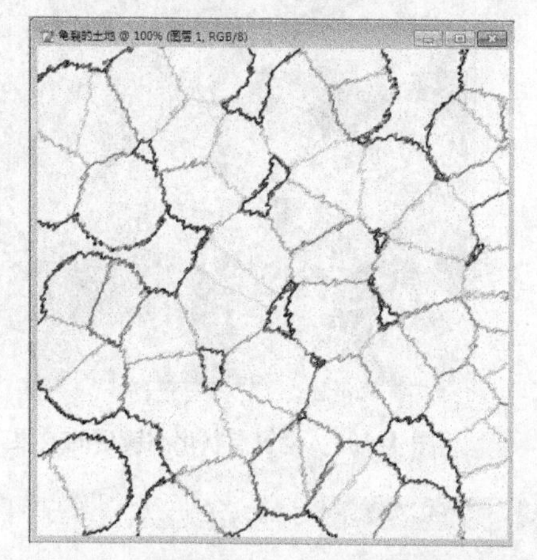

图 4–105　设置“查找边缘”滤镜后的效果

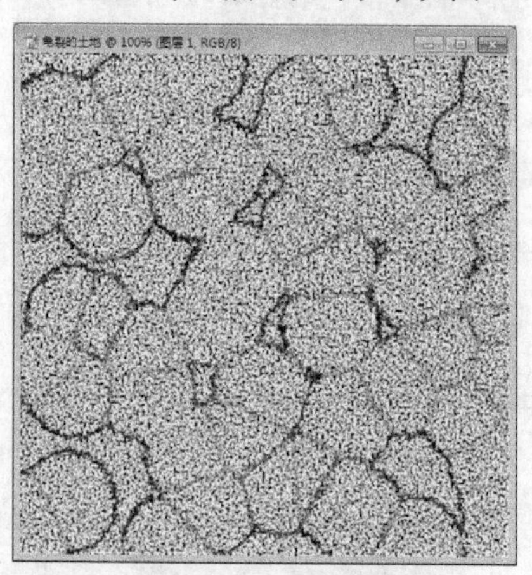

图 4–106　设置点状化滤镜后的效果

（8）在菜单栏选择“滤镜”→“渲染”→“光照效果”命令，在弹出的“光照效果”对话框中设置参数如图 4–107 所示。

（9）单击“好”按钮，得到最终效果图。

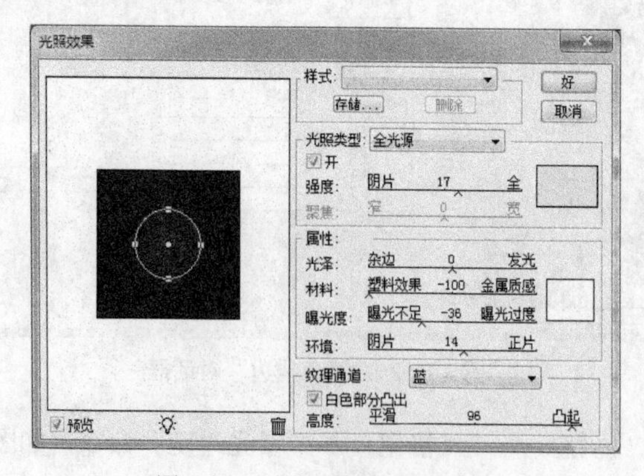

图 4–107　“光照效果”对话框

2. 利用绘图工具和滤镜效果，制作一枚徽章

效果如图 4-108 所示。

图 4-108　徽章效果图

操作提示：

（1）选择菜单栏“文件”→“新建”命令，新建一幅背景为白色，大小为 500 × 500 像素的图像。将前景色设置为灰色，使用油漆桶工具将画布填充为灰色。

（2）单击图层面板下方的“创建新的图层”，新建“图层 1”。选择工具箱中的“椭圆选框工具”，按住 Shift 键在文件中绘制一个正圆选区，并使用油漆桶工具填充白色。切换至“路径”面板，单击面板下方的“从选区生成工作路径”按钮将选区转化为路径。如图 4-109 所示。

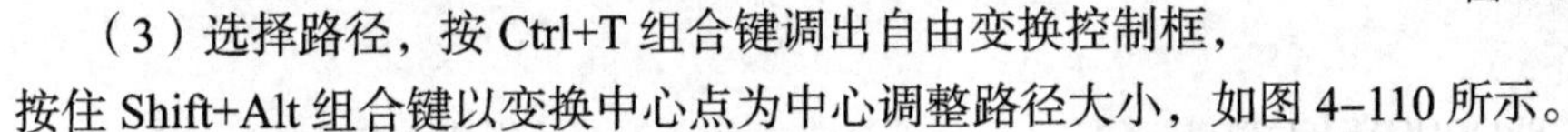

（3）选择路径，按 Ctrl+T 组合键调出自由变换控制框，按住 Shift+Alt 组合键以变换中心点为中心调整路径大小，如图 4-110 所示。

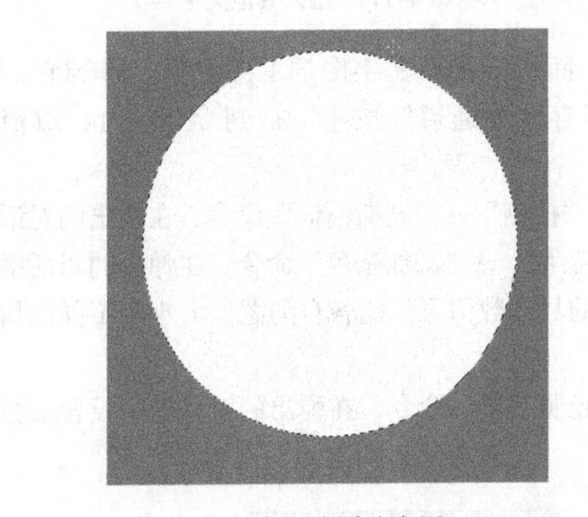

图 4-109　创建白色圆

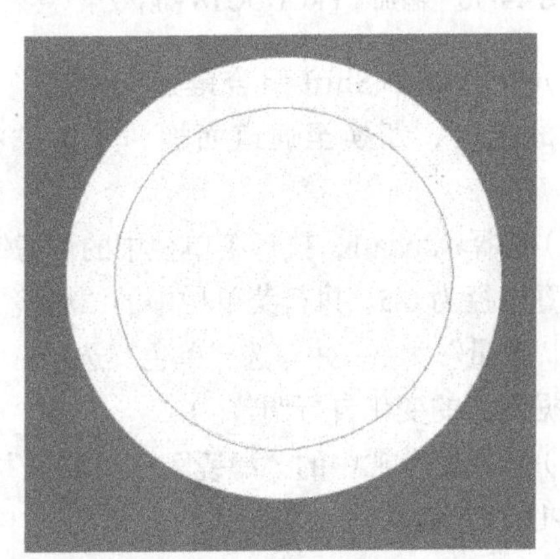

图 4-110　调整路径

（4）设置前景色为黑色，使用工具箱中的“横排文字工具”，在工具属性栏中设置适当的字体和字号，在路径上输入文字，并适当调整文字的间距和位置。如图 4-111 所示。

（5）单击工具箱中的“横排文字工具”，输入“2007”，在工具属性栏单击“创建变形文本”按钮，在弹出的如图 4-112 所示的“变形文字”对话框中选择“样式”为“扇形”并设置弯曲程度，效果如图 4-113 所示。

图 4-111　输入文字

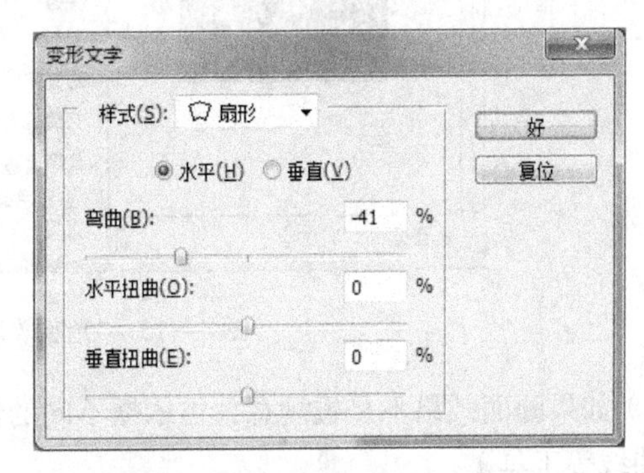

图 4-112　“变形文字”对话框

（6）保持前景色为黑色，分别输入其他的文字。如图 4-114 所示。

图 4-113　添加“PRODUCTS”后效果

图 4-114　输入其他文字

（7）按住 Ctrl+Shift 组合键连续单击“图层”面板中所有文字图层的缩览图，得到它们相加后的选区，切换至通道面板，单击“将选区存储为通道”按钮，得到 Alpha 1，取消选区。

（8）选择 Alpha 1，执行菜单栏中的“滤镜”→“模糊”→“高斯模糊”命令，在弹出的对话框中设置半径为 0.5。执行菜单栏中的“滤镜”→“杂色”→“添加杂色”命令，在弹出的对话框中设置“数量”为 2，并勾选“单色”选项。（所有的具体数值可依据各自的图像大小等不同的情况，依据画面的变化自行调整。）

（9）选择菜单栏中的“滤镜”→“渲染”→“光照效果”命令，在弹出的对话框中设置参数如图 4-115 所示。

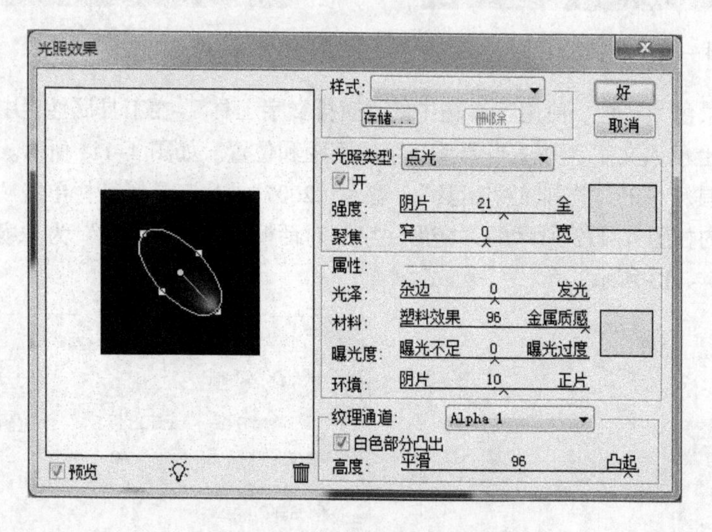

图 4-115　“光照效果”对话框

（10）如果画面效果不是很满意，可依据不同的情况对画面进行亮度等调整。（提示：可使用色阶或曲线等工具）

3. 利用滤镜制作水墨画效果

效果如图 4–116 所示。

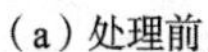

（a）处理前

（b）处理后

图 4–116　效果对比图

操作提示：

（1）按 Ctrl + O 组合键，打开素材文件（由教师提供）。

（2）选择“图层”控制面板，将“背景”图层连续三次拖曳到“创建新图层”按钮 上进行复制，生成新的图层副本，如图 4–117 所示。

（3）单击“背景副本 3”和“背景副本 2”图层左边的“眼睛”图标，将图层隐藏。选中“背景副本”图层，选择菜单栏“图像”→“调整”→“去色”命令，将图像去色，效果如图 4–118 所示。

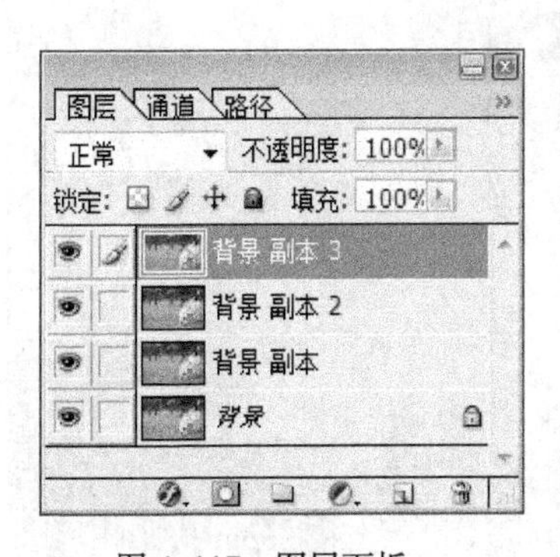

图 4–117　图层面板

图 4–118　图像去色

（4）选择“图像”→“调整”→“亮度/对比度”命令，在弹出的“亮度/对比度”对话框中进行设置，如图 4–119 所示，单击“好”按钮。

（5）选择“滤镜”→“模糊”→“特殊模糊”命令，在弹出的“特殊模糊”对话框中进行设置，如图 4–120 所示，单击“好”按钮。

（6）选择“滤镜”→“模糊”→“高斯模糊”命令，在弹出的“高斯模糊”对话框中设置半径为 2，单击“好”按钮。

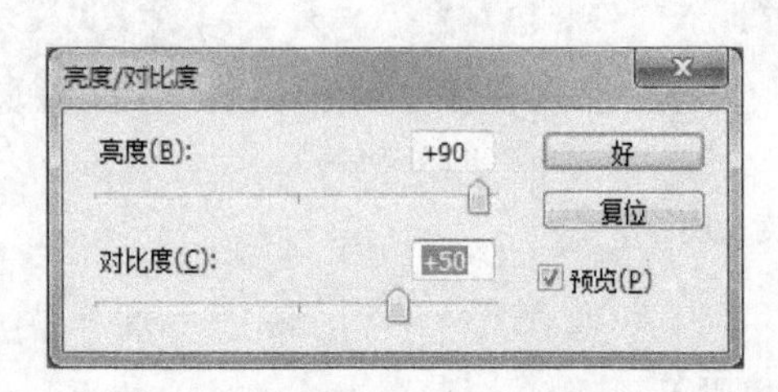

图 4–119 “亮度/对比度”对话框

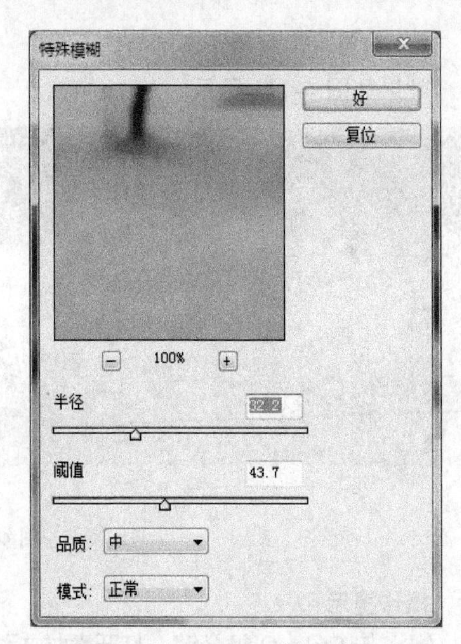

图 4–120 “特殊模糊”对话框

（7）选择“滤镜”→“杂色”→“中间值”命令，在弹出的“中间值”对话框中设置半径为 3 像素，单击“好”按钮。

（8）选中“背景副本 2”图层并单击左边的“眼睛”图标，显示该图层，按 Ctrl+Shift+U 组合键将图像去色。选择“图像”→“调整”→“亮度/对比度”命令，在弹出的“亮度/对比度”对话框中进行设置，如图 4–121 所示，单击“好”按钮。

（9）选择“滤镜”→“风格化”→“查找边缘”命令，效果如图 4–122 所示。

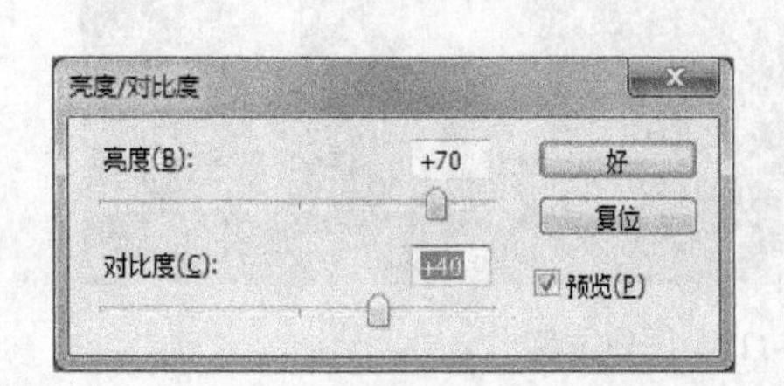

图 4–121 “亮度/对比度”对话框

图 4–122 查找边缘滤镜效果

（10）选择“图像”→“调整”→“曲线”命令，弹出“曲线”对话框，在曲线上单击鼠标添加控制点，将“输入”选项设为 75，“输出”选项设为 175，如图 4–123 所示，单击“好”按钮，效果如图 4–124 所示。

（11）选择“滤镜”→“模糊”→“高斯模糊”命令，在弹出的“高斯模糊”对话框中设置半径为 2.5，单击“好”按钮。

（12）在“图层”控制面板上方，将混合模式设为“正片叠底”，效果如图 4–125 所示。

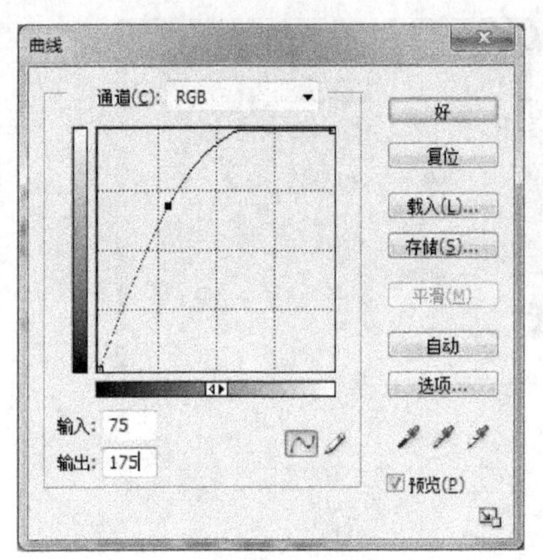

图 4-123　“曲线”对话框

图 4-124　设置曲线后效果

（13）选中“背景副本 3”图层并单击左边的“眼睛”图标，显示该图层，按 Ctrl+Shift+U 组合键将图像去色。

（14）选择“图像”→“调整”→“亮度/对比度”命令，在弹出的“亮度/对比度”对话框中设置亮度为 70，对比度为 100 并确定。

（15）选择“滤镜”→“模糊”→“特殊模糊”命令，在弹出的“特殊模糊”对话框中进行设置，如图 4-126 所示。

图 4-125　设置正片叠底后效果

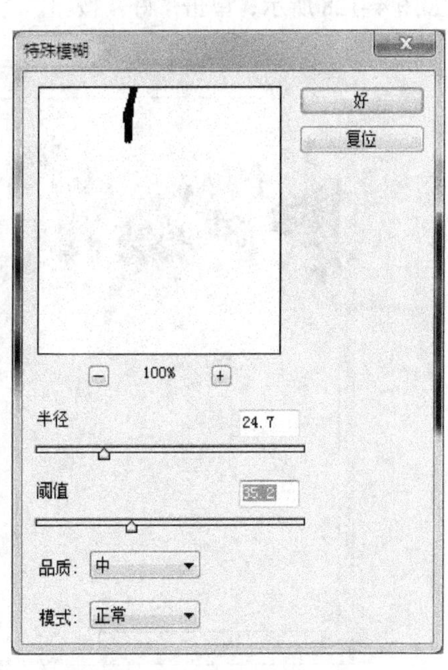

图 4-126　“特殊模糊”对话框

（16）选择“滤镜”→“模糊”→“高斯模糊”命令，在弹出的“高斯模糊”对话框中设置半径为 2，单击“好”按钮。

（17）选择“滤镜”→“画笔描边”→“喷溅”命令，在弹出的“喷溅”对话框中进行设置，如图 4-127 所示，单击“好”按钮。

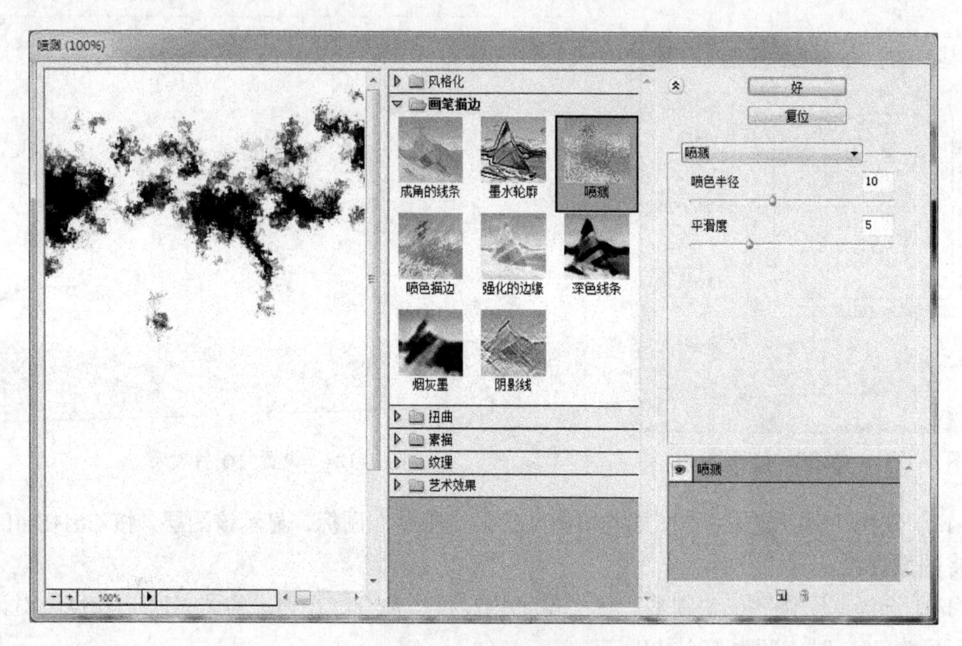

图 4-127 “喷溅”对话框

（18）选择“滤镜”→“纹理”→“纹理化”命令，在弹出的“纹理化”对话框中进行设置，如图 4-128 所示，单击“好”按钮。

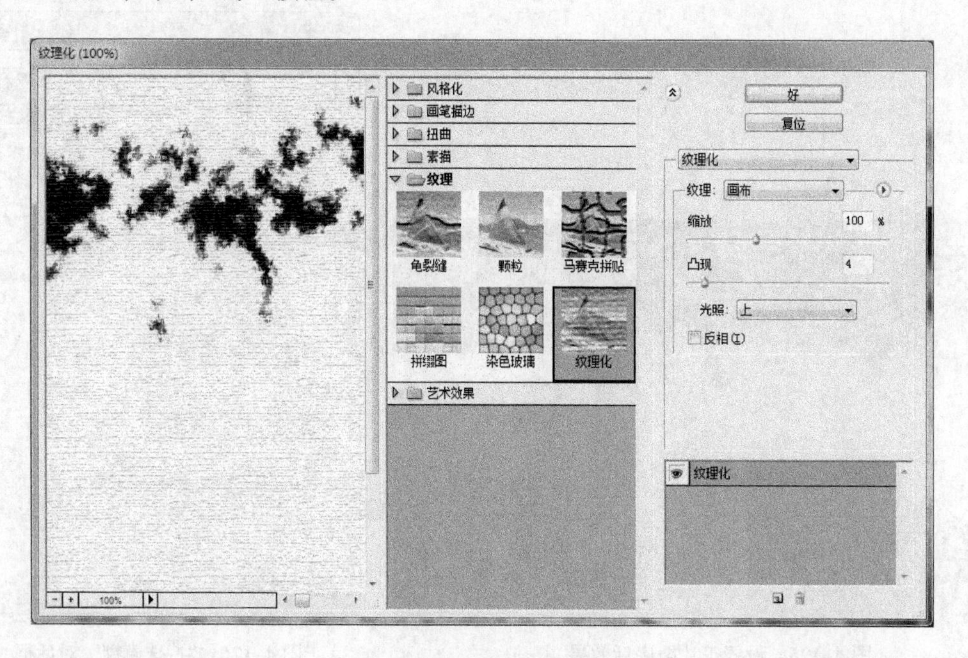

图 4-128 “纹理化”对话框

（19）在“图层”控制面板上方，将混合模式设为“正片叠加”，图像效果如图 4-129 所示。

（20）选择“直排文字”工具 T，分别在属性栏中选择合适的字体并设置文字大小，输入文字“官舍种莎僧对榻，生涯如在旧山贫。酒醒草檄闻残漏，花落移厨送晚春。水墨画松清睡眼，云霞仙氅挂吟身。霜台伏首思归切，莫把渔竿逐逸人。”，调整文字适当的行距，效果如图 4-130 所示。

图 4–129　设置正片叠加后效果

图 4–130　最终效果

实验六　综合实验

【实验目的】

1. 掌握各类工具的使用
2. 掌握图层的使用
3. 掌握文字处理和路径应用
4. 掌握滤镜的使用

【实验内容】

1. 各类工具的使用
2. 图层的使用
3. 文字处理和路径应用
4. 滤镜的使用

【实验步骤】

1. 制作春节贺卡

如图 4–131 所示。

（1）按 Ctrl+O 组合键，打开素材文件（由教师提供），如图 4–132 所示。

图 4–131　春节贺卡

图 4–132　素材图片

（2）单击“图层”控制面板下方的“创建新图层”按钮，生成新的图层并将其重命名为“红色春文字”。在工具箱的下方将前景色设为红色（其 R、G、B 的值分别为 218、0、1）。选择“矩形工具”，选中工具属性栏中的“路径”按钮和“添加到路径区域（+）”按钮，在图像窗口中的适当位置绘制路径。在工具箱中选择“路径选择工具”，选取所有绘制出的路径，如图 4–133 所示。

（3）单击工具属性栏中的“组合路径组件”按钮组合路径。在工具箱选择“钢笔工具”，在图像窗口中继续绘制路径，如图 4–134 所示。

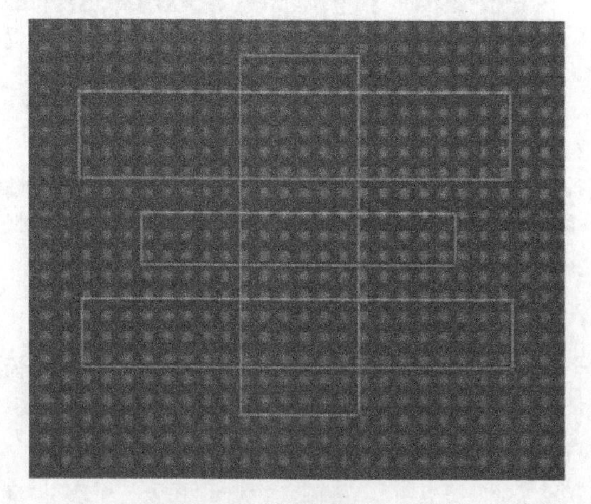

图 4–133　绘制路径

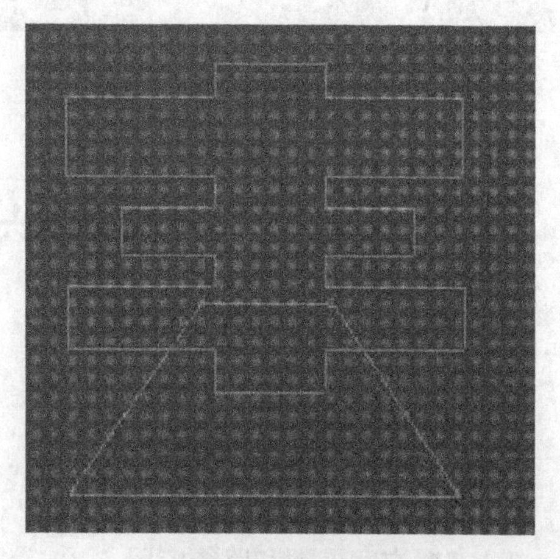

图 4–134　继续绘制路径

（4）使用相同方法将路径组合。选择“椭圆工具”，选中属性栏中的“路径”按钮和“添加到路径区域（+）”按钮，按住 Shift 键的同时，拖曳鼠标绘制圆形路径，效果如图 4–135 所示。

（5）使用相同方法制作路径组合效果。按 Ctrl+Enter 组合键，将路径转换为选区。按 Alt+Delete 组合键，用前景色填充选区。

（6）单击“图层”控制面板下方的“创建新图层”按钮，生成新的图层并将其命名为“黄色春文字”，将其拖曳到“红色春文字”图层的下方。将前景色设为黄色（R、G、B 的值分别为 255、251、2）。

（7）在菜单栏单击“选择”→“修改”→“扩展”命令，在弹出的对话框中进行设置，单击“好”按钮。按 Alt+Delete 组合键，用前景色填充选区，按 Ctrl+D 组合键，取消选区。

图 4–135　绘制圆形路径

（8）单击“图层”控制面板下方的“添加图层样式”按钮，在弹出的菜单中选择“投影”命令，在弹出的“图层样式”对话框进行设置，如图 4–136 所示。

（9）单击“图层”控制面板下方的“添加图层样式”按钮，在弹出的菜单中选择“外发光”命令，弹出“图层样式”对话框，单击“等高线”选项后面的按钮，在弹出的“等高线”选项中选择需要的样式，将发光颜色设置为白色，其他选项的设置如图 4–137 所示，单击“好”按钮。

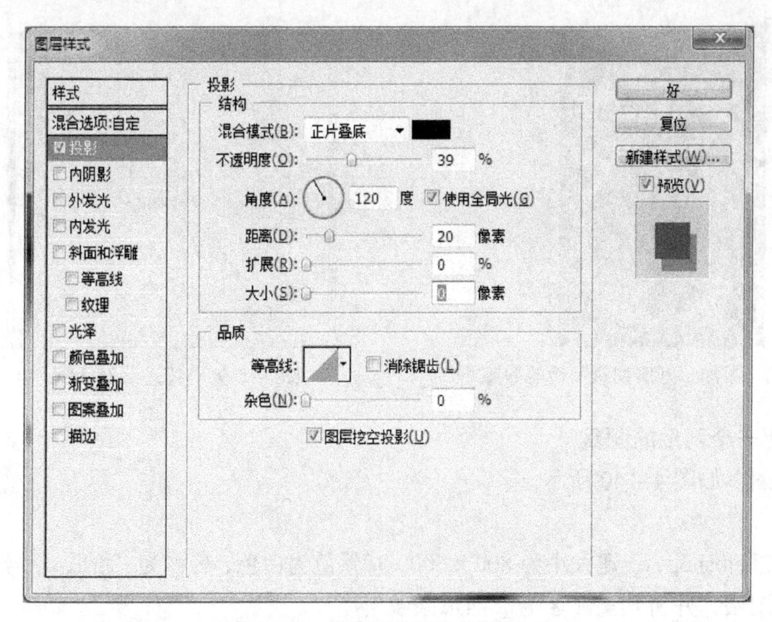

图 4-136　设置“投影”图层样式

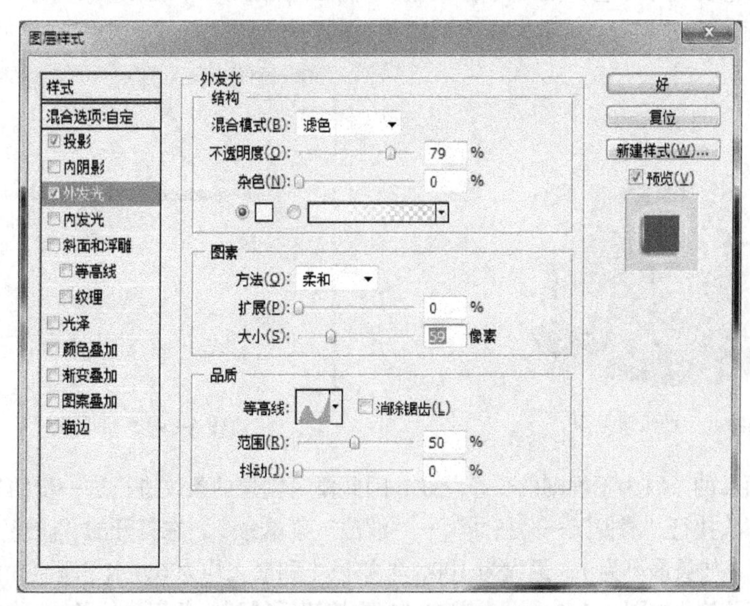

图 4–137　设置“外发光”图层样式

（10）按 Ctrl+O 组合键，打开“万事如意.jpg”素材文件，选择“移动”工具，将素材图片拖曳到图像窗口中，并调整其位置，效果如图 4–138 所示。在“图层”控制面板中将生成的新图层命名为“万事如意”。按 Ctrl+Alt+G 组合键，制作“万事如意”图层的剪贴蒙版。

（11）单击“图层”控制面板下方的“创建新图层”按钮，生成新的图层并将其命名为“圆形描边”。在工具箱的下方将前景色设为黄色(其 R、G、B 的值分别为 255、251、2)。选择“椭圆选框工具”，按住 Shift 键的同时，在图像窗口中绘制圆形选区。

（12）在选区内单击鼠标右键，在弹出的菜单中选择“描边”命令，弹出“描边”对话框，选项的设置如图 4–139 所示，单击“好”按钮，春节贺卡效果制作完成。

图 4–138　添加“万事如意”后的效果

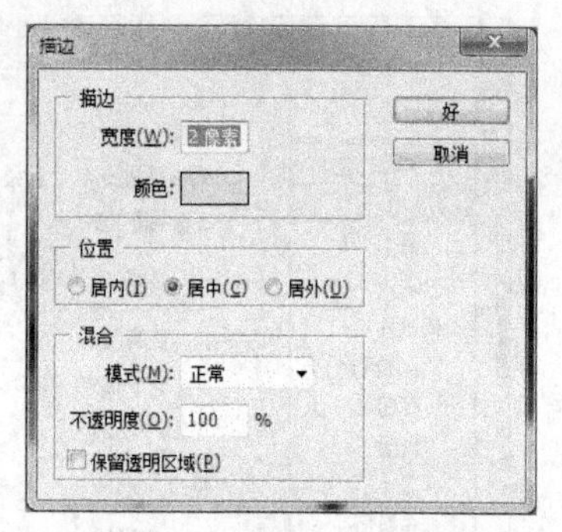

图 4–139　“描边”对话框

2. 制作出一个西瓜的图案

制作西瓜图案如图 4–140 所示。

操作提示：

（1）启动 Photoshop，新建大小为 800 × 600，背景色为白色，名称为“西瓜–学号姓名”的文件。

（2）新建图层，并将其重命名为“西瓜条纹”。

（3）将前景色设为深绿色，在工具箱中选择“椭圆选框工具”，在图层中单击鼠标并拖动画出一深绿色长椭圆，如图 4–141 所示，作为西瓜条纹的初始形态。

图 4–140　西瓜效果图

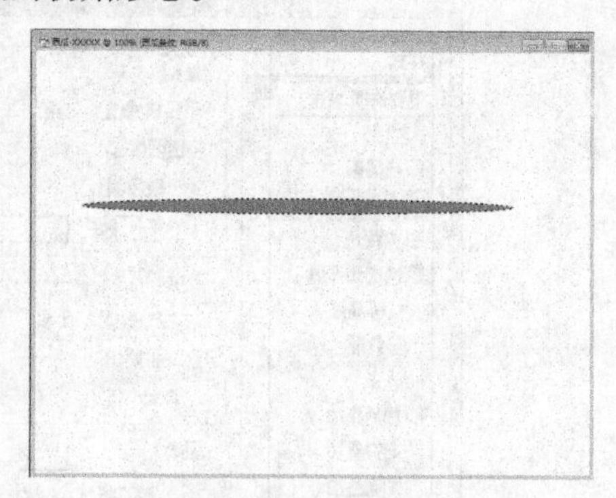

图 4–141　西瓜条纹

（4）由于西瓜的条纹为不规则的长条花纹，因此要对创建的条纹进行进一步的处理，使之与自然西瓜条纹相似。执行“滤镜”→“扭曲”→“波浪”菜单命令，在打开的“波浪”对话框中设置生成器数为 100，波长最小为 1，最大为 100，波幅最小和最大均为 6，水平垂直比例分别为 1% 和 10%，类型为正弦波，如图 4–142 所示。单击“好”按钮后得到一条弯曲的条纹，如图 4–143 所示。

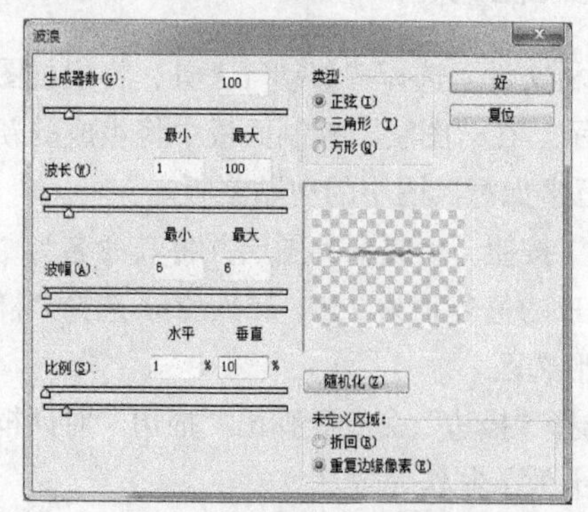

图 4–142　“波浪”对话框

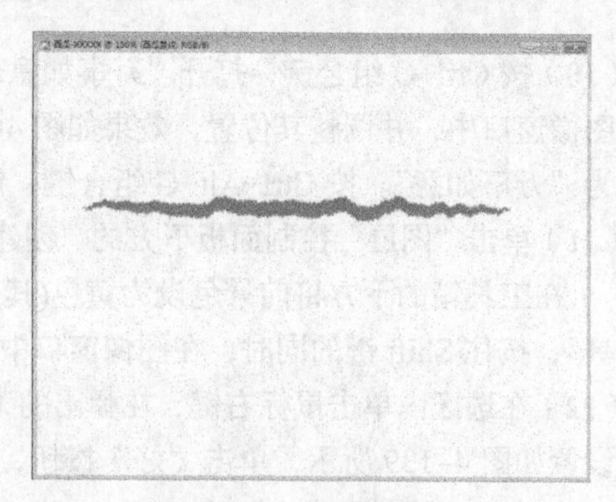

图 4–143　弯曲的波纹

（5）为得到西瓜条纹边缘分散的效果，执行“滤镜”→“扭曲”→“波纹”菜单命令，在打开的对话框中将数量设为 400%，得到近似西瓜条纹的图案，如图 4–144 所示。

（6）按住 Ctrl 键不放，同时用鼠标单击“西瓜图层缩览图”可得到西瓜条纹的选区，同时按住 Ctrl+Alt 组合键不放，用鼠标单击并拖动可将西瓜条纹复制到同一图层的另一位置，如此多次，得到全部的西瓜条纹，如图 4–145 所示。

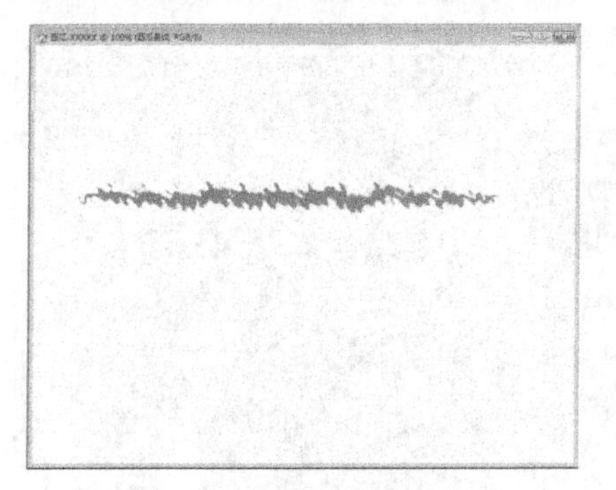

图 4–144　西瓜条纹图案

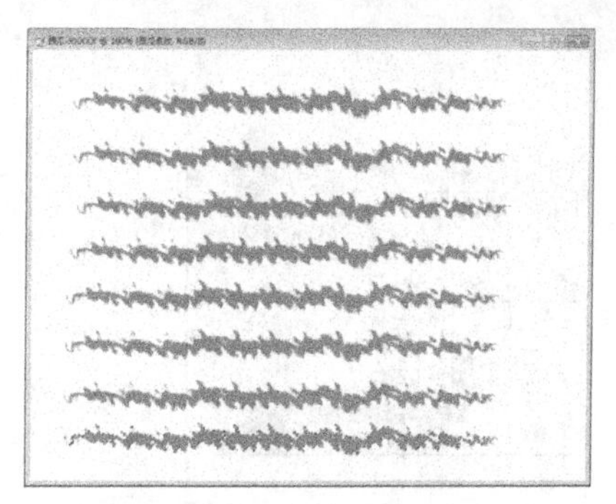

图 4–145　复制西瓜条纹

（7）西瓜的条纹有了，接下来就要制作分布在整个西瓜皮上的杂乱细花纹了，保持前景色为深绿色不变，背景色为白色，新建图层，并命名为“西瓜花纹”，单击“西瓜花纹”图层，使其为活动图层，执行“滤镜”→“渲染”→“云彩”菜单命令，则 Photoshop 根据前景色和背景色自动生成不规则的云雾状，如图 4–146 所示。

（8）执行“图像”→“调整”→“色阶”菜单命令，在弹出的对话框中将左侧暗调滑块向右拖动，如图 4–147 所示，单击“好”按钮后，则可产生杂乱的细条纹，如图 4–148 所示。

图 4–146　制作西瓜花纹

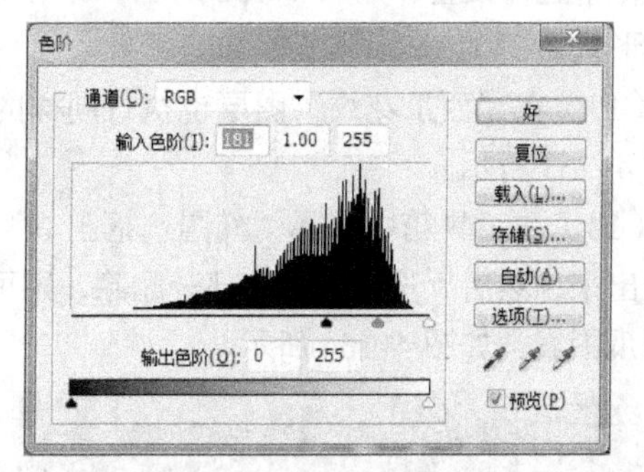

图 4–147　“色阶”对话框

（9）执行“滤镜”→“画笔描边”→“强化的边缘”菜单命令，可得到更清晰的细花纹，如图 4–149 所示。

图 4–148　杂乱细条纹

图 4–149　设置“强化的边缘”滤镜后的效果

（10）将“西瓜花纹”图层移至“西瓜条纹”图层下方，如图 4-150 所示。

（11）新建图层并命名为“西瓜底色”，使其为活动图层，设置前景色为“浅绿”色，全选该图层后用前景色填充该图层，然后将“西瓜底色”图层置于“西瓜花纹”图层下方，并将“西瓜花纹”图层的混合模式设置为“正片叠底”模式。则西瓜花纹的纹理就可以叠加在底色上，得到如图 4-151 所示的西瓜皮纹理。

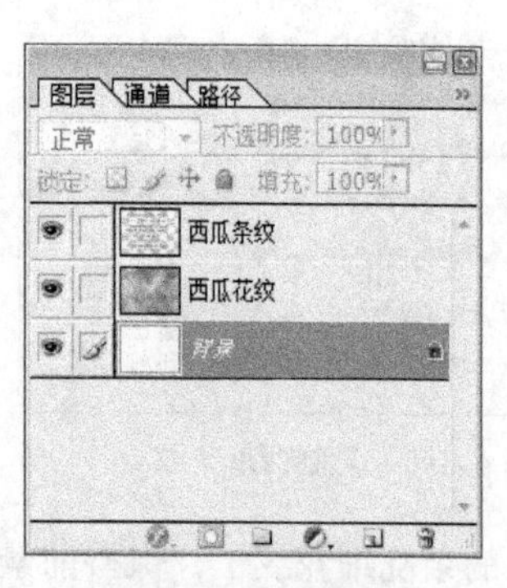

图 4-150　图层面板

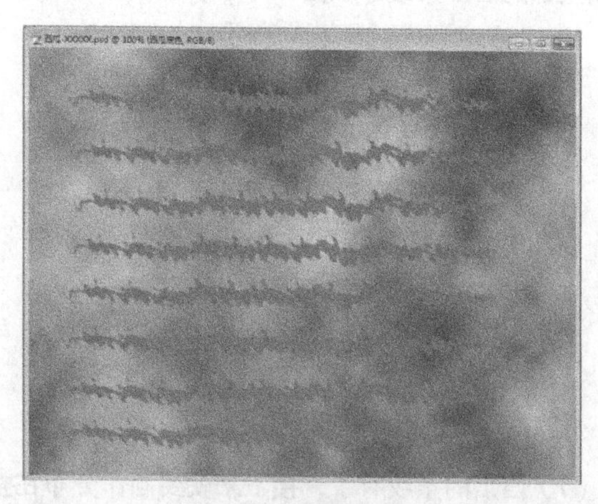

图 4-151　西瓜皮纹理

（12）西瓜皮的全部纹理做好了，下面就要用它来生成一个椭圆形的西瓜了。选择“西瓜条纹”图层为活动图层，执行“滤镜”→“扭曲”→“球面化”菜单命令，在弹出的“球面化”对话框中进行设置，如图 4-152 所示，即可得到一个椭圆形的西瓜形状。

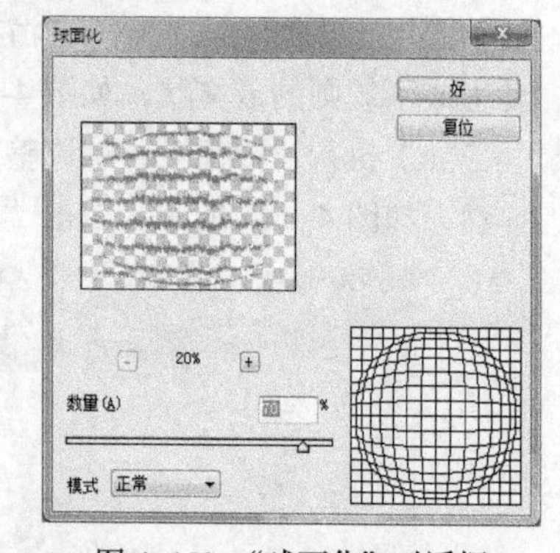

图 4-152　“球面化”对话框

（13）在“西瓜花纹”图层也执行同样的操作，得到效果如图 4-153 所示。

（14）在工具箱中选择“椭圆选框工具”将椭圆形的西瓜选取出来，然后反选，将其余部分删除，则可得到一个椭圆形的西瓜图案，如图 4-154 所示。

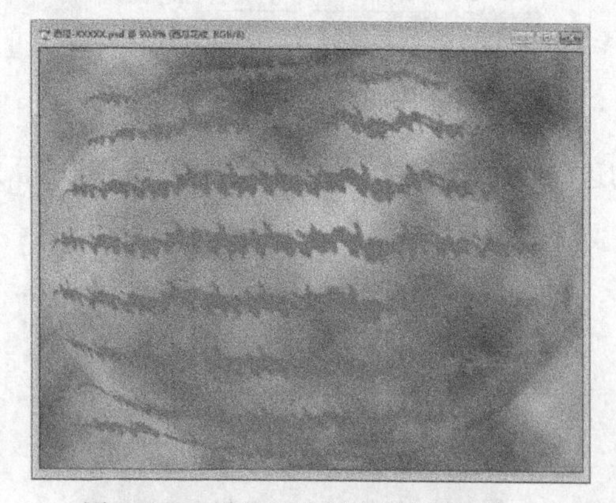

图 4-153　设置“球面化”滤镜效果

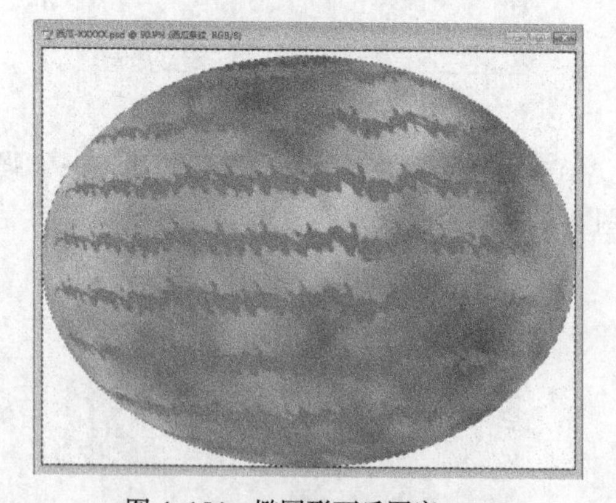

图 4-154　椭圆形西瓜图案

（15）为使西瓜条纹更加自然，执行“滤镜”→“艺术效果”→“海绵”菜单命令，在弹出的“海绵”对话框中进行设置则可使条纹更接近于自然西瓜的纹理，如图 4-155 所示。

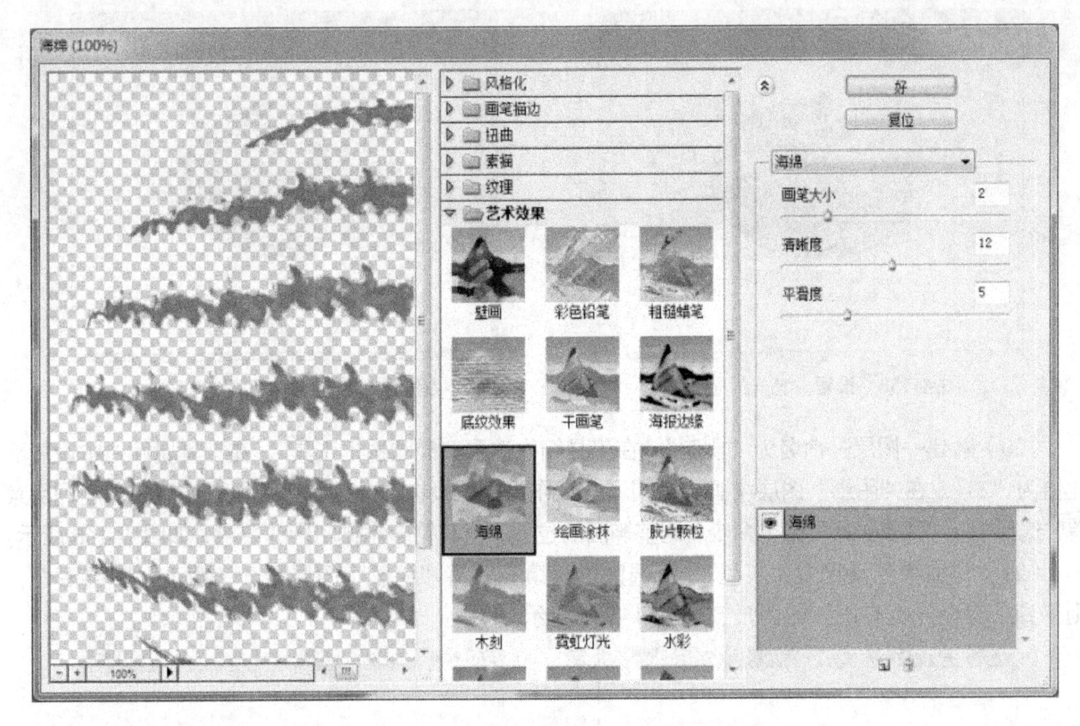

图 4–155　“海绵”对话框

（16）单击“背景”图层左侧的“眼睛图标”将“背景”图层隐藏，然后执行“图层”→“合并可见图层”菜单命令，将“西瓜条纹”、“西瓜花纹”、“西瓜底色”三图层合并。合并后的图层重命名为“西瓜”图层，然后执行“编辑”→“变换”→“缩放”菜单命令，将西瓜图案的大小和位置调整合适，如图 4–156 所示。

（17）下面开始为西瓜增加一些质感，即为西瓜增加光线照亮的部分和阴影的部分，新建图层“亮光”，使其为活动图层，在工具箱中选择“画笔工具” ，在工具属性栏中将笔尖大小设置为“300 像素”，将前景色设置为白色，在“亮光”图层上着色，如图 4–157 所示。

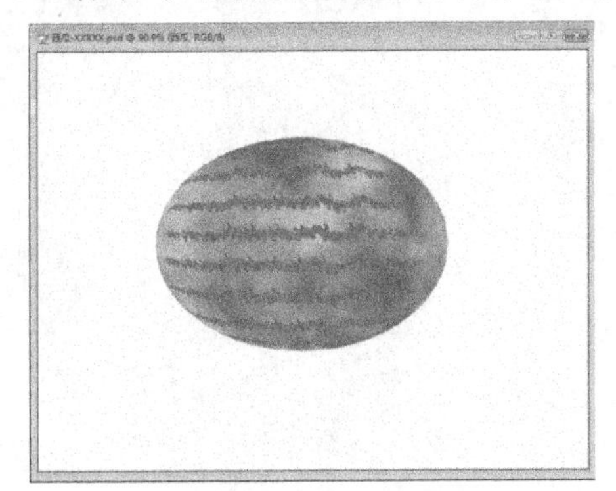

图 4–156　调整西瓜大小和位置

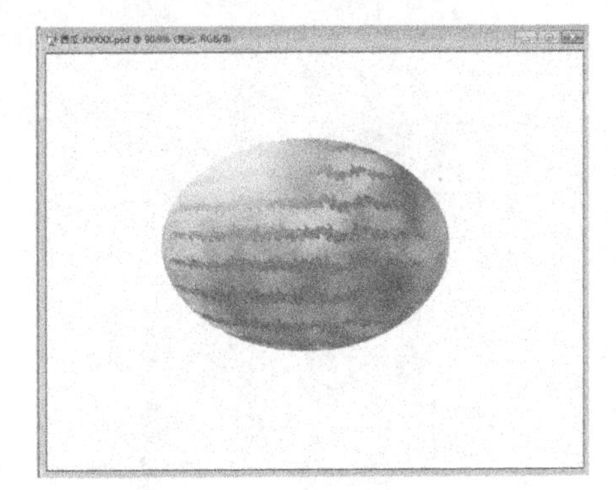

图 4–157　添加亮光

（18）将“亮光”图层的图层混合模式设置为“亮光”模式，则可得到西瓜的高光部分，如图 4–158 所示。

（19）单击“西瓜”图层，使其为活动图层，选取工具箱中的“加深工具” ，在西瓜右下侧单击拖动，得到西瓜阴暗的部分，如图 4–159 所示。

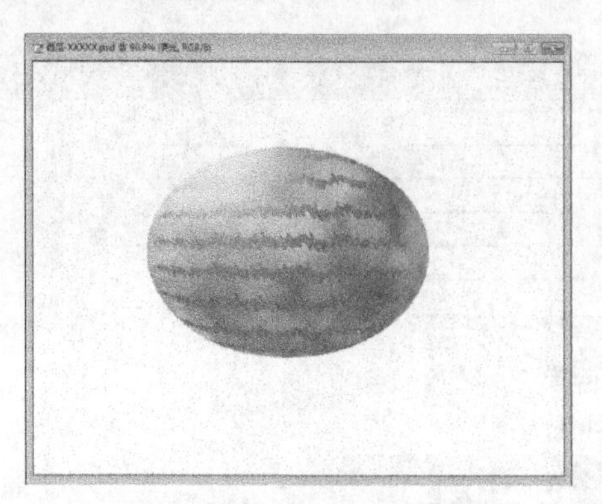

图 4-158　设置“亮光”模式

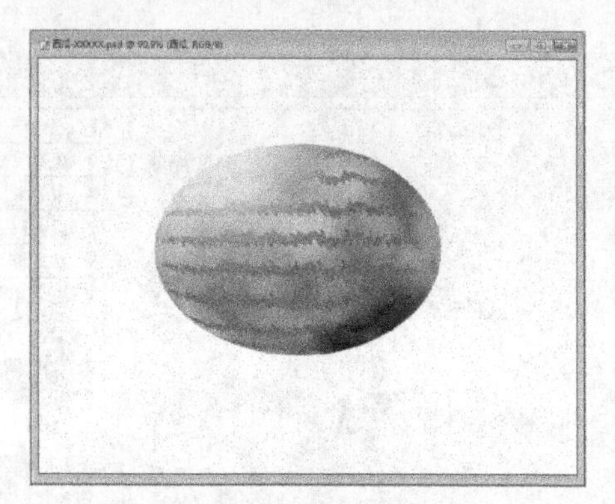

图 4-159　制作西瓜阴暗部分

（20）新建一图层并命名为“阴影”，在工具箱中选取“椭圆选框工具”，在工具属性栏中设置羽化值为“20”，在“阴影”图层中画一椭圆形选区作为西瓜投在地上的阴影，根据光照的角度利用菜单“选择”→“变换选区”菜单命令，调整椭圆的位置，使其符合制作阴影的要求，如图 4-160 所示。

（21）将前景色设置为“灰色”，对选区进行填充，将“阴影”图层置于“西瓜”图层下方，则得到了有亮光也有阴影的西瓜，如图 4-161 所示。

图 4-160　绘制椭圆选区

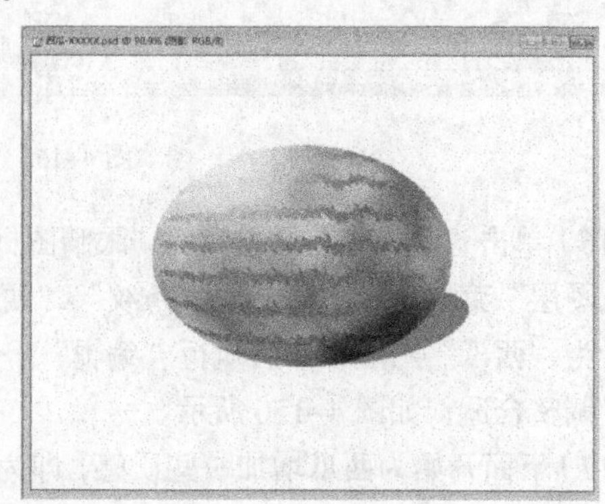

图 4-161　西瓜效果图

第 5 章 动画技术

实验一 Flash 8 的基本操作

【实验目的】

1. 掌握 Flash 文档的新建、保存和发布方法
2. 掌握工具箱中常用工具的使用方法

【实验内容】

1. Flash 8 的基本操作
2. 设置背景
3. 制作生日蛋糕
4. 测试 Flash 文档
5. 发布 Flash 文档

【实验步骤】

Flash 是 Macromedia 公司推出的一种优秀的动画编辑软件，Flash 8 是常用的一个版本。使用该软件，用户不但可以在动画中加入声音、视频和位图图像，还可以制作交互式的影片或者具有完备功能的网站。

本次实验通过绘制生日蛋糕来熟悉 Flash 8 的基本操作。新建一个 Flash 文档，制作如图 5–1 所示的生日蛋糕，以文件名“生日蛋糕—专业班级学号姓名.fla”保存在 E 盘。

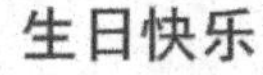

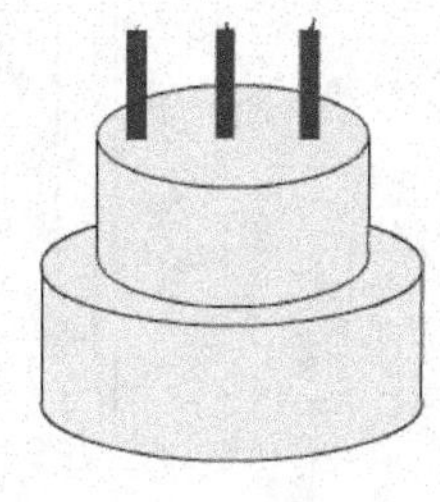

图 5–1 生日蛋糕

1. Flash 8 的基本操作

（1）打开 Flash 8。

操作提示：

方法一：在桌面双击图标即可启动 Flash 8

方法二：单击“开始”→“所有程序”→“Macromedia”→“Flash”，启动 Flash 8。如图 5–2 所示。

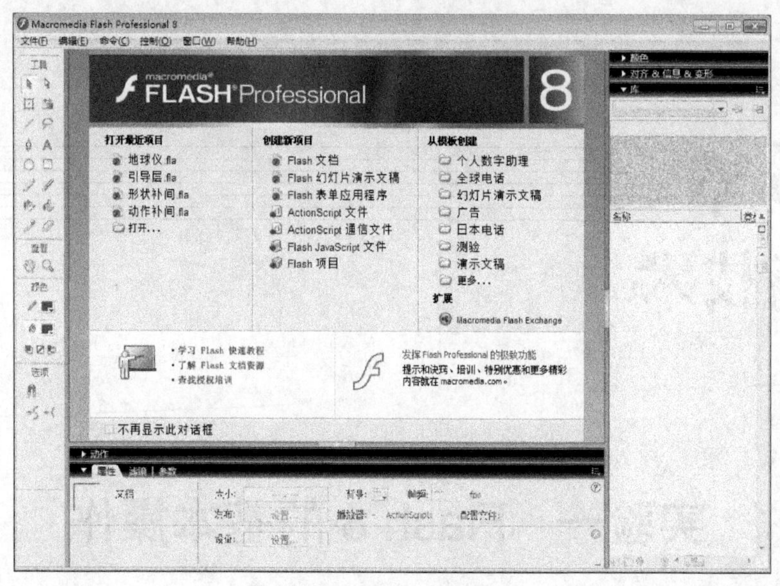

图 5-2　Flash 主界面

（2）创建 Flash 文档。

操作提示：

方法一：在开始页中，选择“创建新项目”下的“Flash 文档”，即可创建一个新的 Flash 文档。

方法二：在菜单栏中选择“文件”→“新建”命令，打开“新建文档”对话框，在“常规”选项卡下选择“Flash 文档”，按“确定”键即可。如图 5-3 所示。

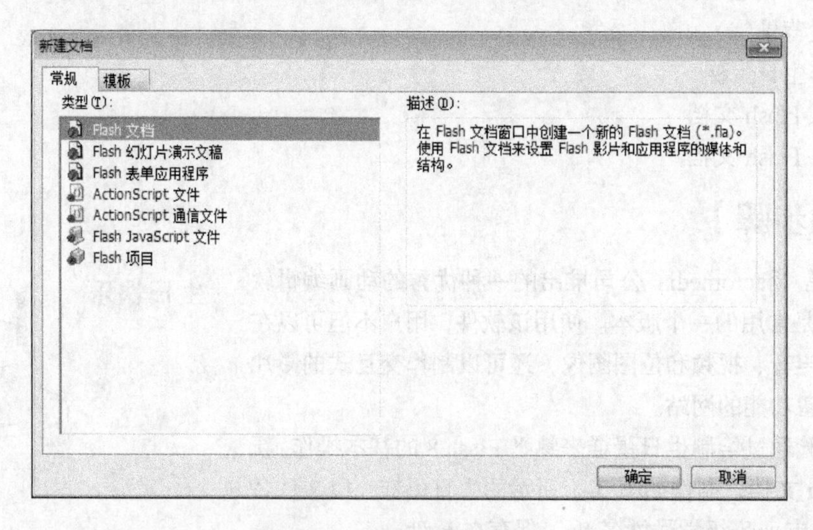

图 5-3　“新建文档”对话框

方法三：使用 Ctrl+N 组合键，打开“新建文档”对话框，在“常规”选项卡下选择“Flash 文档”，按“确定”键即可。

（3）保存 Flash 文档。

操作提示：

方法一：在菜单栏中选择“文件”→“保存”命令，弹出“另存为”对话框，设置文件名为

“生日蛋糕—专业班级学号姓名.fla”，并保存在 E 盘。

方法二：按 Ctrl+S 组合键，弹出“另存为”对话框，修改保存路径和文件名后保存。

2. 设置背景

操作提示：

方法一：在菜单栏中选择“修改”→“文档”命令，弹出“文档属性”对话框，设置尺寸为宽 550px，高 400px，背景颜色为浅蓝色，帧频为 12fps。如图 5–4 所示。

方法二：单击舞台，在“属性”面板中设置大小、背景和帧频，如图 5–5 所示。

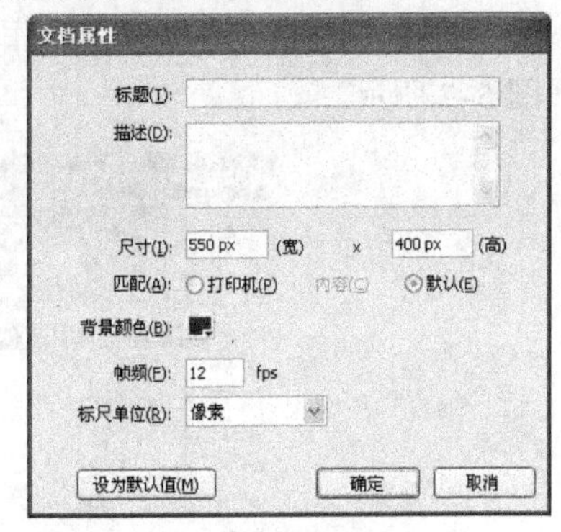

图 5–4　文档属性

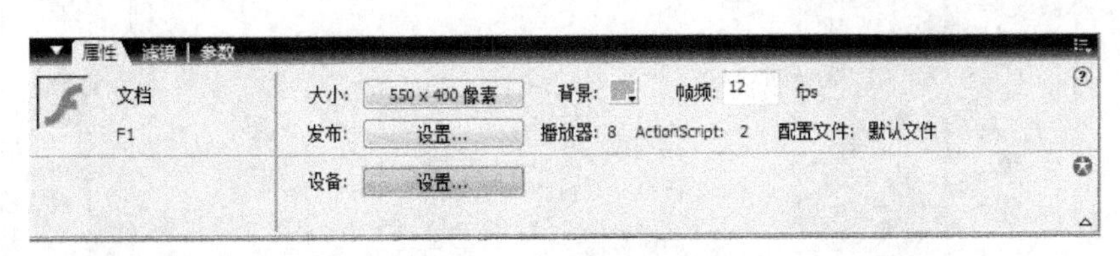

图 5–5　属性面板

3. 制作生日蛋糕

（1）绘制蛋糕胚。

操作提示：

① 选择工具箱中的“椭圆工具”，修改“属性”面板中的笔触颜色为白色，填充颜色为黄色，在舞台中画出椭圆形，如图 5–6 所示。

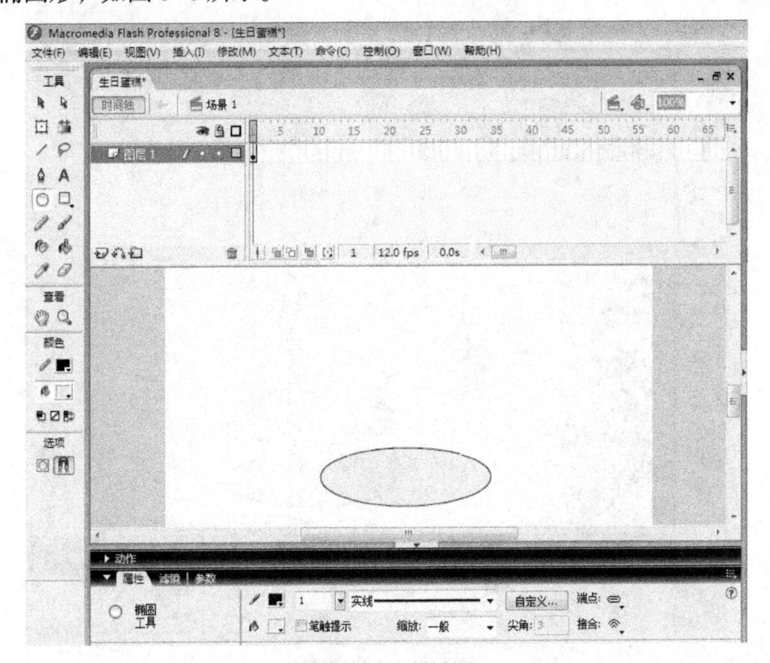

图 5–6　绘制椭圆

② 选中工具箱中的“选择工具”，使用 Ctrl+A 组合键选中椭圆，使用 Ctrl+C 组合键进行复制，然后在菜单栏中选择“编辑”→“粘贴到当前位置”命令，此时，两个椭圆重叠在一起。

③ 粘贴之后，不做其他操作，立刻按住键盘上的↑快捷键，调整两个椭圆的位置，效果如图 5-7 所示。

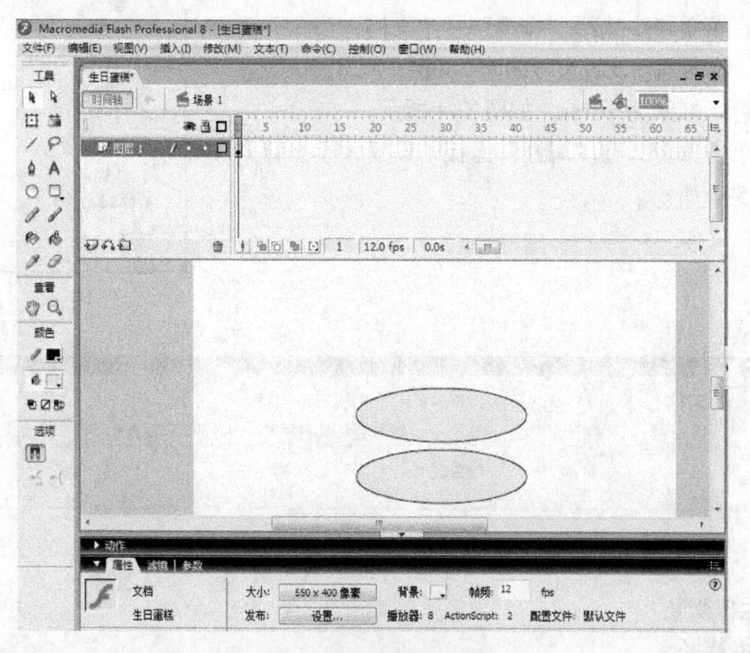

图 5-7 调整椭圆位置

④ 使用工具箱中的“直线工具”，将笔触颜色设为白色，然后分别在两个椭圆的两侧画一条直线，把两个椭圆连起来，形成一个圆柱体，如图 5-8 所示。

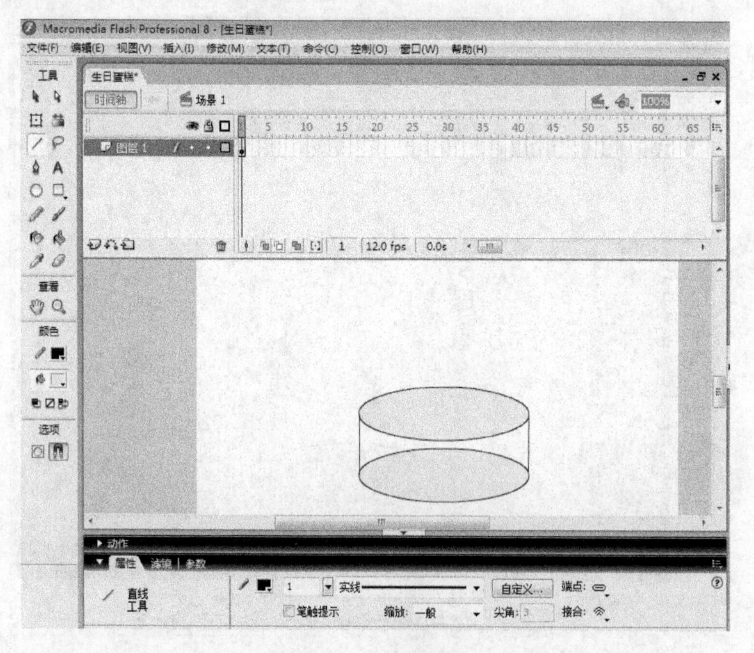

图 5-8 绘制圆柱形

⑤ 使用工具箱中的“选择工具”，选中图 5-8 底部圆中内侧弧线，将其删除，效果如图 5-9 所示。

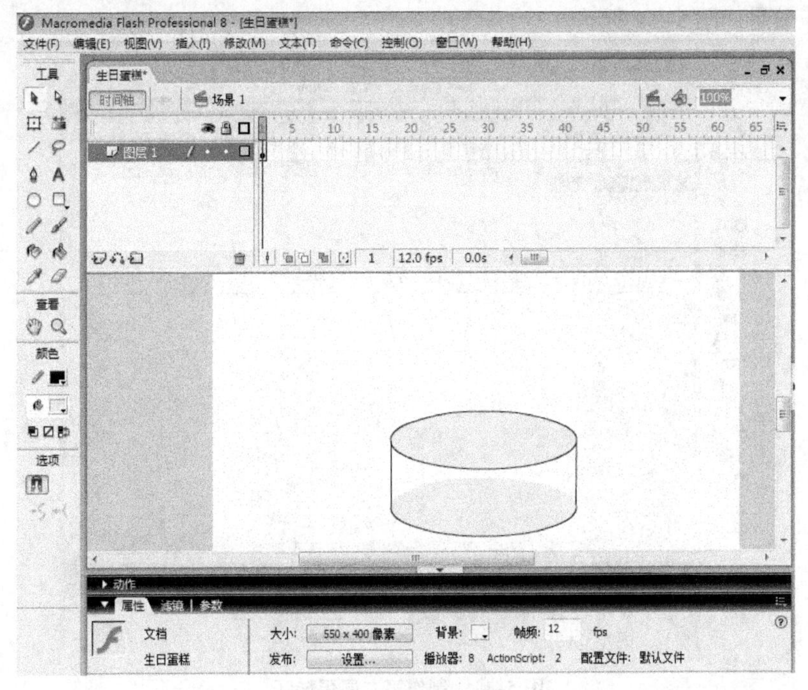

图 5-9　删除弧线

⑥ 选中工具箱中的“颜料桶工具”，修改“属性”面板中的填充颜色为黄色，将蛋糕胚中未填色的部位填上黄色。效果如图 5-10 所示。

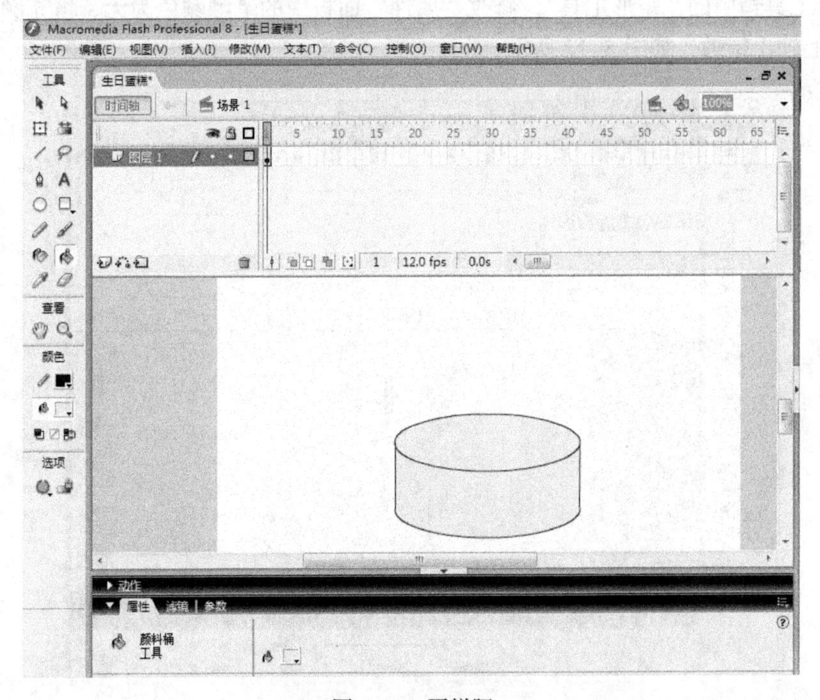

图 5-10　蛋糕胚

⑦ 选中工具箱中的“选择工具”，使用 Ctrl+A 组合键选中蛋糕胚，使用 Ctrl+C 组合键复制，再使用 Ctrl+V 组合键粘贴。粘贴完成后，使用工具栏中的“任意变形工具”调整第二层蛋糕胚的大小和位置，效果如图 5–11 所示。

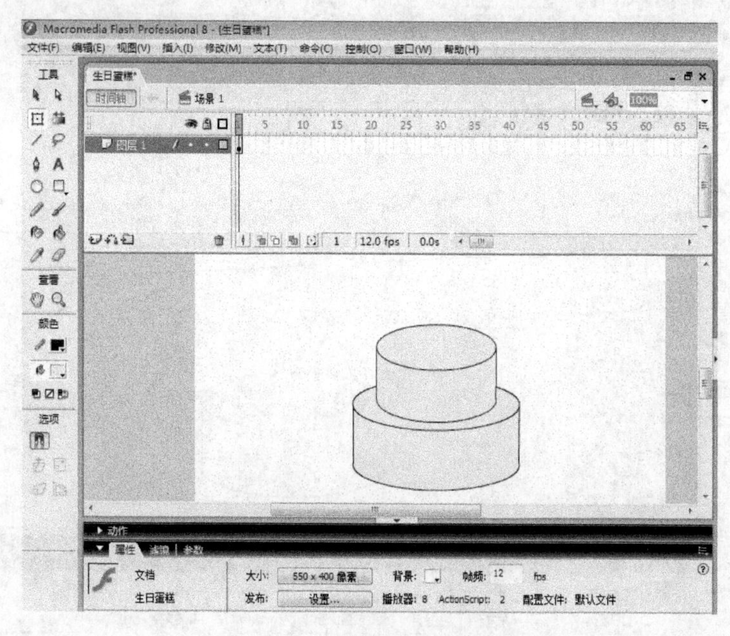

图 5–11　制作第二层蛋糕胚

（2）绘制蜡烛。

操作提示：

① 选择工具箱中的“矩形工具”，修改“属性”面板中的笔触颜色为无、填充颜色为红色，然后在蛋糕上画出蜡烛，如图 5–12 所示。

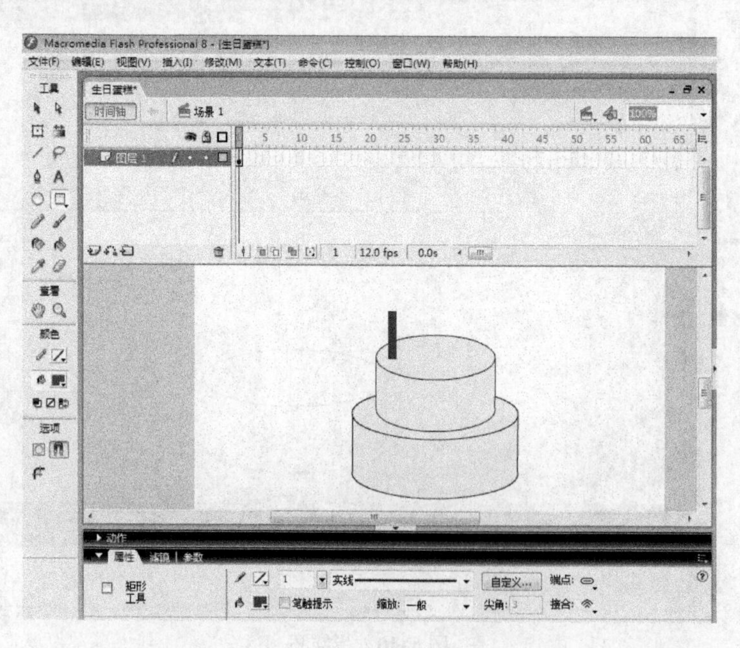

图 5–12　绘制蜡烛

② 使用选择工具选择蜡烛，按 Ctrl+C 组合键复制，再使用 Ctrl+V 组合键两次，复制出两根新的蜡烛，然后调整蜡烛位置。

③ 使用工具栏中的“铅笔工具”，画上蜡烛的烛芯，生日蛋糕即制作完成，效果如图 5-13 所示。

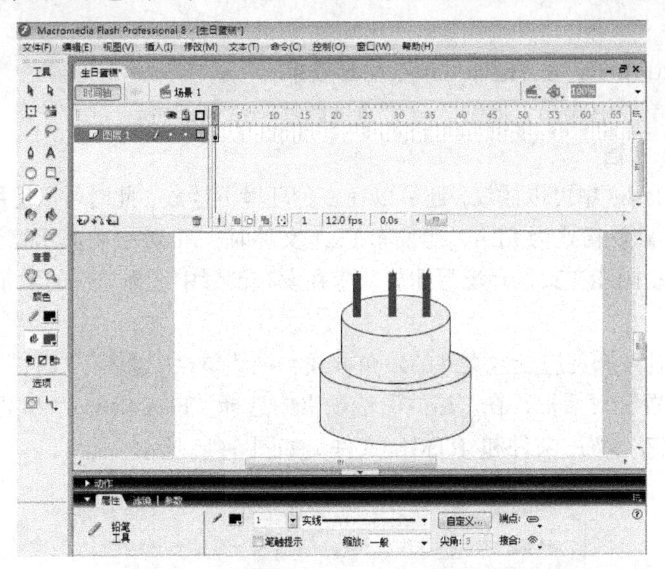

图 5-13　生日蛋糕

（3）输入文字。

操作提示：

① 单击图层区域“插入图层”按钮，新增图层 2。

② 选择图层 2 中的第 1 帧，在工具箱中选择“文本工具” A，在“属性”面板中，将“字体”设置为黑体，“文本（填充）颜色”设置为红色，“字体大小”设置为 30。在舞台上输入“生日快乐”字样，并使用“选择工具”调整文本的位置。效果如图 5-14 所示。

图 5-14　输入文字

③ 按 Ctrl+S 组合键保存 Flash 文档。

4. 测试 Flash 文档

Flash 文档制作好后，需要观看动画的动态效果来测试影片。

操作提示：

方法一：按 Ctrl+Enter 组合键即可预览动画效果。

方法二：在菜单栏中选择“控制”→“测试影片”命令即可。

5. 发布 Flash 文档

Flash 除了在 Flash8 中可以播放，还可以在多种环境下播放，此时可以使用 Flash 的影片发布功能。Flash 文档的默认格式为 FLA，当发布 FLA 文件时，Flash 会将其压缩为 SWF 文件格式。如果希望所创建的动画能在其他环境下播放，应在发布设置中选择相应的发布类型。

（1）发布设置。

操作提示：影片发布前应配置文件的发布方式，在菜单栏中选择“文件”→“发布设置”命令，打开“发布设置”对话框，在“格式”选项卡中选择“Flash(.swf)”和“HTML(.html)”，此操作使 Flash8 只发布 SWF 文件和 HTML 文件。如图 5-15 所示。

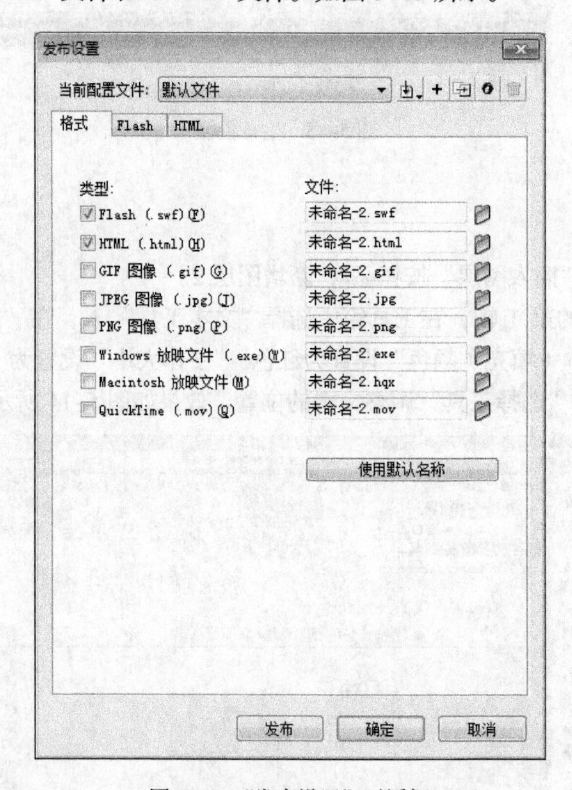

图 5-15 “发布设置”对话框

（2）发布预览。

操作提示：发布设置之后，在菜单栏中选择“文件”→“发布预览”命令，选择需要预览的格式即可预览效果。

（3）发布。发布将 FLA 格式文件复制并转换成其他格式的文件。

操作提示：在菜单栏中选择“文件”→“发布”命令，Flash8 根据发布设置，创建文件并保存在 FLA 格式文件所在的文件夹中。

实验二　元件的制作

【实验目的】

1. 了解元件的分类
2. 掌握各类元件的制作方法
3. 掌握元件实例的使用方法

【实验内容】

1. 制作图形元件
2. 制作影片剪辑元件
3. 制作按钮元件

【实验步骤】

元件是在 Flash 动画中可重复使用的对象。在 Flash 中，元件包括图形、按钮、影片剪辑三类。使用元件可以显著减小动画文件大小，还可以加快动画的播放速度。

1. 使用图形元件制作花瓣的 Flash 动画

使用图形元件制作花瓣的 Flash 动画，以文件名“花瓣—专业班级学号姓名.fla”保存在 E 盘。

操作提示：

（1）启动 Flash 8 应用程序，在菜单栏中选择“文件” → “新建”命令，即可创建一个新的 Flash 动画文件。

（2）在菜单栏中选择“插入” → “新建元件”命令，弹出“创建新元件”对话框，如图 5-16 所示，修改名称为“花瓣”，类型为“图形”，单击“确定”按钮即可进入花瓣元件的编辑窗口。

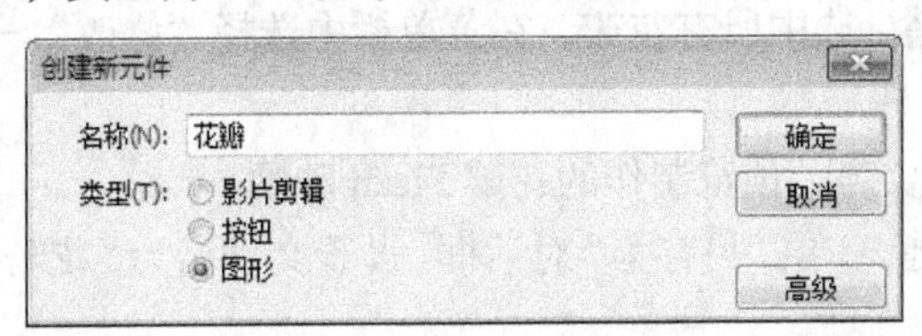

图 5-16　创建花瓣元件

（3）选择工具箱中的“椭圆工具”，修改“属性”面板中的笔触颜色为无，填充颜色为粉红色（#FFCCCC），如图 5-17 所示。

（4）在舞台中画出一个椭圆，如图 5-18 所示。

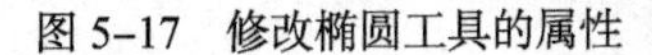

图 5-17　修改椭圆工具的属性

图 5-18　在舞台中画出椭圆

（5）单击编辑栏中的“场景 1” ，返回场景 1 的舞台，在“库”面板中选中“花瓣”元件，如图 5-19 所示，将其拖动到场景 1 的舞台中。

（6）选择工具箱中的“任意变形工具”，选中花瓣，将中心点移到花瓣底部，如图 5-20 所示。

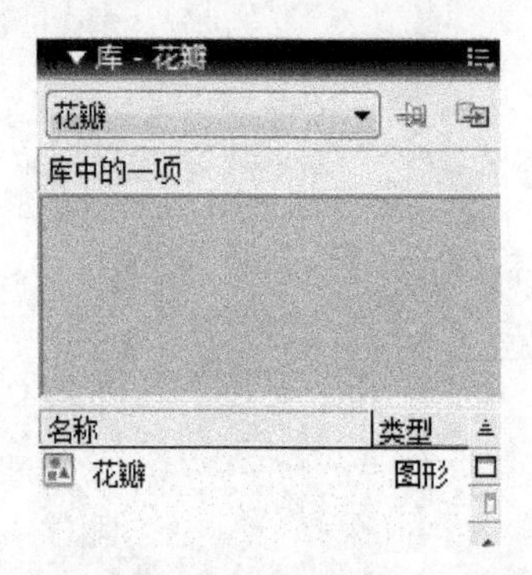

图 5-19　库面板

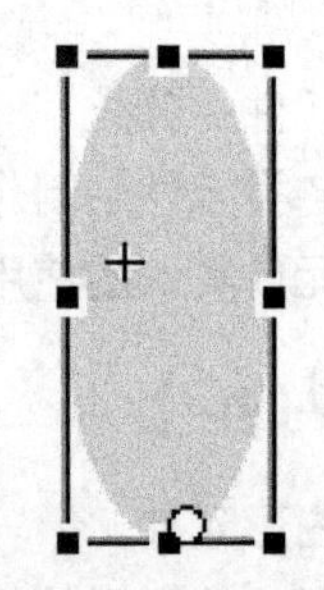

图 5-20　修改花瓣的中心点

（7）在菜单栏中选择“窗口”→“变形”命令，打开“变形”面板，如图 5-21 所示，修改旋转度数为“72.0 度”，然后单击“复制并应用变形”按钮 四次，效果如图 5-22 所示。

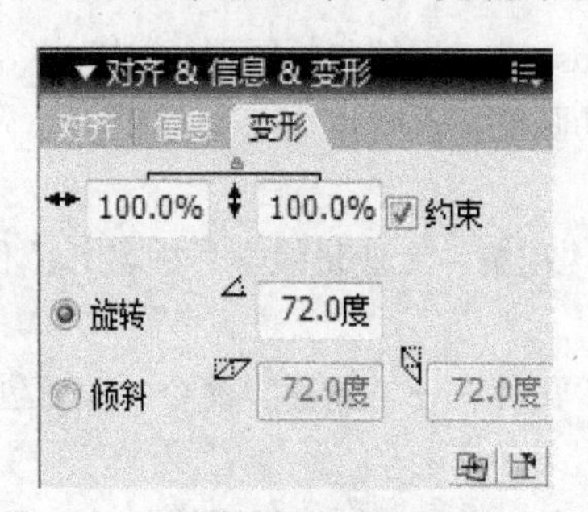

图 5-21　设置旋转度数

图 5-22　花瓣

（8）按 Ctrl+A 组合键，选中所有花瓣，在菜单栏中选择“修改”→“组合”命令，花瓣制作完成。

（9）按 Ctrl+Enter 组合键，预览制作的花瓣 Flash 动画。

（10）按 Ctrl+S 组合键，弹出“另存为”对话框，设置文件名为“花瓣—专业班级学号姓名.fla”，并保存在 E 盘。

2. 使用影片剪辑元件制作闪动的五角星的 Flash 动画

使用影片剪辑元件制作闪动的五角星的 Flash 动画，以文件名“五角星—专业班级学号姓名.fla”保存在 E 盘。

操作提示：

（1）启动 Flash 8 应用程序，在菜单栏中选择“文件”→“新建”命令，即可创建一个新的 Flash 动画文件。

（2）在菜单栏中选择“插入”→“新建元件”命令，弹出“创建新元件”对话框，如图 5-23 所示，修改名称为“五角星”，类型为“影片剪辑”，单击“确定”按钮即可进入五角星元件的编辑窗口。

图 5–23 创建影片剪辑元件

（3）选择图层 1 中的第 1 帧，使用工具箱中的“多角星形工具”，修改“属性”面板中的笔触颜色为无，填充颜色为红色，如图 5–24 所示。

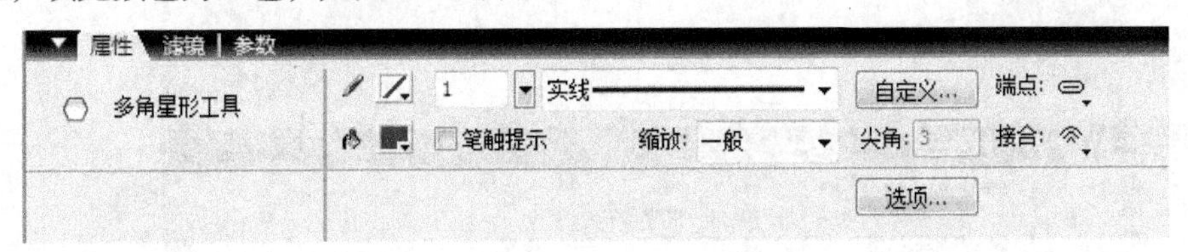

图 5–24 设置多角星形的颜色

（4）在“属性”面板中单击“选项”按钮，弹出“工具设置”对话框，设置“样式”为“星形”，如图 5–25 所示，单击“确定”按钮。

（5）在舞台中绘制一个五角星，如图 5–26 所示。

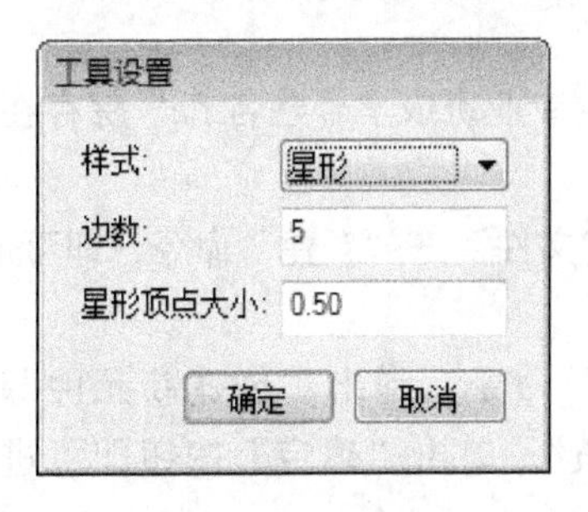

图 5–25 设置样式为星形

图 5–26 绘制五角星

（6）在帧格中选择图层 1 中的第 3 帧，单击鼠标右键，在弹出的快捷菜单中选择“插入关键帧”。

（7）在帧格中选择图层 1 中的第 5 帧，单击鼠标右键，在弹出的快捷菜单中选择“插入关键帧”。

（8）在帧格中选择图层 1 中的第 3 帧，在菜单栏中选择“窗口”→“变形”命令，打开“变形”窗口，如图 5–27 所示，设置宽度为 50.0%，高度为 50.0%，按 Enter 键确定。

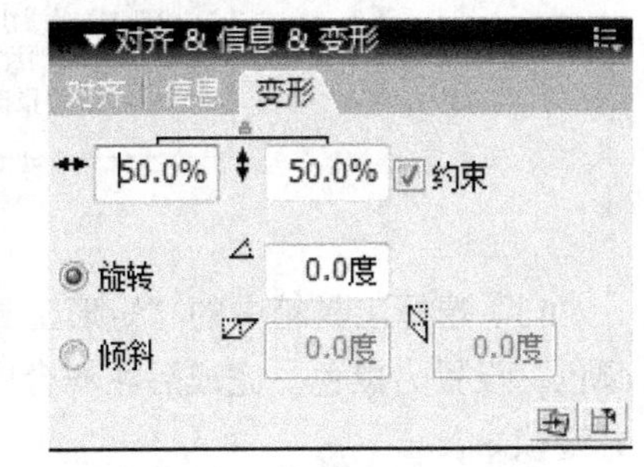

图 5–27 修改五角星的大小

（9）单击编辑栏中的“场景 1”，返回场景 1 的舞台，在“库”面板中选中“五角星”元件，将其拖动到场景 1 的舞台中，连续拖动两次。如图 5–28 所示。

（10）按 Ctrl+Enter 组合键，预览闪动的五角星 Flash 动画。

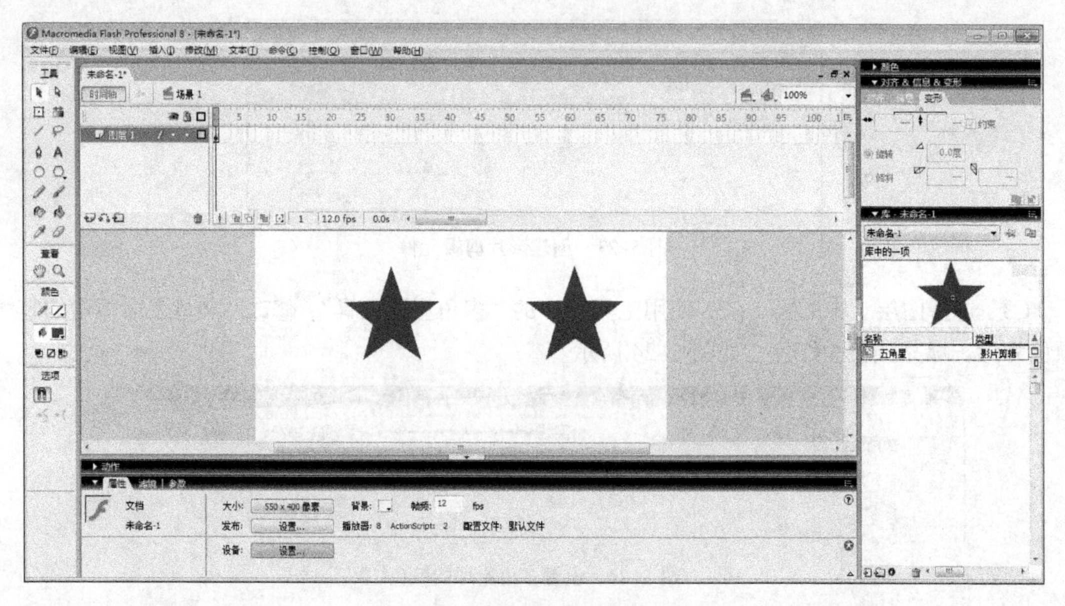

图 5-28　创建五角星的元件实例

（11）按 Ctrl+S 组合键，弹出“另存为”对话框，设置文件名为“五角星—专业班级学号姓名.fla”，并保存在 E 盘。

3. 使用按钮元件制作 play 按钮

使用按钮元件制作 play 按钮，以文件名“按钮—专业班级学号姓名.fla”保存在 E 盘。

操作提示：

（1）启动 Flash 8 应用程序，在菜单栏中选择“文件”→“新建”命令，即可创建一个新的 Flash 动画文件。

（2）在菜单栏中选择“插入”→“新建元件”命令，弹出“创建新元件”对话框，如图 5-29 所示，修改名称为“play”，类型为“按钮”，单击“确定”按钮即可进入按钮元件的编辑窗口。

图 5-29　新建按钮元件

（3）选择工具箱中的“矩形工具”，在“属性”面板中，将“笔触颜色”设置为无，“填充颜色”设置为黑色。完成后在舞台中绘制一个黑色矩形。此时“弹起”状态从空白关键帧变为关键帧。

（4）选择工具箱中的“文本工具” A，在“属性”面板中，将“文本（填充）颜色”设置为白色，“字体大小”设置为 32。完成后在黑色矩形中输入“play”，并使用“选择工具”调整文本的位置。效果如图 5-30 所示。

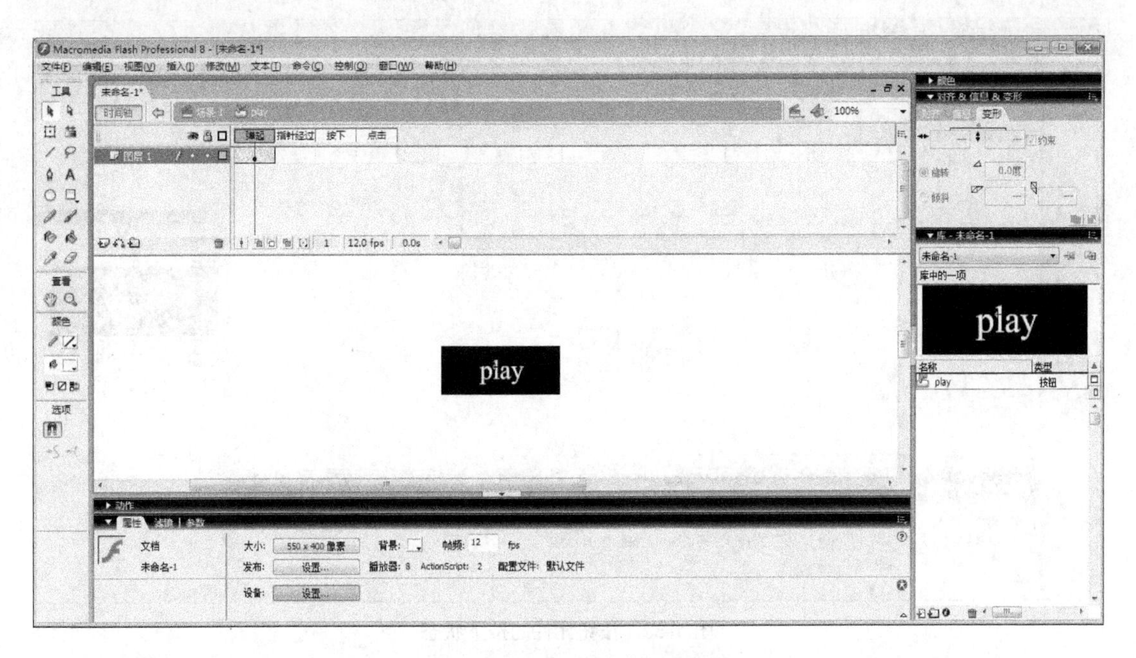

图 5-30　按钮元件的弹起状态

（5）选中时间轴的“指针经过”帧，单击鼠标右键，选择“插入关键帧”。使用工具箱中的“选择工具”选中矩形，在“属性”面板中，将“填充颜色”修改为蓝色。使用工具箱中的“选择工具”选中文本，在“属性”面板中，将“文本（填充）颜色”修改为黄色。如图 5-31 所示。

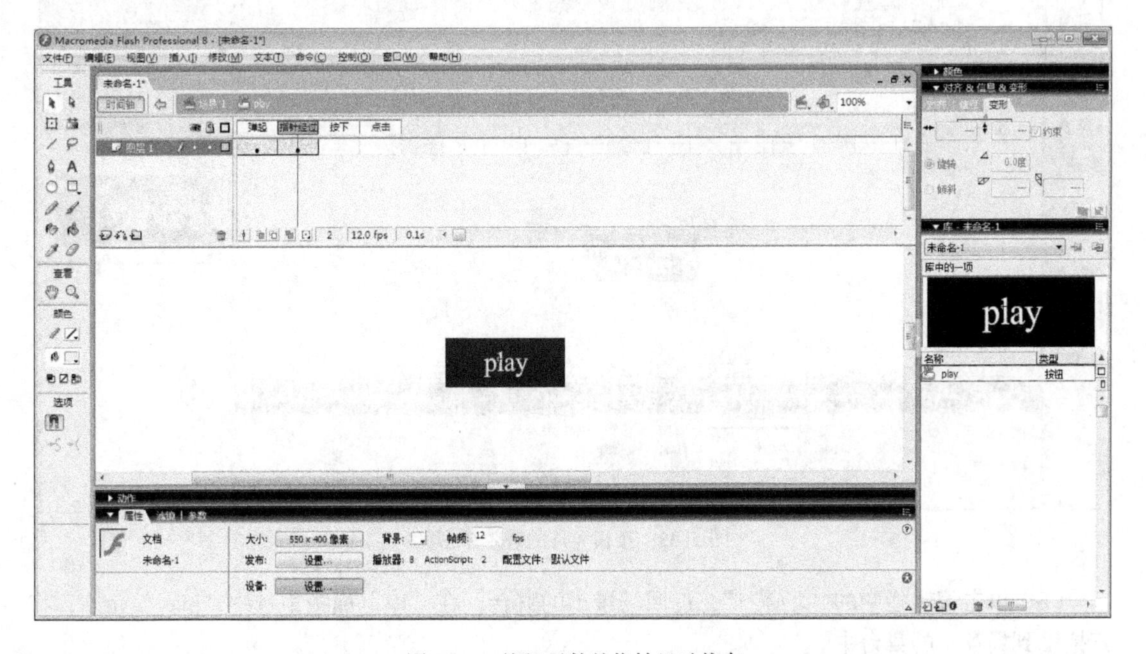

图 5-31　按钮元件的指针经过状态

（6）选中时间轴的“按下”帧，单击鼠标右键，选择“插入关键帧”。将矩形的“填充颜色”修改为绿色，将“文本（填充）颜色”修改为红色。如图 5-32 所示。

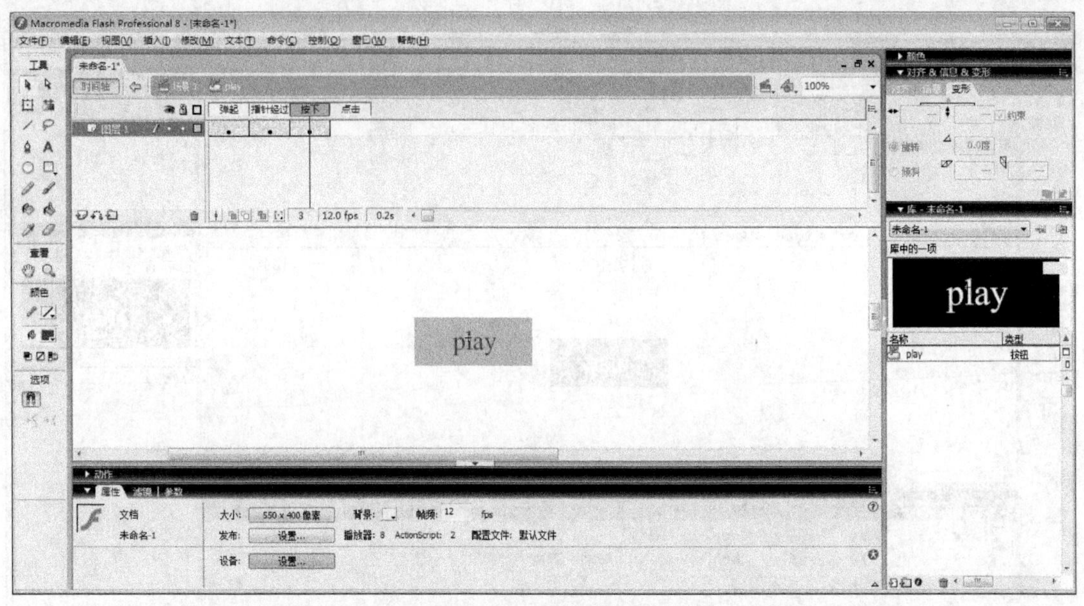

图 5–32　按钮元件的按下状态

（7）选中时间轴的“点击”帧，单击鼠标右键，选择“插入关键帧”。选择“矩形工具”，将“填充颜色”设置为紫色，在舞台绘制一个紫色矩形使其覆盖原始矩形，此时矩形所覆盖的区域就是按钮的有效单击区。如图 5–33 所示。

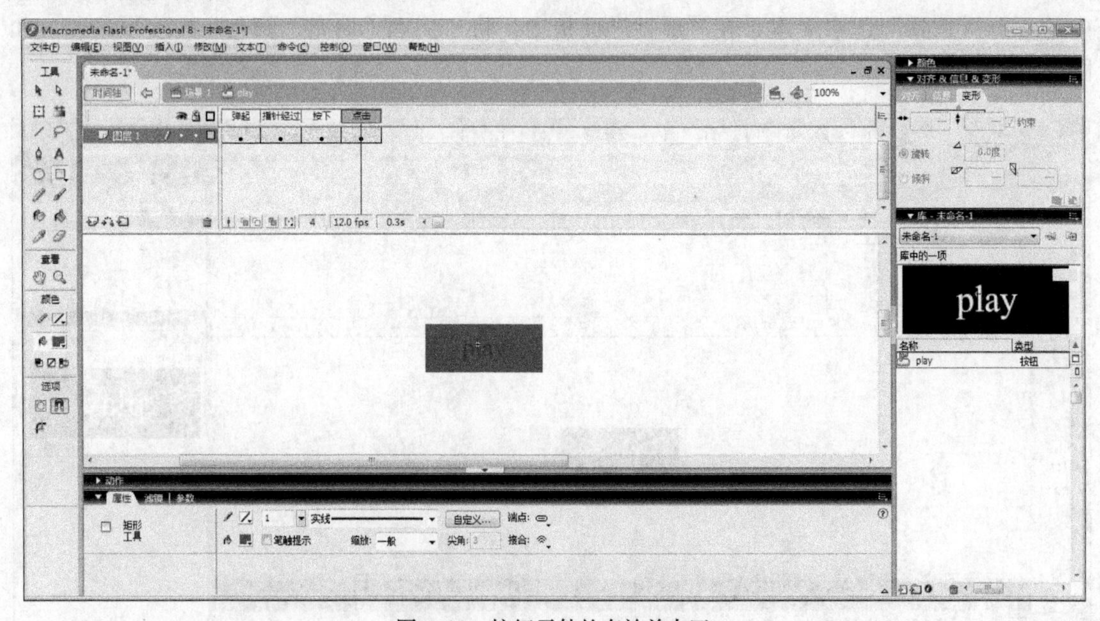

图 5–33　按钮元件的有效单击区

（8）单击编辑栏中的“场景 1”，返回场景 1 的舞台，在“库”面板中选中“play”元件，将其拖动到场景 1 的舞台中。

（9）按 Ctrl+Enter 组合键，预览按钮元件的 Flash 动画。

（10）按 Ctrl+S 组合键，弹出“另存为”对话框，设置文件名为“按钮—专业班级学号姓名.fla”，并保存在 E 盘。

实验三　逐帧动画和补间动画

【实验目的】

1. 掌握逐帧动画的制作方法
2. 掌握动作补间动画的制作方法
3. 掌握形状补间动画的制作方法

【实验内容】

1. 制作逐帧动画
2. 制作动作补间动画
3. 制作形状补间动画

【实验步骤】

Flash 动画分为逐帧动画和补间动画两类。

逐帧动画是指在时间帧上逐帧绘制帧内容，当快速移动的时候，利用人的视觉的残留现象，形成流畅的动画效果。由于是一帧一帧地画，所以逐帧动画具有非常大的灵活性，几乎可以表现任何想表现的内容。

补间动画是 Flash 中非常重要的表现手法之一，可以运用它制作出奇妙的效果。补间动画至少有两个关键帧，设计者创建起始帧和结束帧，中间帧可由 Flash 8 根据起始帧和结束帧之间的对象大小、旋转和颜色等属性自动生成。

补间动画一般分为动作补间动画和形状补间动画两种。

在 Flash 时间轴上的一个关键帧放置一个元件，然后在另一个关键帧变换这个元件的大小、颜色、位置、透明度等，Flash 根据二者之间的帧值创建的动画被称为动作补间动画。

在 Flash 时间轴面板上的某一个关键帧绘制一个形状，然后在另一个关键帧更改该形状或绘制另一个形状，Flash 根据二者之间帧的值或形状来创建的动画被称为形状补间动画。

1. 制作逐帧动画

（1）制作一个写字效果的逐帧动画，以文件名“逐帧动画 1—专业班级学号姓名.fla”保存在 E 盘。

操作提示：

① 启动 Flash 8 应用程序，在菜单栏中选择“文件”→“新建”命令，新建一个 Flash 文档。

② 在菜单栏中选择“插入”→“新建元件”命令，弹出“创建新元件”对话框，修改名称为“字母”，类型为“图形”，单击“确定”按钮即可进入此元件的编辑窗口，如图 5-34 所示。

图 5-34　新建字母元件

③ 选择工具箱中的“文本工具”，将“属性”面板中的“字体”设置为宋体，“字体大小”设置为100，“字体颜色”设置为黑色，在舞台中间输入字母“i”，如图5-35所示。

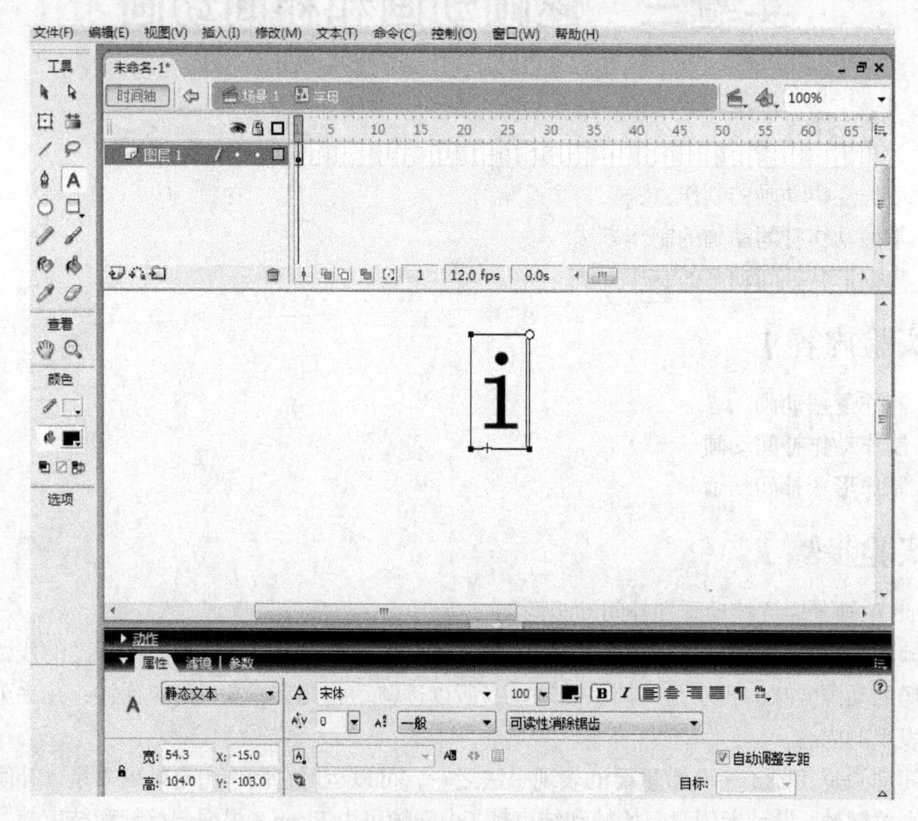

图5-35　输入字母

④ 单击编辑栏中的“场景1”，返回场景1的舞台，在“库”面板中选中“字母”元件，将其拖动到场景1的舞台中。

⑤ 使用工具箱中的“选择工具”选中“i”，在菜单栏中选择“修改”→“分离”命令将“i”分离，分离后的效果如图5-36所示。

图5-36　分离字母

⑥ 选中图层1中的2~10帧，按F6键给每一帧都插入关键帧，将使其与第1帧中的内容相同，如图5-37所示。

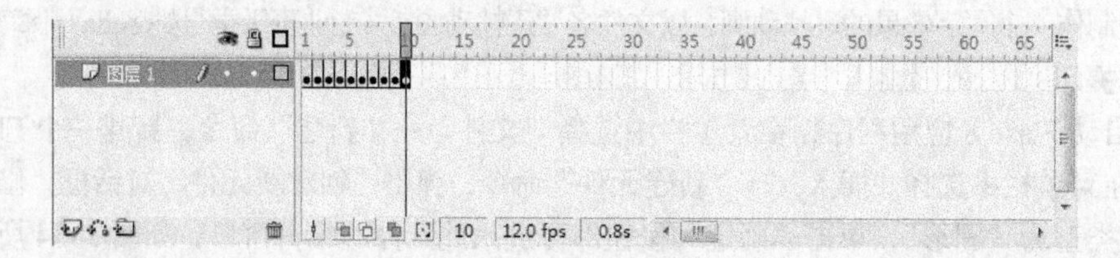

图5-37　插入多个关键帧

⑦ 选中图层1中的第9帧，使用工具箱中的“橡皮擦工具”，将字母“i”中的末端稍微擦去一点。如图5-38所示。

⑧ 选中图层1中的第8帧，将字母“i”中的末端再擦去一点。如图5-39所示。

图 5-38 擦除 i

图 5-39 再次擦除 i

⑨ 依此类推，直至第 1 帧，字母“i”全部被擦除，即可完成一个“i”的写字效果。

⑩ 按 Ctrl+Enter 组合键，预览此 Flash 动画。

⑪ 按 Ctrl+S 组合键，弹出“另存为”对话框，设置文件名为“逐帧动画 1—专业班级学号姓名.fla”，并保存在 E 盘。

（2）制作一个红色圆向右移动的逐帧动画，以文件名“逐帧动画 2—专业班级学号姓名.fla”保存在 E 盘。

操作提示：

① 启动 Flash 8 应用程序，在菜单栏中选择“文件”→“新建”命令，新建一个 Flash 动画文件。

② 单击图层 1 中的第 1 帧，选择工具箱中的“椭圆工具”，在“属性”面板中，将“笔触颜色”设置为无，“填充颜色”设置为红色，然后按住 Shift 键，在舞台左侧绘制一个红色圆，如图 5-40 所示。

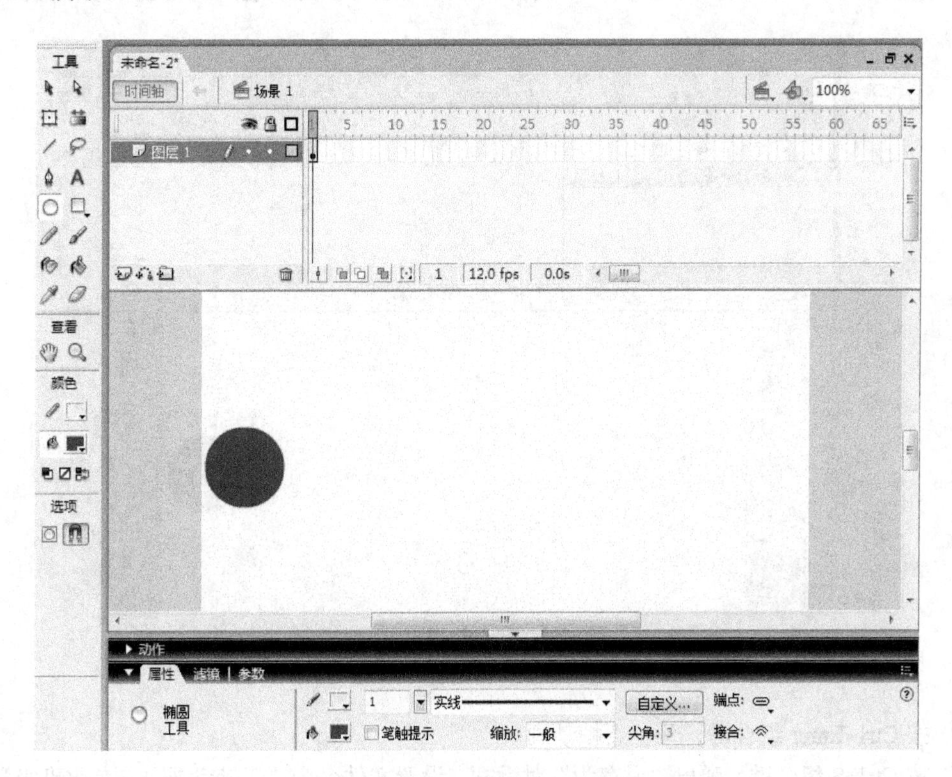

图 5-40 在舞台左侧绘制圆

③ 单击图层 1 中的第 2 帧，单击鼠标右键，选择“插入关键帧”，然后使用“选择工具”选中红色圆，用鼠标或者键盘上的方向键调整舞台中的红色圆的位置，使之向右侧移动一段距离，如图 5-41 所示。

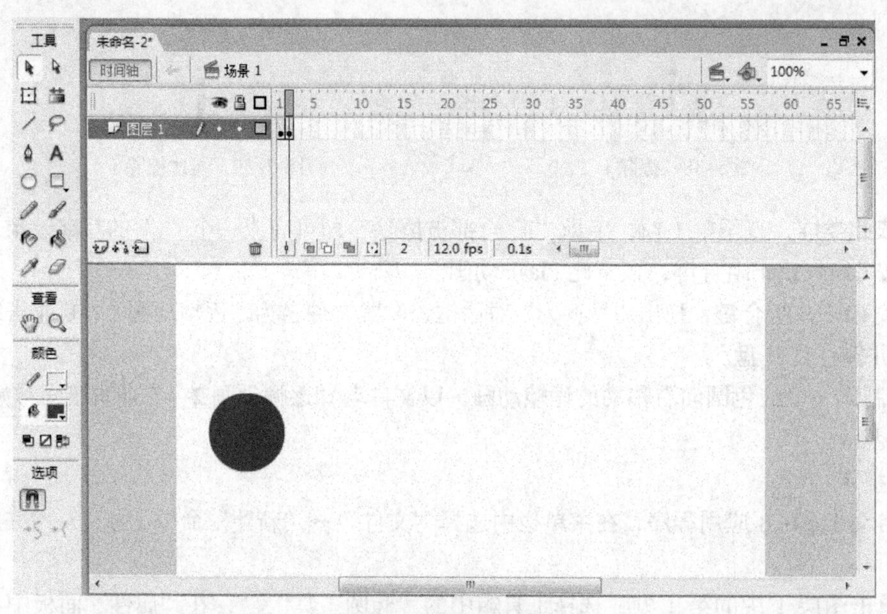

图 5-41　移动红色的圆

④ 重复第③步的方法，再插入 8 个关键帧，并设置每帧的红色圆的位置，效果如图 5-42 所示。

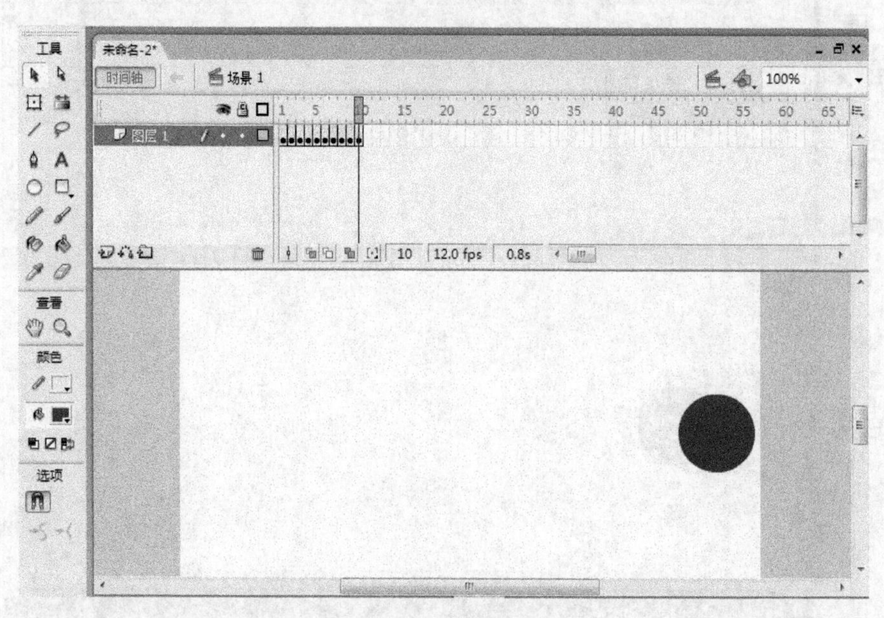

图 5-42　移动到舞台右侧

⑤ 按 Ctrl+Enter 组合键，预览逐帧动画。

⑥ 按 Ctrl+S 组合键，弹出“另存为”对话框，设置文件名为“逐帧动画 2—专业班级学号姓名.fla”，并保存在 E 盘。

2. 制作动作补间动画

（1）制作一个红色的圆从舞台右边移动到舞台左边的动作补间动画，以文件名“动作补间动画 1—专业班级学号姓名.fla”保存在 E 盘。

操作提示：

① 启动 Flash 8 应用程序，在菜单栏中选择“文件”→“新建”命令，新建一个 Flash 文档。

② 在菜单栏中选择“插入”→“新建元件”命令，弹出“创建新元件”对话框，修改名称为“圆”，类型为“图形”，单击“确定”按钮即可进入“圆”元件的编辑窗口。

③ 单击图层 1 中的第 1 帧，选择工具箱中的“椭圆工具”○，在“属性”面板中，将“笔触颜色”设置为无，“填充颜色”设置为红色。然后按住 Shift 键，在舞台中绘制一个红色的圆。

④ 单击编辑栏中的“场景 1”，返回场景 1 的舞台，在“库”面板中选中“圆”元件，将其拖动到场景 1 的舞台右侧。如图 5-43 所示。

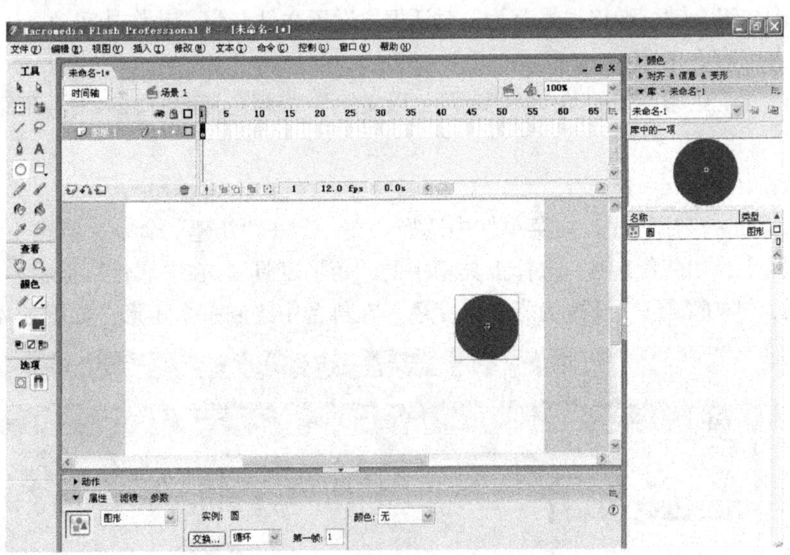

图 5-43　绘制舞台右侧的圆

⑤ 单击图层 1 中的第 20 帧，单击鼠标右键，选择“插入关键帧”，然后使用“选择工具”选中红色的圆，将其移动到舞台左侧，如图 5-44 所示。

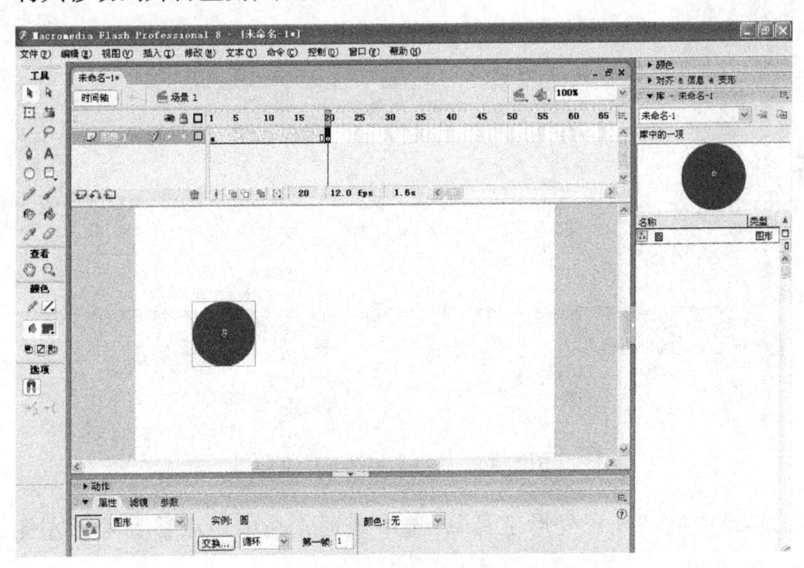

图 5-44　绘制舞台左侧的圆

⑥ 单击 1~20 帧中的任意一帧（如第 5 帧），在“属性”面板中，设置“补间”为“动画”。如图 5-45 所示。

图 5-45 设置动作补间

⑦ 按 Ctrl+Enter 组合键，预览此 Flash 动画。

⑧ 按 Ctrl+S 组合键，弹出“另存为”对话框，设置文件名为“动作补间动画 1—专业班级学号姓名.fla”，并保存在 E 盘。

（2）制作一个彩虹条旋转的动作补间动画，以文件名“动作补间动画 2—专业班级学号姓名.fla”保存在 E 盘。

操作提示：

① 启动 Flash 8 应用程序，在菜单栏中选择“文件”→“新建”命令，新建一个 Flash 文档。

② 单击图层 1 中的第 1 帧，选择工具箱中的“矩形工具”，在“属性”面板中，将“笔触颜色”设置为无，“填充颜色”设置为彩虹渐变色，在舞台中绘制一个矩形。如图 5-46 所示。

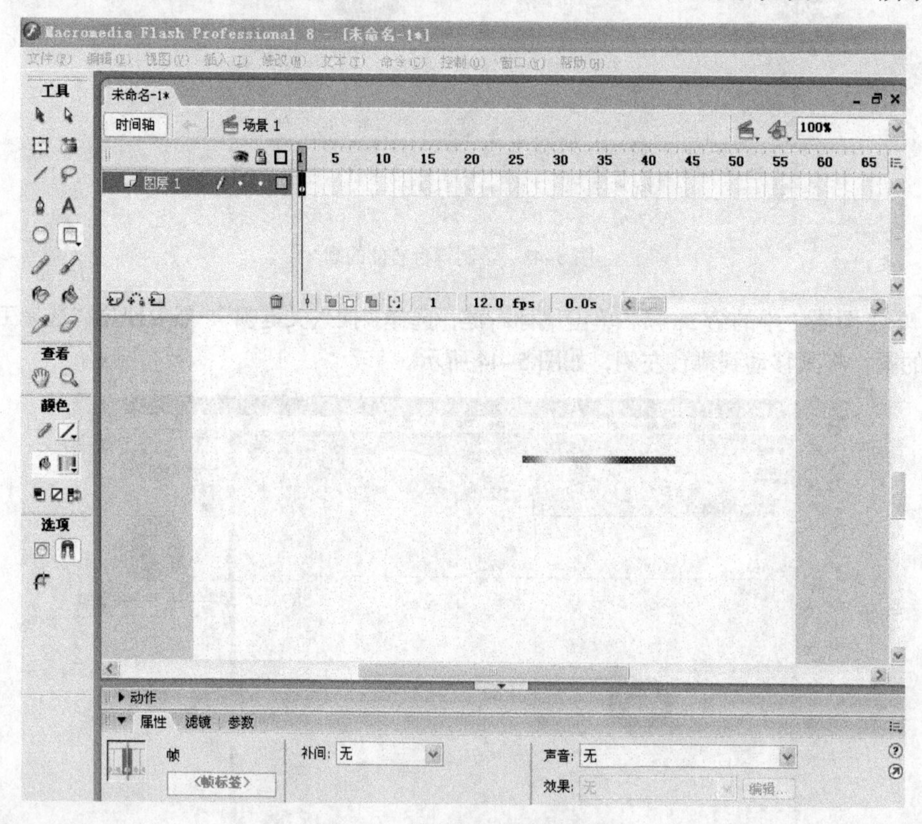

图 5-46 绘制彩虹渐变色矩形

③ 选择工具箱中的“任意变形工具”，选中矩形，将中心点移到矩形左侧，如图 5-47 所示。

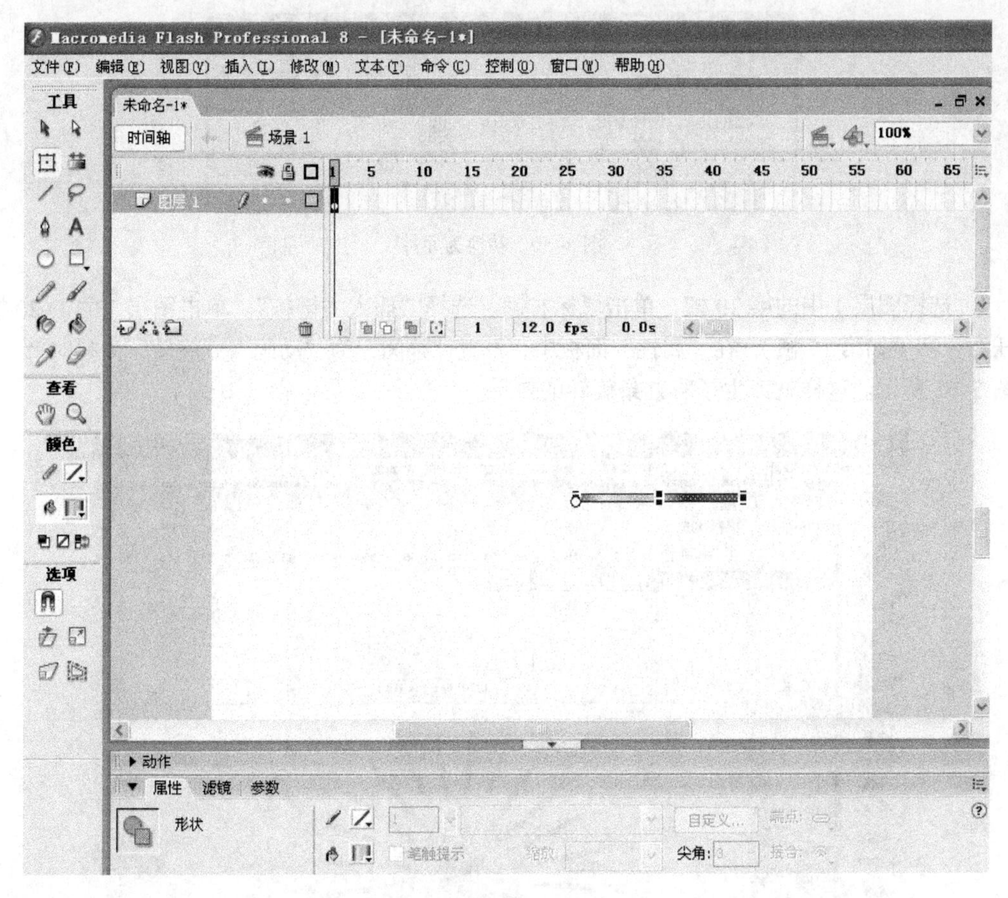

图 5–47　移动彩虹条中心点

④ 在菜单栏中选择“窗口”→“变形”命令，打开“变形”面板，修改旋转度数为“15.0 度”，如图 5–48 所示。

⑤ 然后单击“复制并应用变形”按钮 23 次，效果如图 5–49 所示。

图 5–48　设置旋转度数

图 5–49　彩虹条

⑥ 按 Ctrl+A 组合键，选中所有矩形，在菜单栏中选择“修改”→“组合”命令。

⑦ 选择工具箱中的“选择工具”，选中彩虹条，在菜单栏中选择“修改”→“转化为元件”命令。在弹出的“转换为元件”对话框设置名称为“彩虹条”，类型为“图形”，单击“确定”按钮。如图 5–50 所示。

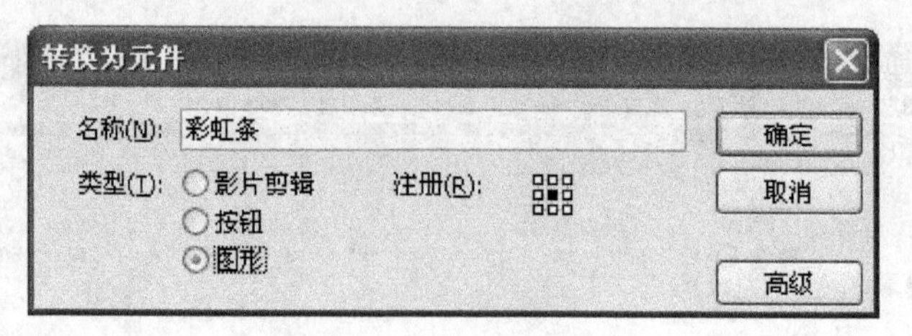

图 5-50　转换为元件

⑧ 选择图层 1 中的第 20 帧，单击鼠标右键，选择“插入关键帧”。单击图层 1 的 1~20 帧中的任意一帧（如第 15 帧），在“属性”面板中，设置“补间”为“动画”，“旋转”为顺时针 1 次。如图 5-51 所示。这样就产生了彩虹条旋转的效果。

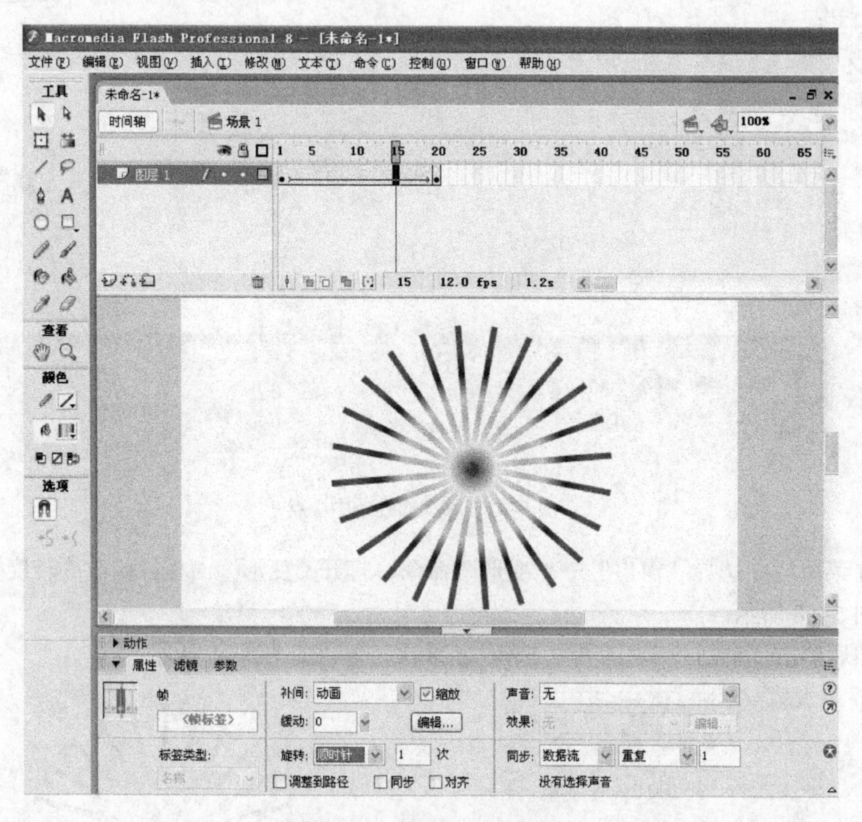

图 5-51　设置顺时针旋转

⑨ 按 Ctrl+Enter 组合键，预览此 Flash 动画。

⑩ 按 Ctrl+S 组合键，弹出“另存为”对话框，设置文件名为“动作补间动画 2—专业班级学号姓名.fla”，并保存在 E 盘。

3. 制作形状补间动画

（1）制作一个文字“LOVE”变换成心形的形状补间动画，以文件名“形状补间动画 1—专业班级学号姓名.fla”保存在 E 盘。

操作提示：

① 启动 Flash 8 应用程序，在菜单栏中选择“文件”→“新建”命令，新建一个 Flash 文档。

② 单击图层 1 中的第 1 帧，选择工具箱中的“文本工具”，将“属性”面板中的“字体”

设置为宋体，“字体大小”设置为 45，“字体颜色”设置为黄色，在舞台左侧输入“LOVE”。如图 5-52 所示。

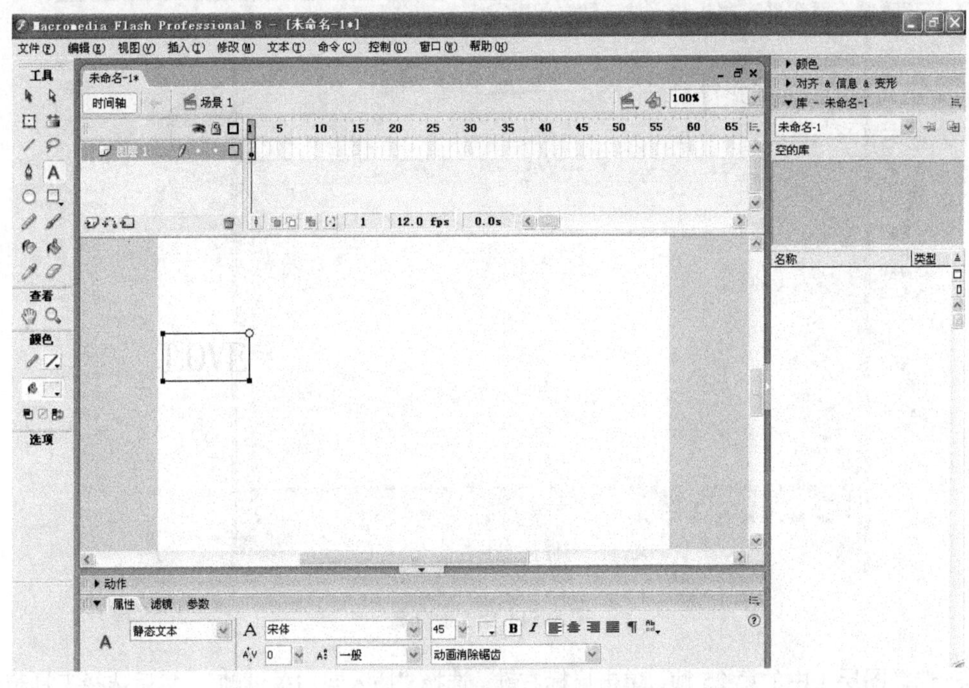

图 5-52　输入 LOVE

③ 使用工具箱中的“选择工具”选中文本框，在菜单栏中选择“修改”→“分离”命令将“LOVE”分离第一次，效果如图 5-53 所示。

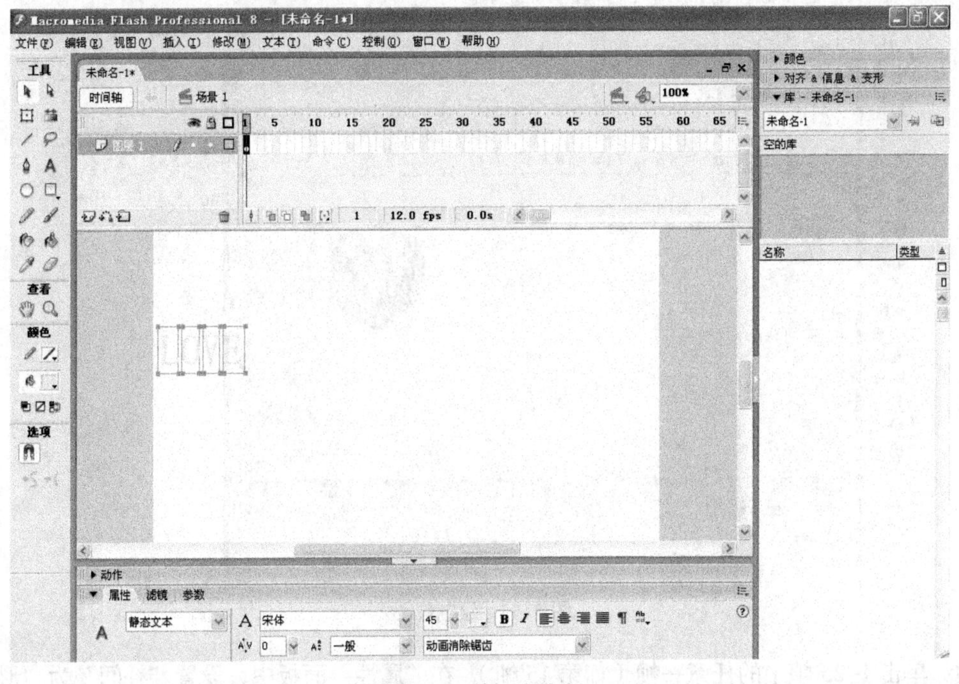

图 5-53　第一次分离

④ 再选择“修改”→“分离”命令将“LOVE”分离第二次。效果如图 5-54 所示。

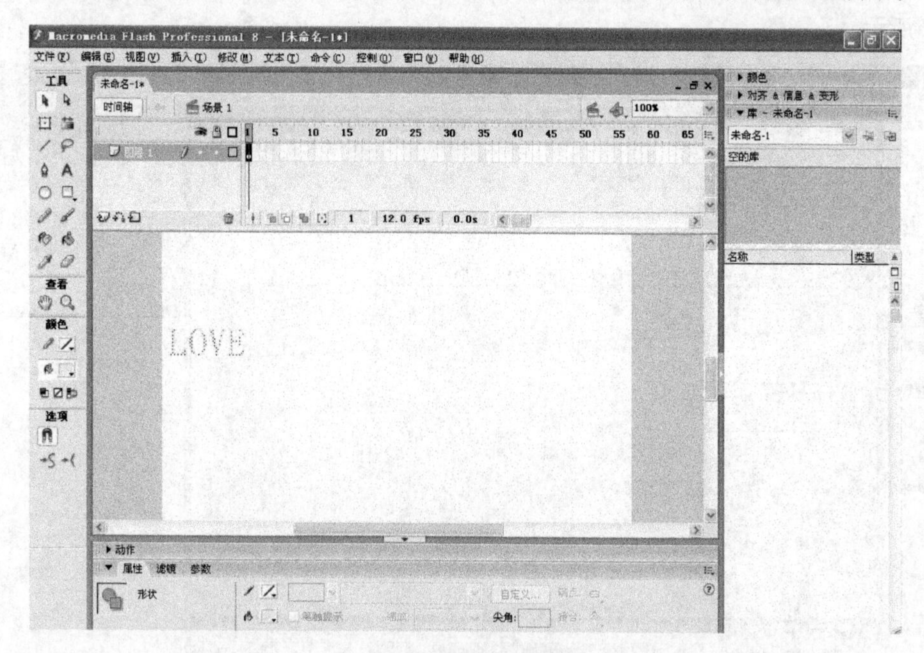

图 5-54 第二次分离

⑤ 选择图层 1 中的第 25 帧，单击鼠标右键，选择“插入空白关键帧”。然后选择工具箱中的“刷子工具”，在“属性”面板中，将“填充颜色”设置为红色，在舞台右侧绘制一个红色心形，如图 5-55 所示。

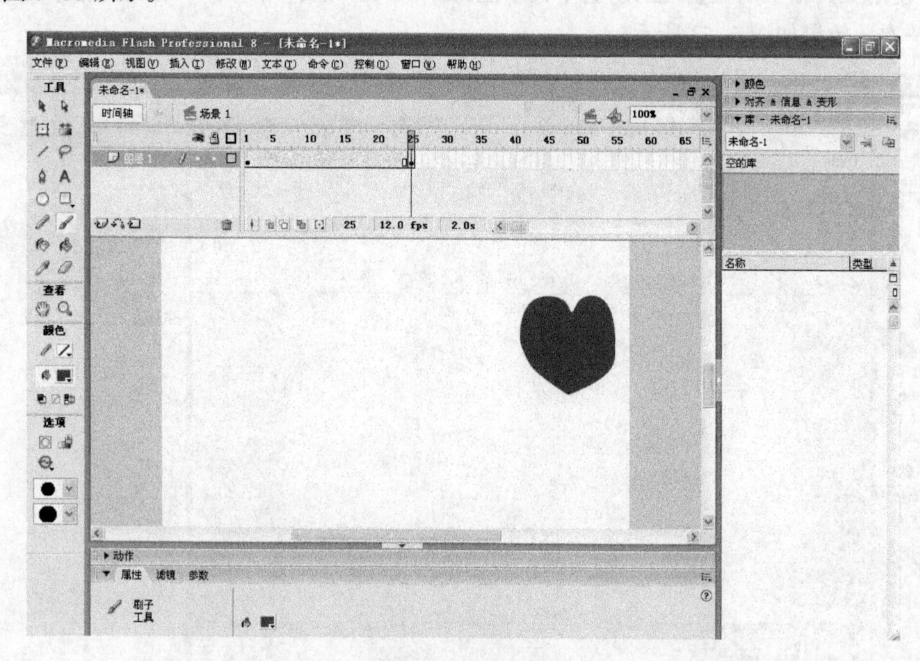

图 5-55 绘制红心

⑥ 单击 1~25 帧中的任意一帧（如第 15 帧），在“属性”面板中，设置“补间”为“形状”。如图 5-56 所示。

图 5-56　设置形状补间

⑦ 按 Ctrl+Enter 组合键，预览此 Flash 动画。

⑧ 按 Ctrl+S 组合键，弹出“另存为”对话框，设置文件名为“形状补间动画 1—专业班级学号姓名.fla”，并保存在 E 盘。

（2）制作一个绿色圆变换成红色矩形的形状补间动画，以文件名“形状补间动画 2—专业班级学号姓名.fla”保存在 E 盘。

操作提示：

① 启动 Flash 8 应用程序，在菜单栏中选择“文件”→“新建”命令，新建一个 Flash 文档。

② 单击图层 1 中的第 1 帧，选择工具箱中的“椭圆工具”，在“属性”面板中，将“笔触颜色”设置为无，“填充颜色”设置为绿色。然后按住 Shift 键，在舞台左侧绘制一个绿色圆，如图 5-57 所示。

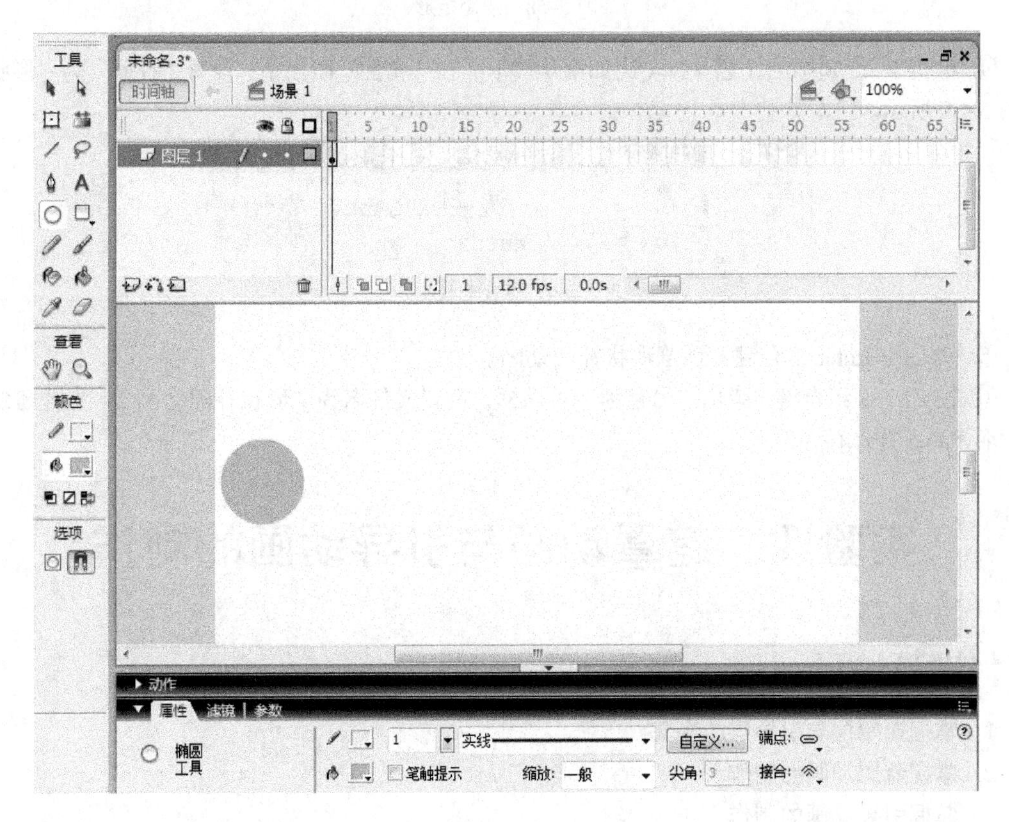

图 5-57　绘制圆

③ 单击图层 1 中的第 25 帧，单击鼠标右键，选择“插入空白关键帧”。然后选择工具箱中的“矩形工具”，在“属性”面板中，将“笔触颜色”设置为无，“填充颜色”设置为红色，在舞台右侧绘制一个红色矩形，如图 5-58 所示。

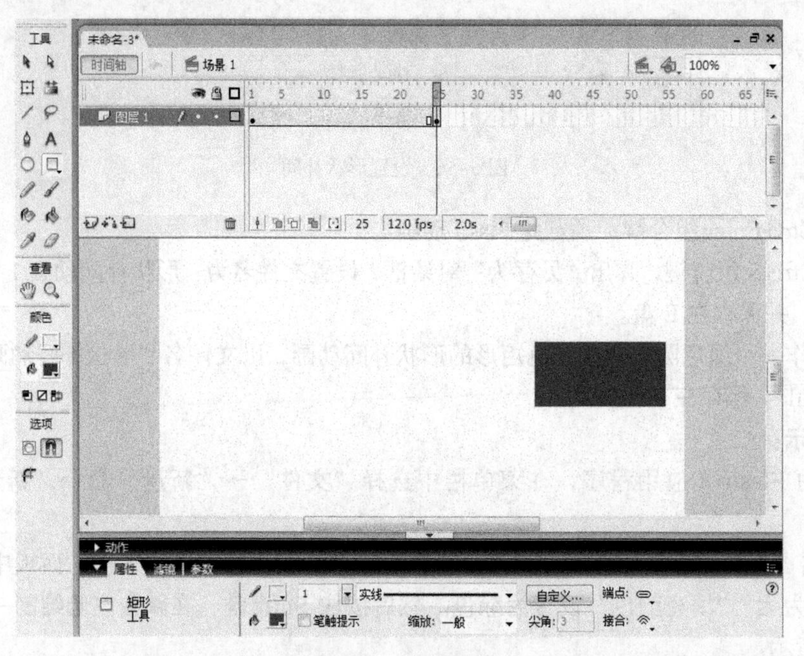

图 5-58　绘制矩形

④ 单击 1~25 帧中的任意一帧（比如第 15 帧），在“属性”面板中，设置“补间”为“形状”。如图 5-59 所示。

图 5-59　设置形状补间

⑤ 按 Ctrl+Enter 组合键，预览形状补间动画。

⑥ 按 Ctrl+S 组合键，弹出“另存为”对话框，设置文件名为“形状补间动画 2—专业班级学号姓名.fla”，并保存在 E 盘。

实验四　遮罩动画与引导动画的制作

【实验目的】

1. 掌握遮罩层与引导层的含义
2. 掌握遮罩动画的制作
3. 掌握引导动画的制作

【实验内容】

1. 制作遮罩动画
2. 制作引导动画

【实验步骤】

“遮罩”，顾名思义是遮挡住下面的对象。在 Flash 中，“遮罩动画”是通过“遮罩层”来达到有选择地显示位于其下方的“被遮罩层”中的内容的目的，在一个遮罩动画中，“遮罩层”只有一个，“被遮罩层”可以有任意个。

将一个或多个层链接到一个运动引导层，使一个或多个对象沿同一条路径运动的动画形式被称为“引导动画”。这种动画可以使一个或多个元件完成曲线或不规则运动。

1. 制作遮罩动画

在 Flash 中没有一个专门的按钮来创建遮罩层，遮罩层其实是由普通图层转化的。只要在某个图层上单击右键，在弹出的菜单中勾选“遮罩”，该图层就会生成遮罩层，“层图标”就会从普通层图标变为遮罩层图标，系统会自动把遮罩层下面的一层关联为“被遮罩层”,如果想关联更多被遮罩层，只需把这些层拖到被遮罩层下即可。被遮罩层中的对象只能透过遮罩层中的对象被看到。

制作探照灯效果的遮罩动画，以文件名“遮罩动画—专业班级学号姓名.fla”保存在 E 盘。

操作提示：

（1）启动 Flash 8 应用程序，在菜单栏中选择“文件”→“新建”命令，新建一个 Flash 文档。

（2）选择工具箱中的“文本工具”，将“属性”面板中的“字体”设置为黑体，“字体大小”设置为 45，“字体颜色”设置为红色，在舞台中间输入文字“动画制作软件”，如图 5-60 所示。

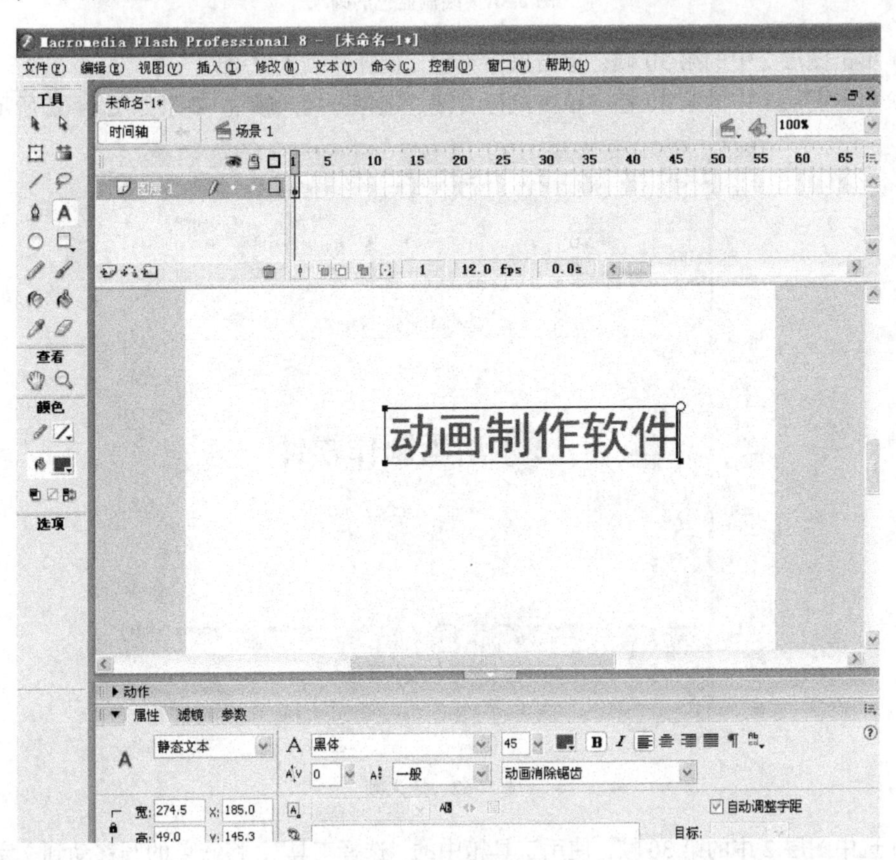

图 5-60　输入“动画制作软件”

（3）单击图层区域“插入图层”按钮，新增图层 2。

（4）单击图层 2 的第 1 帧，选择工具箱中的“椭圆工具”，将“属性”面板中的“笔触颜色”设置为无，“填充颜色”设置为蓝色，在文字左侧绘制一个椭圆，如图 5-61 所示。

图 5-61　绘制蓝色的圆

（5）单击图层 2 中的第 30 帧，单击鼠标右键，选择“插入关键帧”。

（6）单击图层 1 中的第 30 帧，单击鼠标右键，选择“插入帧”。效果如图 5-62 所示。

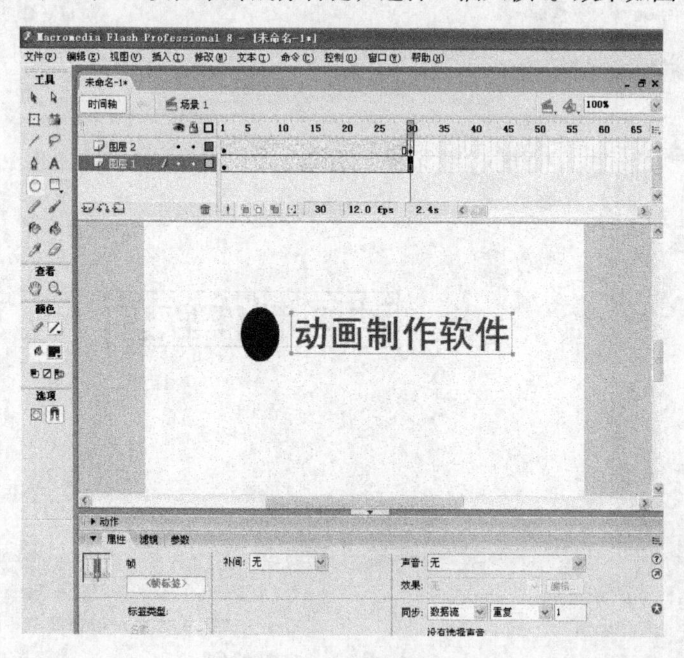

图 5-62　插入帧

（7）选中图层 2 中的第 30 帧，使用工具箱中的“选择工具”，将蓝色的圆移动到文字的右侧。如图 5-63 所示。

图 5-63　移动圆的位置

（8）单击图层 2 的 1~30 帧中的任意一帧（如第 10 帧），在“属性”面板中，设置“补间”为“形状”。如图 5-64 所示。这样就产生了蓝色的圆从文字左边移动到右边的过程。

图 5-64　设置形状补间

（9）选中图层 2，单击鼠标右键，选择“遮罩层”，此时探照灯效果就出来了，如图 5-65 所示。

图 5-65　选择遮罩层

（10）按 Ctrl+Enter 组合键，预览此 Flash 动画。

（11）按 Ctrl+S 组合键，弹出“另存为”对话框，设置文件名为“遮罩动画—专业班级学号姓名.fla”，并保存在 E 盘。

2. 制作引导动画

引导层是用来指示元件运行轨迹的，所以引导层中的内容可以是用钢笔、铅笔、线条、椭圆工具、矩形工具或画笔工具等绘制出的线段。

被引导层中的对象是沿着引导线运动的，可以使用影片剪辑、图形元件、按钮、文字等，但不能使用形状。

由于引导线是一种运动轨迹，被引导层中最常用的动画形式是动作补间动画，当播放动画时，一个或数个元件将沿着运动路径移动。

引导动画最基本的操作就是使一个运动动画“附着”在“引导线”上。所以操作时需要特别注意“引导线”的两端，被引导的对象起始、终点的 2 个“中心点”一定要对准“引导线”的 2 个端头。

制作沿一定路线运动的小球的引导动画，以文件名“引导动画—专业班级学号姓名.fla”保存在 E 盘。

操作提示：

（1）启动 Flash 8 应用程序，在菜单栏中选择“文件”→“新建”命令，新建一个 Flash 文档。

（2）选择图层 1 的第 1 帧，选中工具箱中的“椭圆工具”，将“属性”面板中的“笔触颜色”设置为无，“填充颜色”设置为蓝色，在舞台左侧绘制一个圆，如图 5-66 所示。

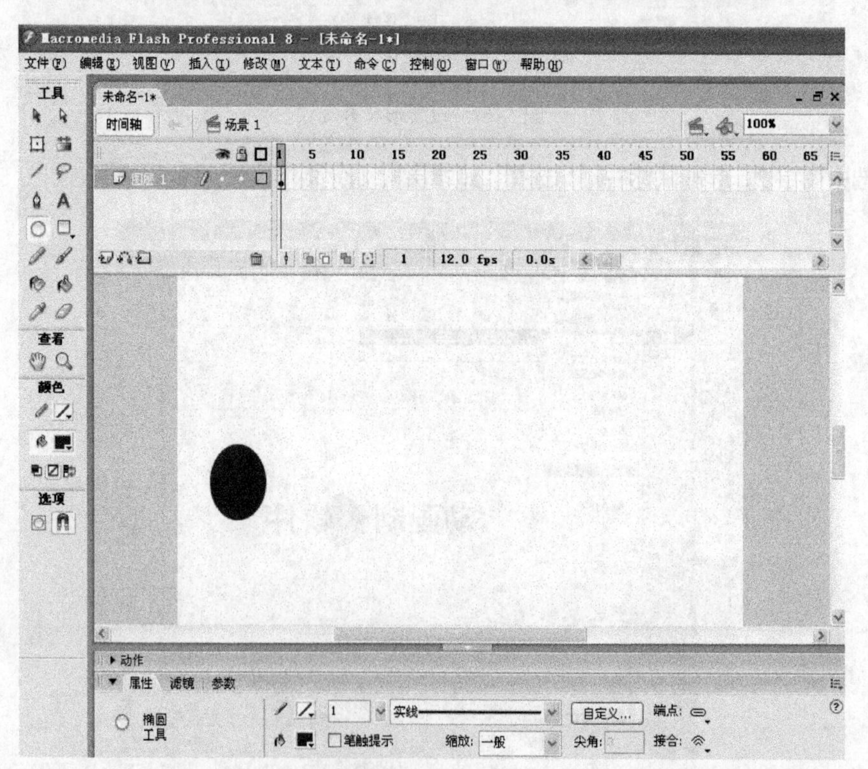

图 5-66 绘制圆

（3）选择图层 1 中的第 30 帧，单击鼠标右键，选择“插入关键帧”。

（4）选择图层 1 的 1~30 帧中的任意一帧（比如第 15 帧），单击鼠标右键，选择“创建补间动画”，如图 5-67 所示。

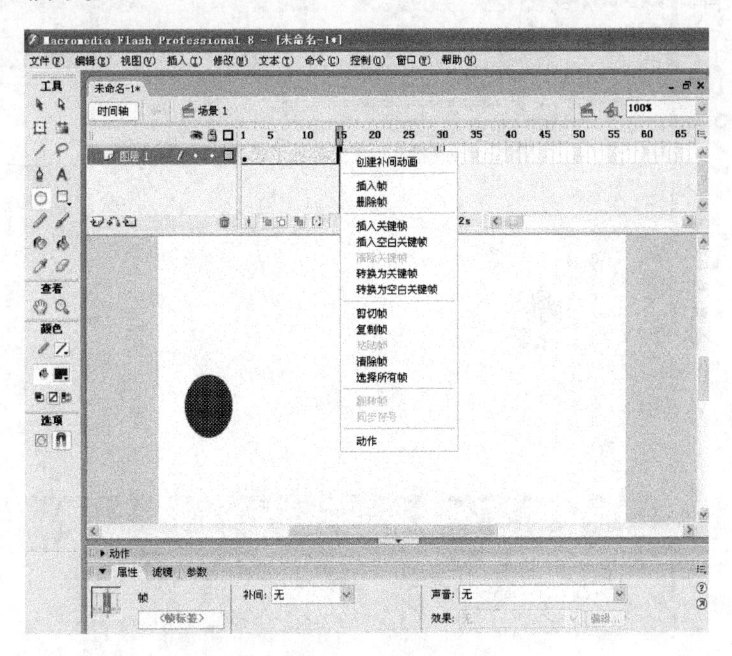

图 5-67　创建补间动画

（5）单击图层区域“添加运动引导层”按钮，新增引导层。

（6）选择引导层的第 1 帧，选中工具箱中的“铅笔工具”，选项设为“平滑”，将“属性”面板中的“笔触颜色”设置为黑色，如图 5-68 所示。

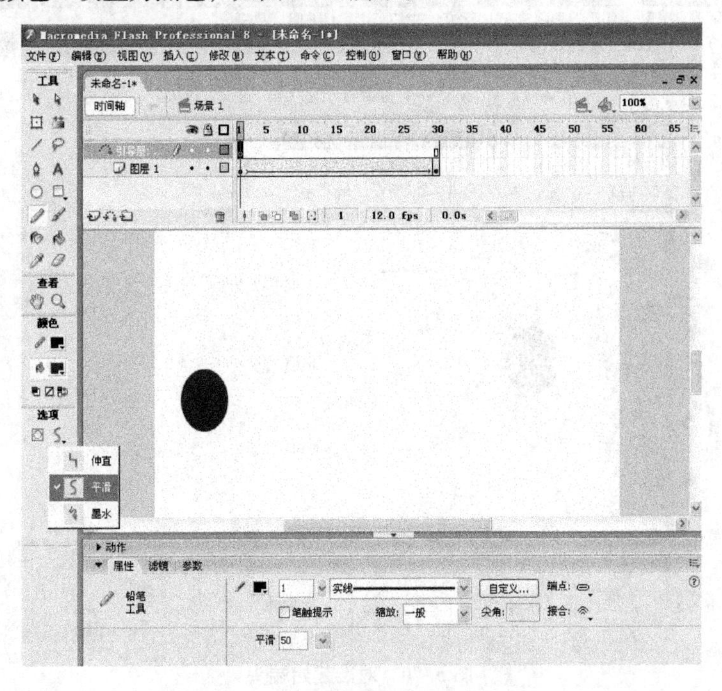

图 5-68　设置铅笔工具

（7）在舞台中画一条线段，如图 5-69 所示。

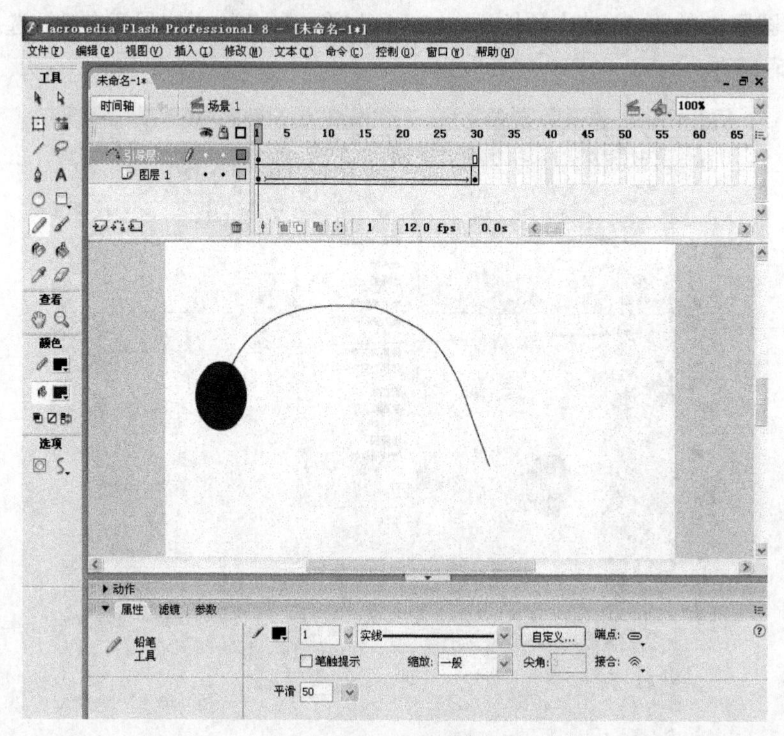

图 5-69　画一条线段

（8）选择图层 1 的第 1 帧，使用工具箱中的“选择工具”，选项设置为“贴紧至对象”，把小球拖到线段的起始位置，使小球的中心点对准线段的起始端头。如图 5-70 所示。

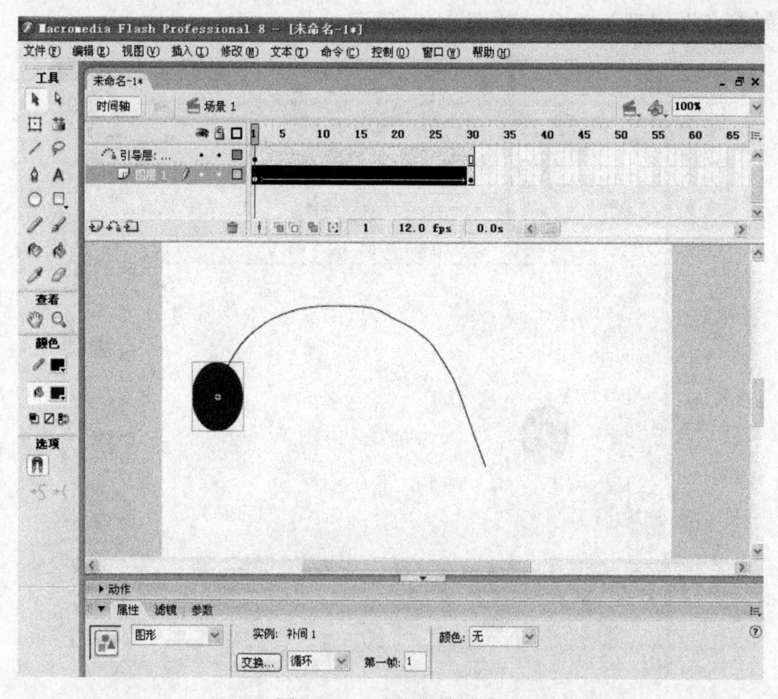

图 5-70　对准起始端头

（9）选择图层 1 的第 30 帧，把小球拖到线段的结束位置，使小球的中心点对准线段的结束端头。如图 5–71 所示。

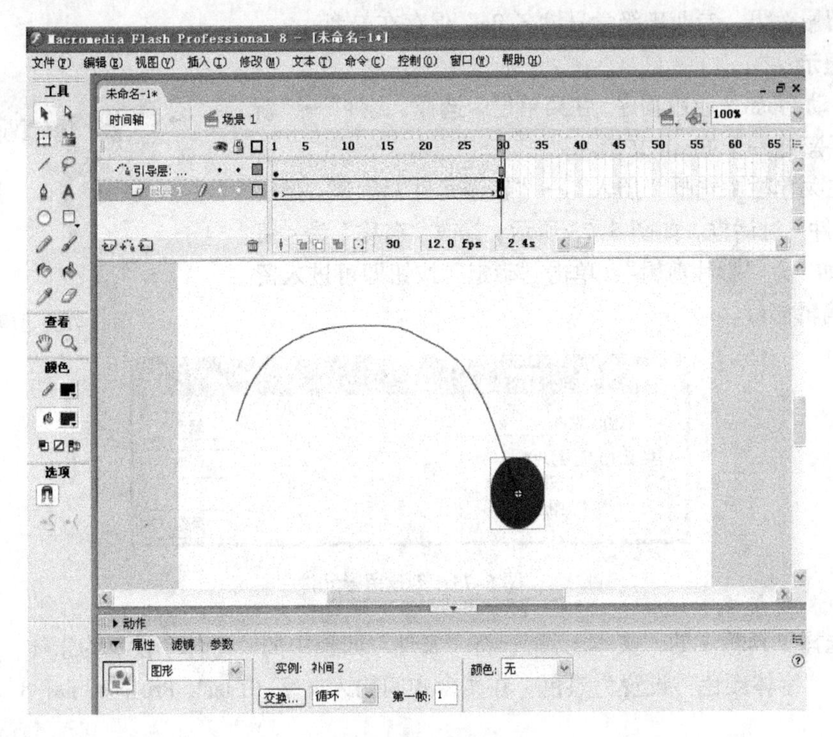

图 5–71　对准结束端头

（10）按 Ctrl+Enter 组合键，预览此 Flash 动画。

（11）按 Ctrl+S 组合键，弹出“另存为”对话框，设置文件名为“引导动画—专业班级学号姓名.fla”，并保存在 E 盘。

实验五　Flash 动画特殊效果的制作

【实验目的】

1. 掌握留影效果的制作
2. 掌握双色字效果的制作

【实验内容】

1. 留影效果
2. 双色字效果

【实验步骤】

使用 Flash 8 不仅可以制作逐帧动画，还可以制作出一些特殊的效果，比如留影效果和双色字效果。

1. 留影效果

制作一个带有留影效果的Flash动画，如图5-72所示，以文件名“留影效果—专业班级学号姓名.fla”保存在E盘。

操作提示：

（1）启动Flash 8应用程序，在菜单栏中选择“文件”→“新建”命令，新建一个Flash文档。

（2）在菜单栏中选择“插入”→“新建元件”命令，弹出“创建新元件”对话框，如图5-73所示，修改“名称”为“留影”，“类型”为“影片剪辑”，单击“确定”按钮即可进入留影元件的编辑窗口。

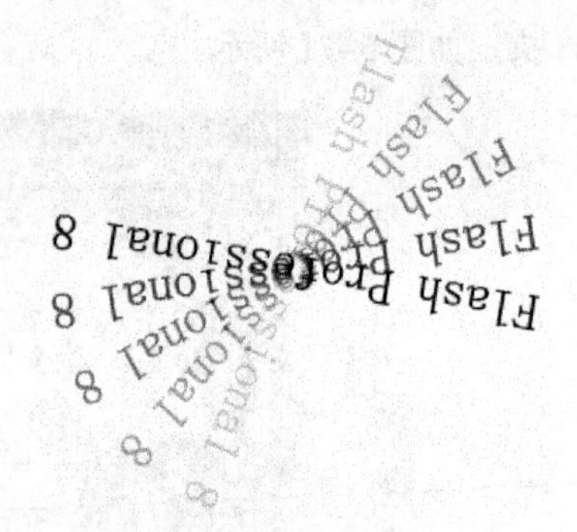

图5-72　留影效果

图5-73　创建留影元件

（3）选择工具箱中的“文本工具”，将“属性”面板中的“字体”设置为宋体，“字体大小”设置为30，“字体颜色”设置为黑色，在舞台中间输入文字“Flash Professional 8”，如图5-74所示。

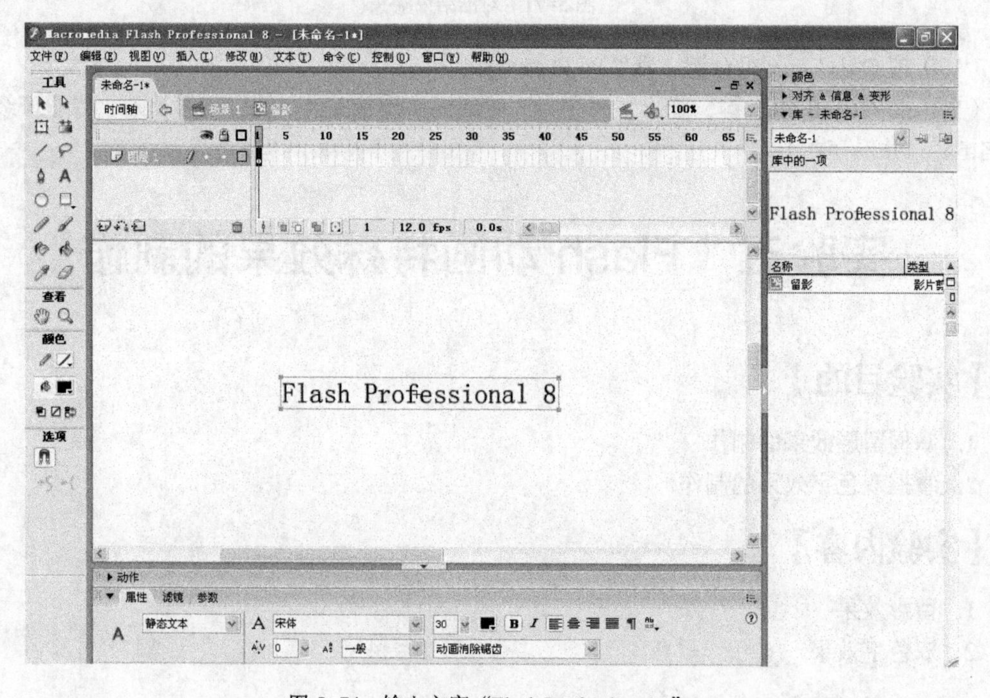

图5-74　输入文字“Flash Professional 8”

（4）选择图层1的第20帧，单击鼠标右键，选择“插入关键帧”。如图5-75所示。

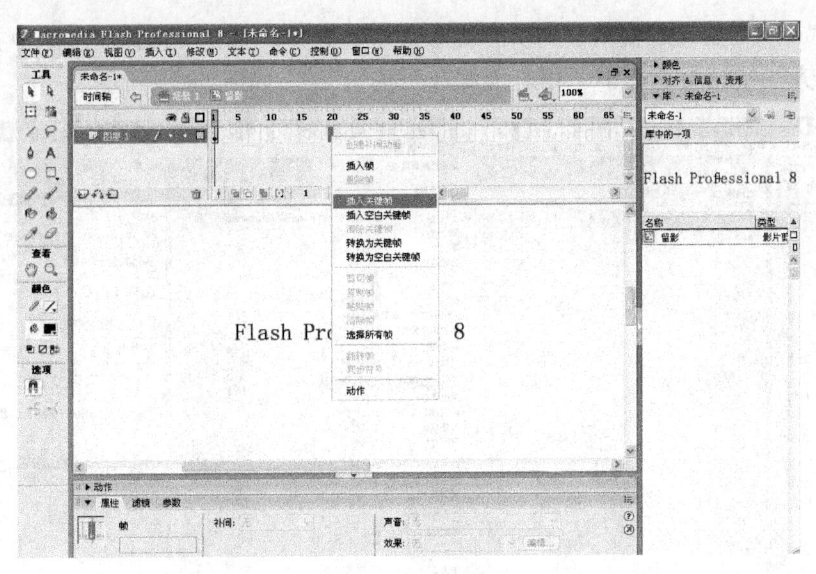

图 5-75　插入关键帧

（5）单击图层 1 的 1~20 帧中的任意一帧（如第 10 帧），在“属性”面板中，设置“补间”为“动画”，“旋转”为顺时针 1 次。如图 5-76 所示。这样就产生了文字旋转的效果。

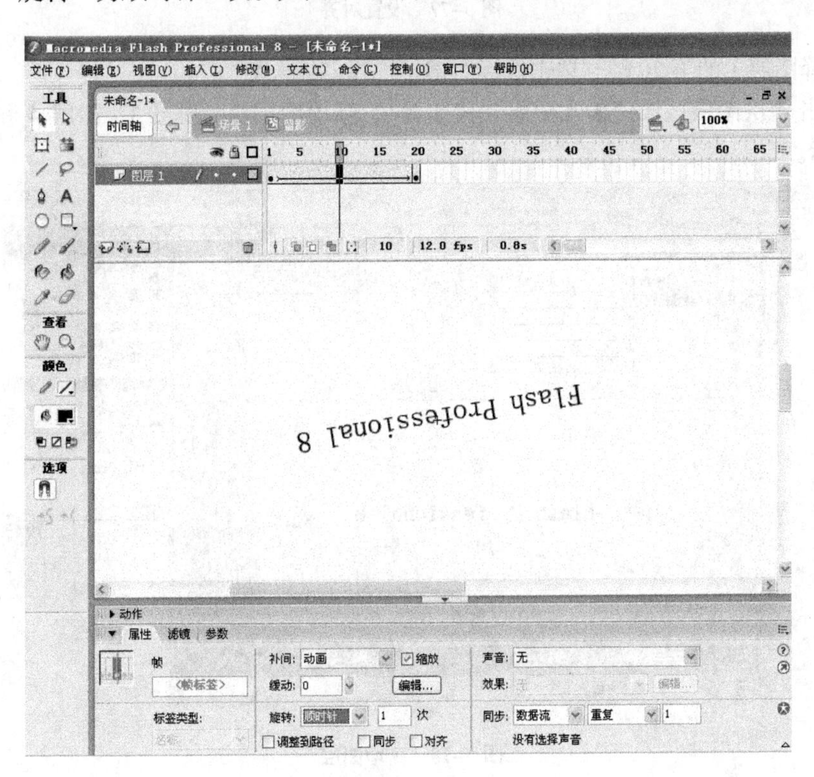

图 5-76　设置补间效果

（6）单击编辑栏中的“场景 1”，返回场景 1 的舞台，在“库”面板中选中“留影”元件，将其拖动到场景 1 的舞台中。

（7）选择工具箱中的“选择工具”，选中文字“Flash Professional 8”。在菜单栏中勾选

“窗口”→“对齐”命令，打开“对齐”面板。在“对齐”面板中选择“水平中齐”按钮和“垂直中齐”按钮，选中“相对于舞台”按钮。如图 5-77 所示。

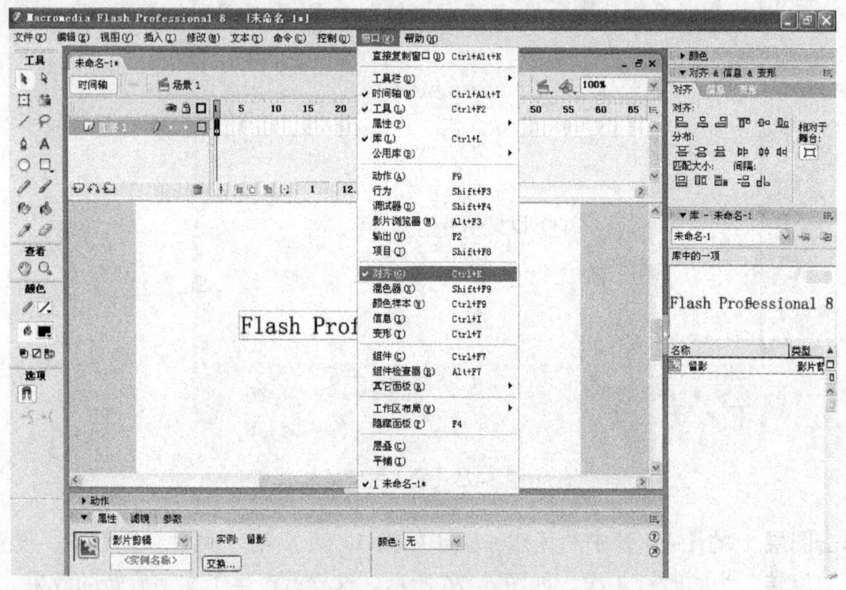

图 5-77 设置对齐

（8）选择图层 1 的第 20 帧，单击鼠标右键，选择“插入帧”。

（9）单击 4 次图层区域“插入图层”按钮，新增图层 2、图层 3、图层 4 和图层 5。如图 5-78 所示。

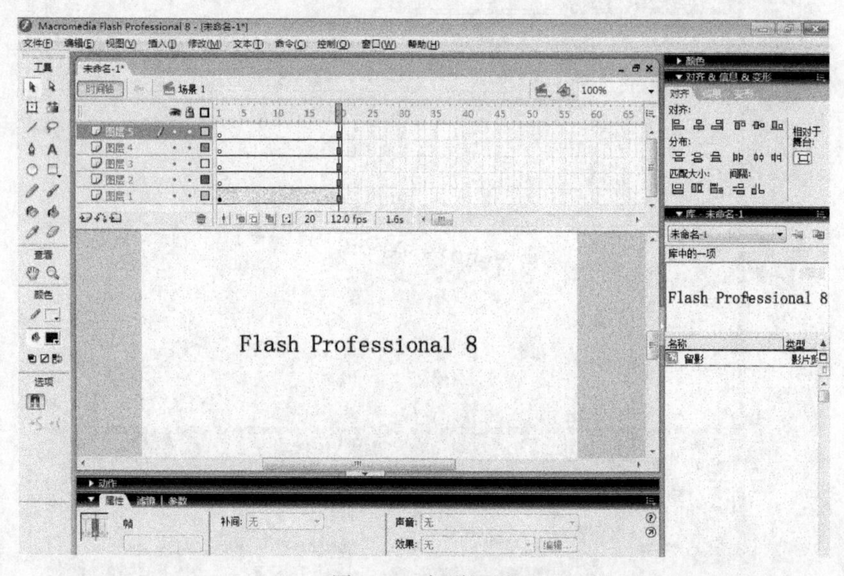

图 5-78 新增图层

（10）选择图层 2 的第 2 帧，单击鼠标右键，选择“插入关键帧”。在“库”面板中选中“留影”元件，将其拖动到舞台中，然后在“对齐”面板中选择“水平中齐”按钮和“垂直中齐”按钮，选中“相对于舞台”按钮。

（11）选择图层 3 的第 3 帧，单击鼠标右键，选择“插入关键帧”。在“库”面板中选中“留影”元件，将其拖动到舞台中，然后在“对齐”面板中选择“水平中齐”按钮和“垂直中齐”按钮，选中“相对于舞台”按钮。

（12）选择图层 4 的第 4 帧，单击鼠标右键，选择“插入关键帧”。在“库”面板中选中“留影”元件，将其拖动到舞台中，然后在“对齐”面板中选择“水平中齐”按钮和“垂直中齐”按钮，选中“相对于舞台”按钮。

（13）选择图层 5 的第 5 帧，单击鼠标右键，选择“插入关键帧”。在“库”面板中选中“留影”元件，将其拖动到舞台中，然后在“对齐”面板中选择“水平中齐”按钮和“垂直中齐”按钮，选中“相对于舞台”按钮。

（14）选择图层 2 的第 2 帧，使用“选择工具”选中文字“Flash Professional 8”，在“属性”面板中设置“颜色”为 Alpha 80%。如图 5-79 所示。

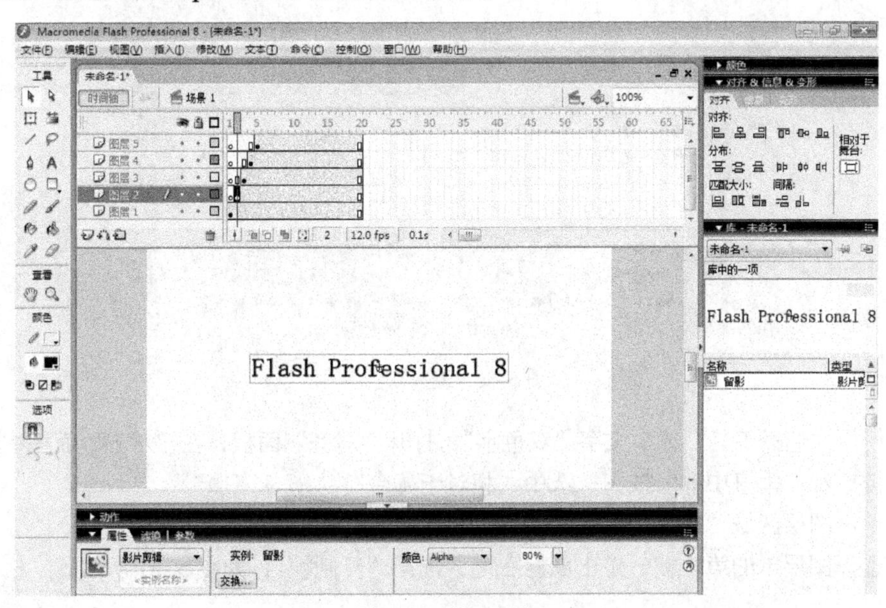

图 5-79　设置颜色

（15）选择图层 3 的第 3 帧，使用“选择工具”选中文字“Flash Professional 8”，在“属性”面板中设置“颜色”为 Alpha 60%。

（16）选择图层 4 的第 4 帧，使用“选择工具”选中文字“Flash Professional 8”，在“属性”面板中设置“颜色”为 Alpha 40%。

（17）选择图层 5 的第 5 帧，使用“选择工具”选中文字“Flash Professional 8”，在“属性”面板中设置“颜色”为 Alpha 20%。

（18）按 Ctrl+Enter 组合键，预览此 Flash 动画。

（19）按 Ctrl+S 组合键，弹出“另存为”对话框，设置文件名为“留影效果—专业班级学号姓名.fla”，并保存在 E 盘。

2. 双色字效果

制作一个带有双色字效果的 Flash 动画，以文件名“双色字效果—专业班级学号姓名.fla”保存在 E 盘。

操作提示：

（1）启动 Flash 8 应用程序，在菜单栏中选择“文件”→“新建”命令，新建一个 Flash 文档。

（2）选择图层 1 的第 1 帧，选择工具箱中的“文本工具”，将“属性”面板中的“字体”设置为黑体，“字体大小”设置为 50，“字体颜色”设置为黑色，在舞台中间输入文字“双色字”，如图 5-80 所示。

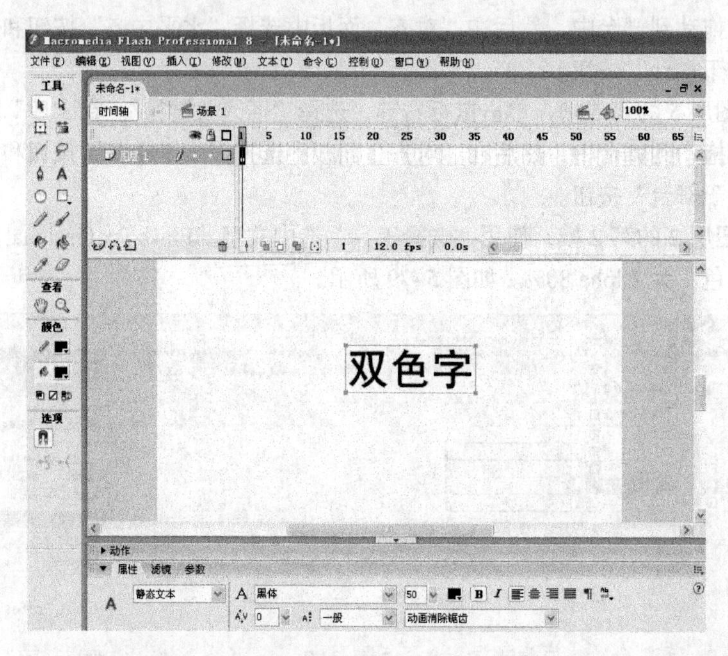

图 5-80 输入双色字

（3）使用“选择工具”选中文字“双色字”，打开“对齐”面板，在“对齐”面板中选择“水平中齐”按钮和“垂直中齐”按钮，选中“相对于舞台”。

（4）单击图层区域“插入图层”按钮，新增图层 2。

（5）选择图层 1 的第 1 帧，单击鼠标右键，选择“复制帧”，如图 5-81 所示。

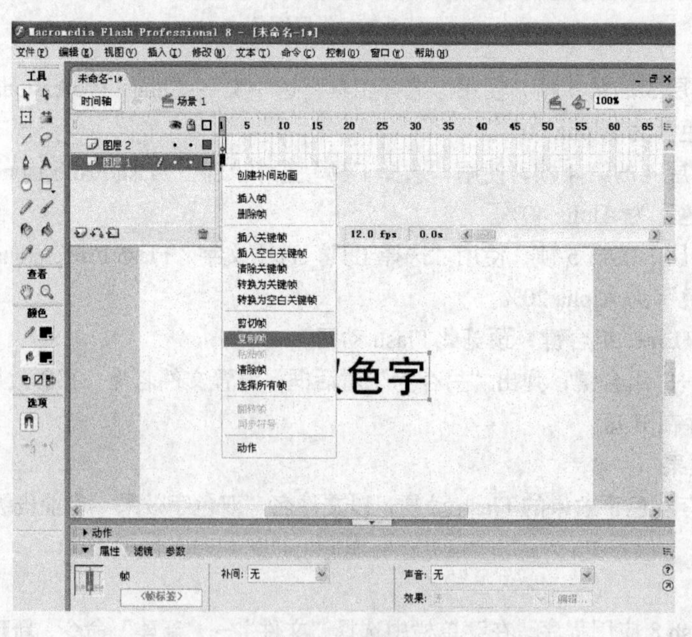

图 5-81 复制帧

（6）选择图层 2 的第 1 帧，单击鼠标右键，选择“粘贴帧”。

（7）选择图层 2 的第 1 帧，使用“文本工具”选中文字“双色字”，在“属性”面板中将“文本（填充）颜色”修改为红色。

（8）使用“选择工具”选中红色的“双色字”，在菜单栏中选择“修改”→“分离”命令将“双色字”分离，效果如图 5-82 所示。

（9）再次选择“修改”→“分离”命令，效果如图 5-83 所示。

图 5-82　第一次分离

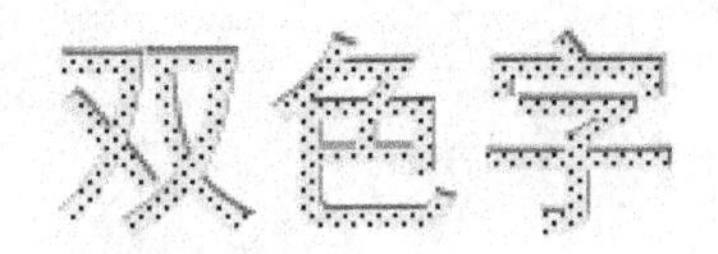

图 5-83　第二次分离

（10）选择工具箱中的“橡皮擦工具”，修改“选项”中的橡皮擦大小，如图 5-84 所示。

（11）使用橡皮擦擦除部分红色文字，效果如图 5-85 所示。

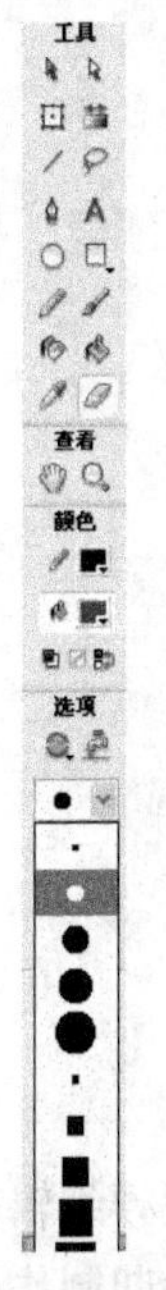

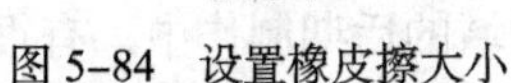

图 5-84　设置橡皮擦大小

图 5-85　擦除部分文字

（12）按 Ctrl+Enter 组合键，预览此 Flash 动画。

（13）按 Ctrl+S 组合键，弹出“另存为”对话框，设置文件名为“双色字效果—专业班级学号姓名.fla”，并保存在 E 盘。

第6章 视频处理技术

实验一　创建一个简单的视频

【实验目的】

1. 使用预置模板新建项目的方法
2. 导入素材的方法
3. 将素材装配到时间线的基本方法
4. 视频文件的输出

【实验内容】

1. 导入素材
2. 在项目窗口中调整素材顺序
3. 将素材装配到时间线上
4. 输出并保存影片

【实验步骤】

Premiere是Adobe公司推出的一款基于非线性编辑设备的音频、视频编辑软件，被广泛应用于电影、电视、多媒体、网路视频、动画设计以及家庭DV等领域的后期制作中，有很高的知名度。Premiere可以实时编辑HDV、DV格式的视频影像，并可与Adobe公司其他软件进行完美整合，为制作高效数字视频树立了新的标准。

本次实验将创建一个具有硬切效果的鲜花赏析视频。以后可以在此基础上添加其他视频切换效果，添加视频特效，添加字幕等。

1. 素材的导入

（1）打开软件 Premiere，在“新建项目”窗口中输入位置和名称，如图6-1所示。确定后打开“新建序列”对话框，如图6-2所示，选择“序列预置”选项卡，展开“DV-PAL”，选择“标准32kHz”，单击“确定”按钮。

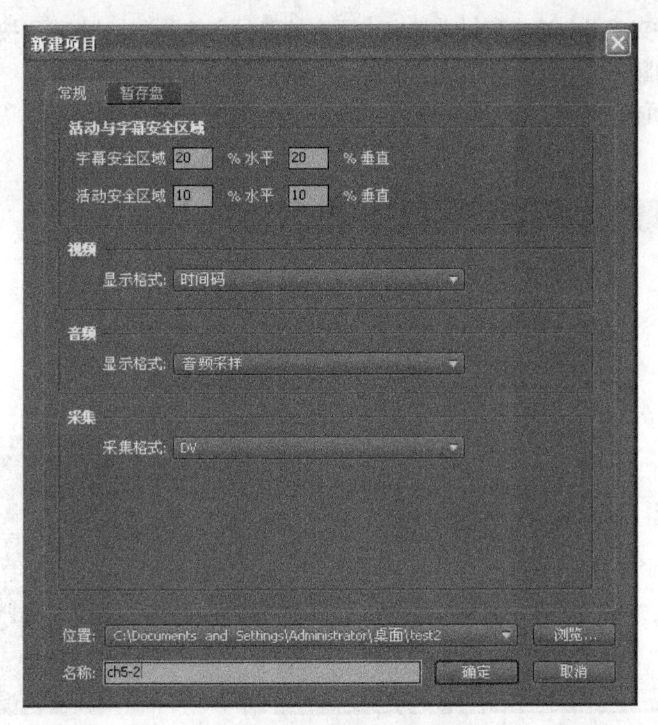

图 6–1 “新建项目”对话框

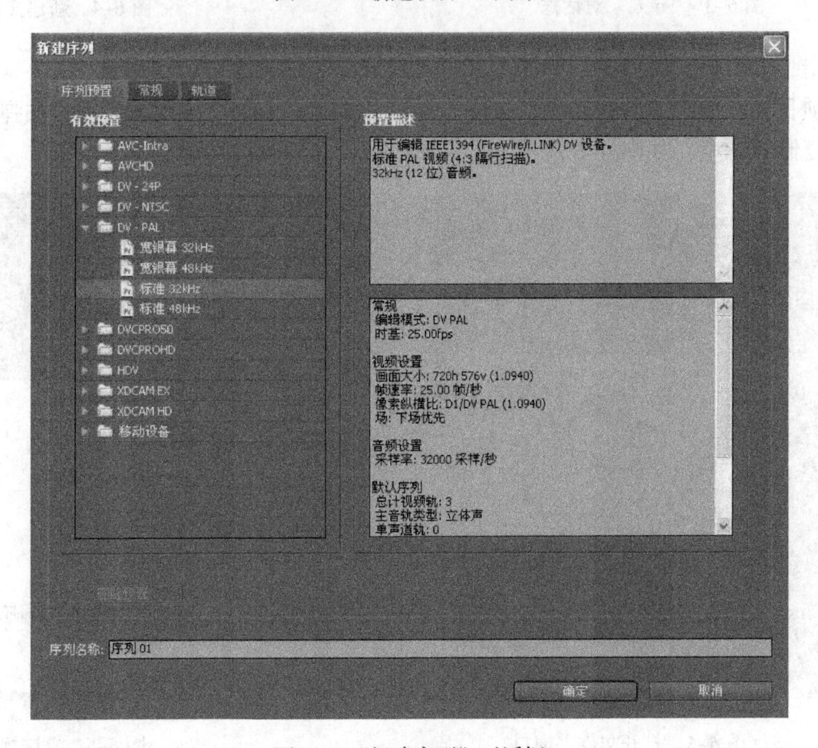

图 6–2 “新建序列”对话框

（2）在项目面板中的空白区域中单击（或者选择“文件”→“导入”或在项目面板中的空白区域单击鼠标右键，在弹出的快捷菜单中选择“导入”），打开“导入”对话框，如图 6–3 所示。

（3）将素材文件夹打开，选中素材文件夹中所有的素材文件，单击“打开”按钮，导入所有素材。

2. 调整素材的顺序

（1）单击项目面板下的“文件夹”按钮，新建一个文件夹，将其命名为“故事板”，如图 6-4 所示。

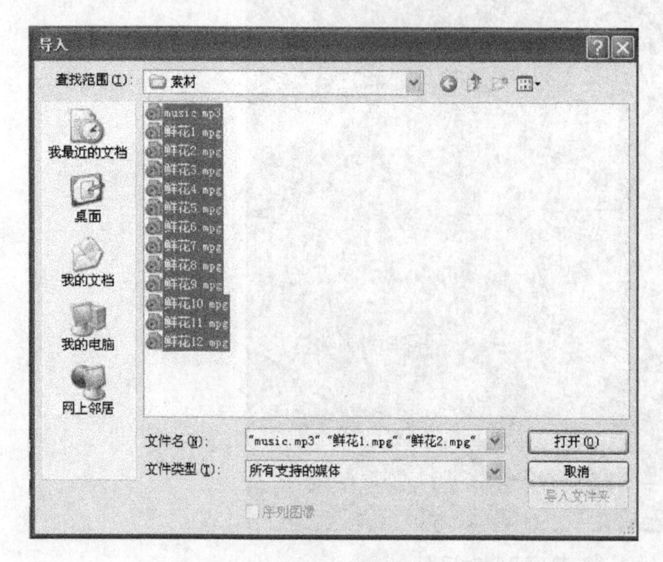

图 6-3 “导入”对话框

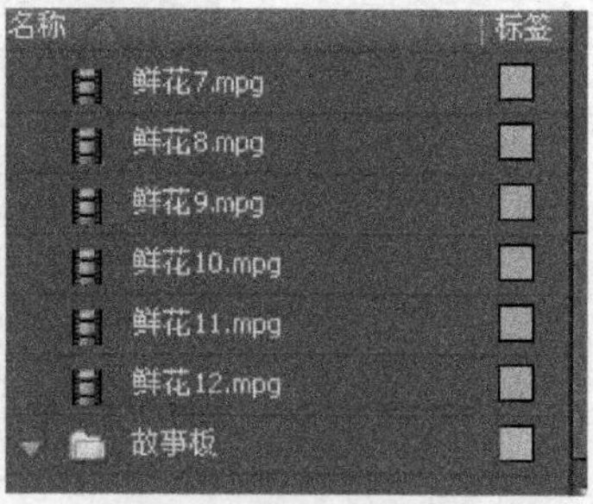

图 6-4 新建文件夹

（2）双击“故事板”文件夹下图标，打开其窗口，如图 6-5 所示。

（3）在项目面板中选中所有的视频文件（鲜花 1~鲜花 12），单击鼠标右键，在弹出的快捷菜单中选中“复制”选项，如图 6-6 所示。

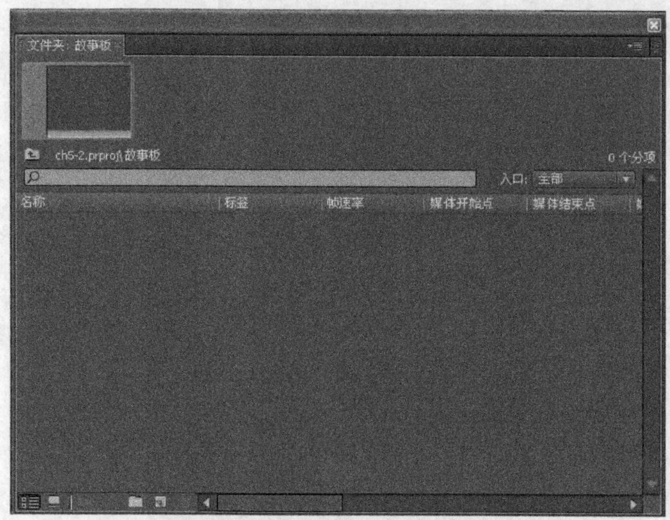

图 6-5 打开文件夹窗口

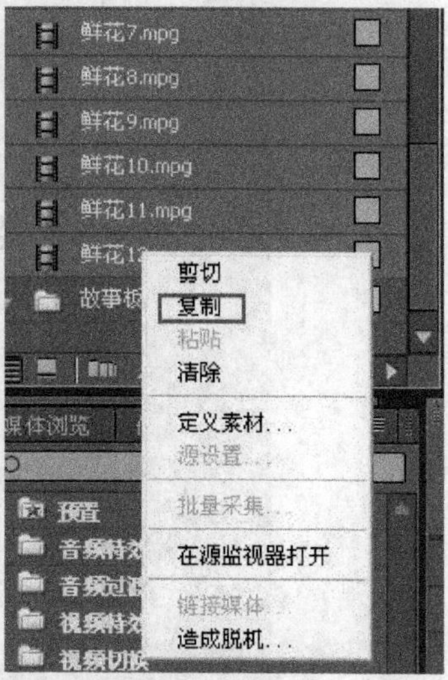

图 6-6 复制视频

（4）选择刚才打开的“故事板”窗口，在空白区域中右击，选择“粘贴”选项。

（5）单击故事板面板下方的图标按钮，使这些视频素材按照图标视图进行显示，如图 6-7 所示。

图 6–7　粘贴视频

（6）单击故事板文件夹面板右上方的菜单，选择“缩略图”→“大”，使视频显示的缩略图以最大的方式显示，如图 6–8 所示。

图 6–8　放大缩略图

（7）将鼠标放在故事板文件夹面板的边界处，当鼠标变成左右向箭头时，按下鼠标左键并拖曳，调整该面板的大小，以便看到更多的视频素材。

（8）在故事板窗口中选择“鲜花 4”“鲜花 5”，按 Delete 键删除。

（9）拖曳其余的素材，调整它们排列的顺序。具体方法是在需要移动的素材上按住鼠标左键并拖曳到新的位置，当出现黑色垂直线段时释放鼠标即可。

温馨提示：利用容器可以合理地组织素材，帮助用户迅速将剪辑装配到时间线上。

3. 将素材装配到时间线上

（1）将当前时间指示器移动到时间线开始位置。

（2）在故事板文件夹中框选所有的视频素材（或者使用“编辑”→“选择所有”或者使用Ctrl+A组合键，或者使用Ctrl+单击鼠标左键的方法），将所有素材选中。

（3）单击下方的“自动匹配到序列”按钮，如图6-9所示。

（4）在弹出的“自动匹配到序列”对话框中，将“素材重叠”后的数值改为“0”，并取消“应用默认音频转场过渡”和“应用默认视频转场切换”前面的复选框，如图6-10所示。

图6-9　自动匹配到序列

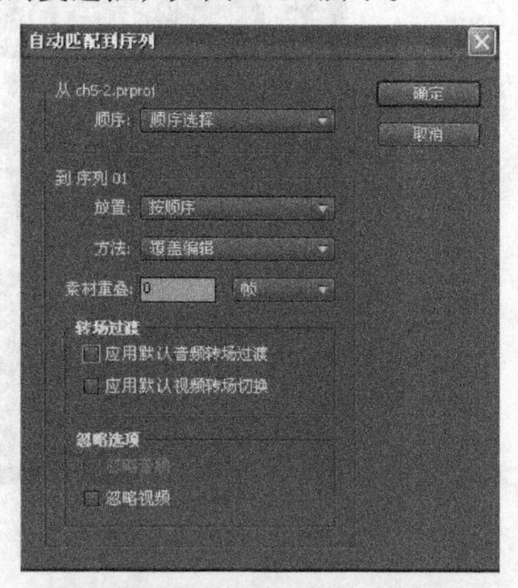

图6-10　“自动匹配到序列”对话框

（5）单击“确定”按钮，选择的视频素材将自动排列在时间线面板中。

（6）关闭故事板文件夹面板，单击时间线面板，将其激活，按下空格键（注意要在英文状态下）即可播放视频，如图6-11所示。

（7）在项目面板中选择music.mp3素材文件，按住鼠标左键并将其拖曳到时间线面板中的音频1轨道上后释放，如图6-12所示。

图6-11　播放视频

图6-12　拖动素材文件

（8）使用工具面板中的“选择”工具，在音频1轨道上移动刚才添加的素材，使其左边跟时间线的最左边对齐。

（9）保持时间线面板的激活状态，按下键盘上的反斜杠“\”，将剪辑视图扩大到整个时间线的范围。

温馨提示：在时间线面板中可以使用“-”键缩小时间线视图，使用“=”键放大时间线视图，使用“\”键，将视图扩大到整个时间线范围。

（10）将鼠标移动到music素材的右边，当出现向左的括号后，按住鼠标左键向左拖曳，拖曳到视频素材结束位置附近时鼠标会被自动吸附，释放鼠标，如图6-13所示。这样在视频画面结束之后多余的音乐就被自动删除了。

（11）按下键盘上的等号“=”将剪辑视图扩大到合适的范围，以方便做进一步的剪辑。如图 6–14 所示，通过观察，发现“鲜花 1”持续的时间比较长，而“鲜花 11”和“鲜花 12”持续的时间太短。接下来将适当调整素材的长度。

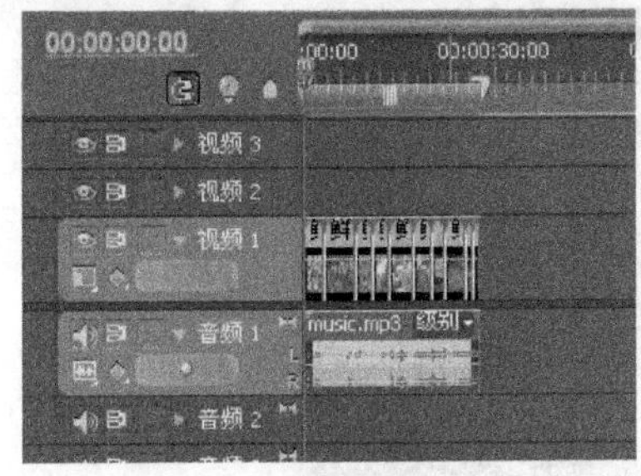

图 6–13　移动素材

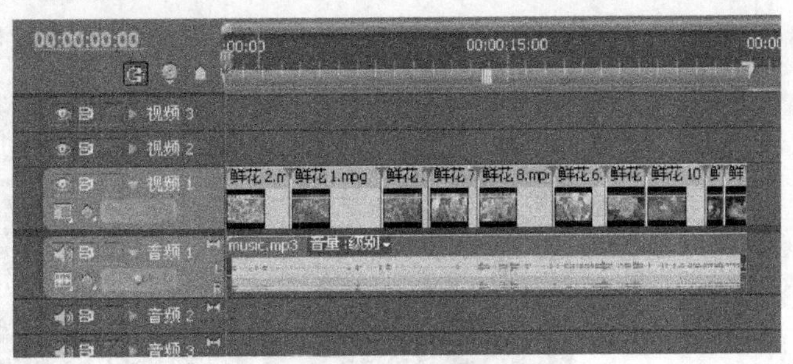

图 6–14　扩大剪辑视图

（12）利用刚才缩短音频素材的方法同样可以减小视频播放的长度。将鼠标放到“鲜花 1”素材的右边，鼠标指针变成向左的括号后，按下鼠标左键向左拖曳使素材减少 1 秒。此时“鲜花 1”和“鲜花 3”两段素材之间会出现间隙。

（13）在“鲜花 1”和“鲜花 3”两段素材之间的间隙上单击鼠标右键，选择“波纹删除”，后面的素材将全部向前移动以消除这段间隙。

（14）在“鲜花 12”素材上单击鼠标右键，在弹出的快捷菜单中选择“速度/持续时间”。

（15）在弹出的“素材速度/持续时间”对话框中的“速度”后面输入“50”，使该素材以 50%的速度播放，也就是播放的时间变成原来的 2 倍，如图 6–15 所示。

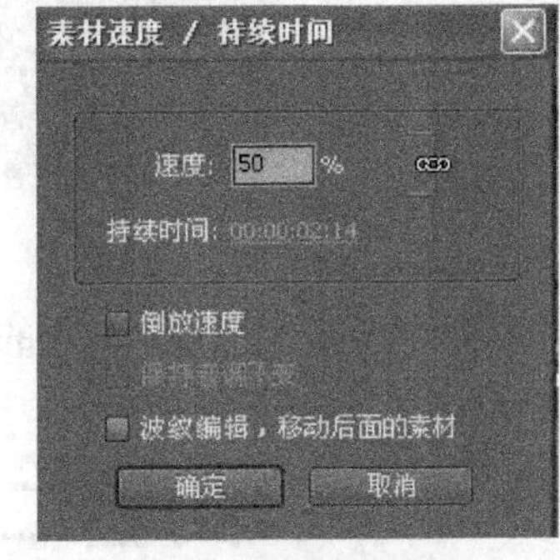

图 6–15　“素材速度/持续时间”对话框

（16）再次调整音频素材在时间线上的长度，使其和画面长度相匹配。

4．影片输出

（1）选择“文件”→“导出”→“媒体”，打开“导出设置”对话框，如图 6–16 所示。浏览要输出视频的目录，并在对话框中输入想要保存的文件名。

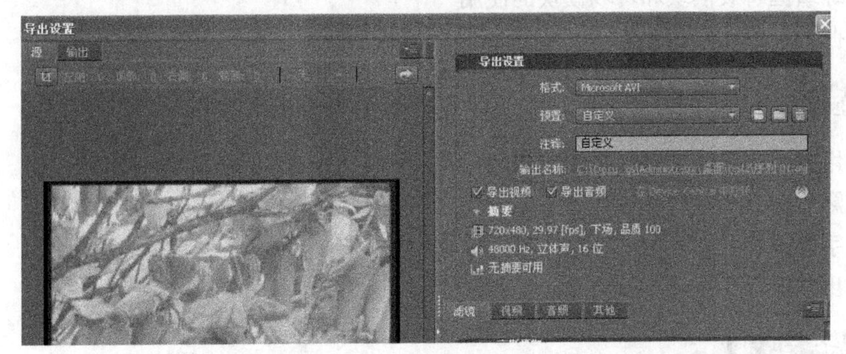

图 6–16　“导出设置”对话框

（2）单击“设置”按钮，打开“输出设置”对话框，设定参数。单击“确定”按钮返回“导出设置”对话框。

温馨提示：在“导出设置”对话框中可以设定影片的导出范围，该范围可以是全部序列，也可以是序列中的工作区。

（3）单击“导出设置”对话框中的“保存”按钮，即可开始输出视频，如图 6-17 所示。

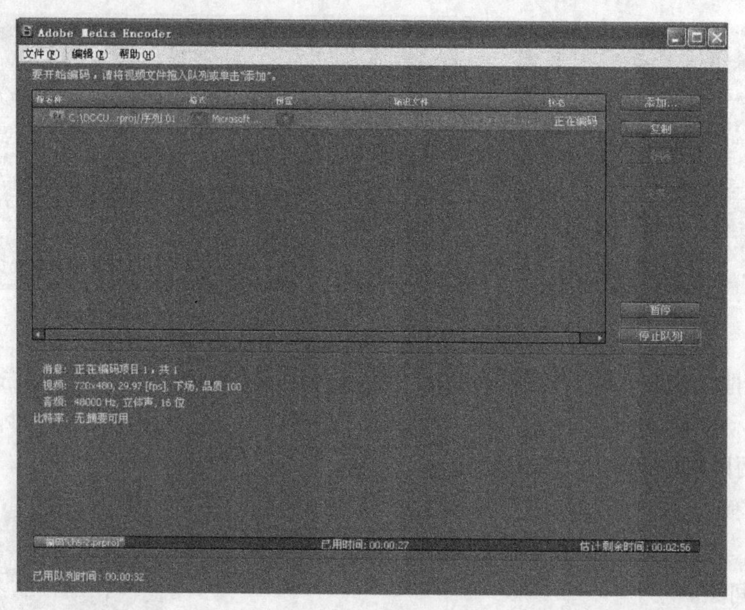

图 6-17 导出视频

（4）至此，一个硬切效果的简单影片就完成了。生成的视频文件可以用播放器播放。

实验二 添加转场特效和字幕

【实验目的】

1. 熟悉 Premiere 的开发编辑环境
2. 熟练掌握特效模块和转场模块的使用
3. 掌握 Premiere 字幕设置

【实验内容】

1. 利用内置的字幕工具来制作字幕
2. 在影片中各个素材连接处添加转场
3. 将字幕添加到影片中
4. 输出并保存影片

【实验步骤】

为素材添加视频切换效果及字幕。恰当应用叠化、卷页、拉伸、擦除等视频切换效果能够使画面更为自然流畅。

1. 制作字幕

（1）打开项目文件（素材）。

（2）单击“文件”→“新建”→“字幕”（或在项目面板中空白区域单击鼠标右键，选择“新建分类”→“字幕”）命令，弹出“新建字幕”对话框。在“名称”后面输入“春天来了”作为此字幕的名称，如图 6-18 所示。

（3）单击“确定”按钮，弹出字幕编辑窗口，如图 6-19 所示。

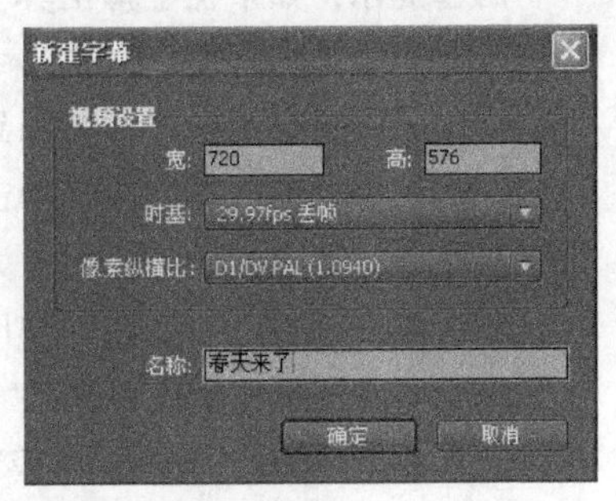

图 6-18　“新建字幕”对话框

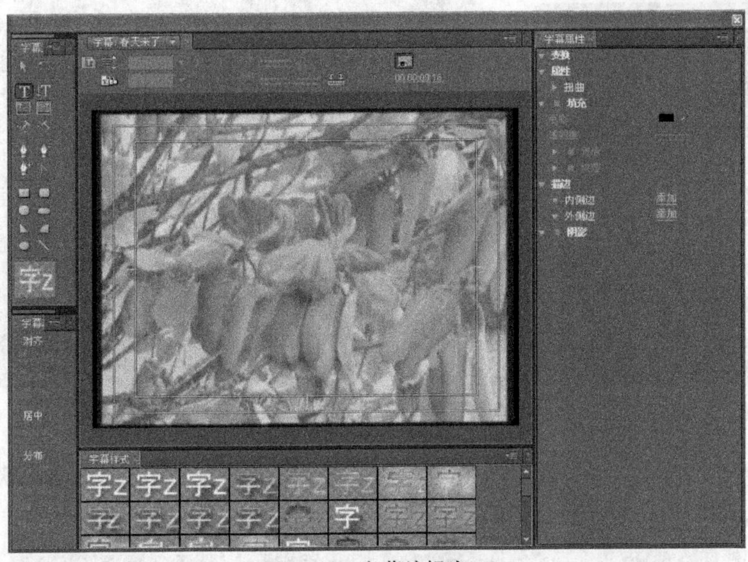

图 6-19　字幕编辑窗口

（4）选择左边工具栏中的“文字工具”按钮，然后在中间的编辑区域之中单击，输入“春天来了”，选择“字幕样式”面板中的“仿宋”样式，此时可以看到字幕出现在编辑区中，如图 6-20 所示。

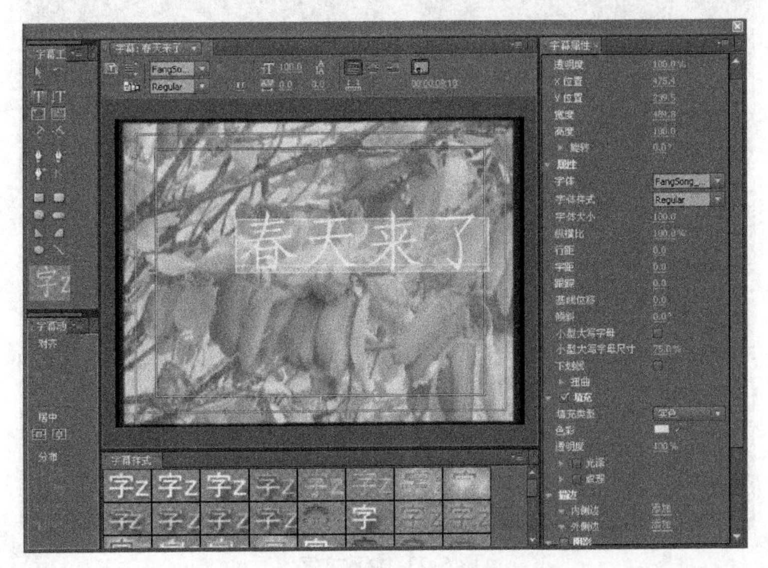

图 6-20　输入文字

温馨提示：如果在字幕工具中输入中文的时候出现乱码，可以通过在右边的“字幕属性”栏中选择适当字体来解决。

（5）关闭字幕编辑窗口，回到项目面板可以看到已经创建好的字幕，如图 6–21 所示。

（6）在项目面板的空白处单击鼠标右键，选择“新建分项”→“字幕”命令，弹出“新建字幕”对话框。在名称后面输入“大自然的气息”作为此字幕的名称。

（7）单击“确定”按钮，弹出字幕编辑窗口。

（8）单击字幕编辑窗口中的“模板”按钮，弹出“模板”对话框，如图 6–22 所示。选择“屏幕下方三分之一 1024”模板，单击“确定”按钮。

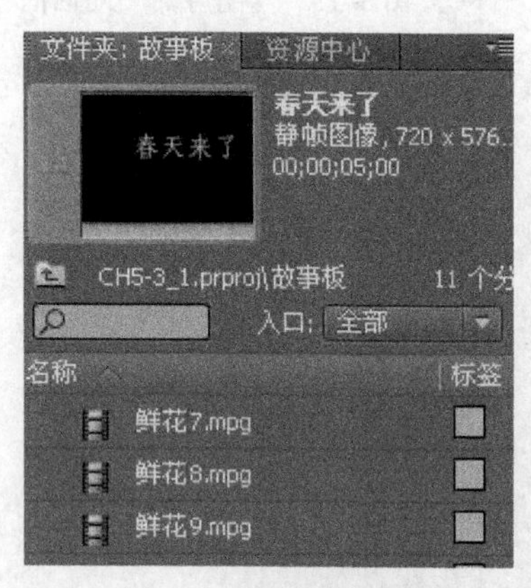

图 6–21　文字效果

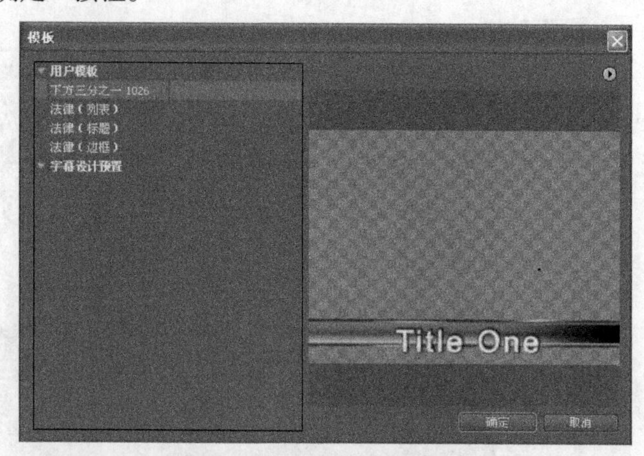

图 6–22　“模板”对话框

（9）“屏幕下方三分之一 1024”模板出现在编辑区域中，修改其中的文字为“大自然的气息”，如图 6–23 所示。

图 6–23　修改文字

（10）关闭字幕编辑窗口，回到项目面板。

2. 为影片添加转场

（1）选择“窗口”→“工作区”→“效果”，将工作区调整到预设的特效和切换工作区。

（2）按下等号键“=”适当的次数，扩大时间线视图，以方便操作。

（3）效果面板此时位于项目面板相同的位置。单击效果面板，展开“视频切换效果”→“叠化”文件夹。

（4）将“叠化”效果拖曳到时间线上的“鲜花 1”和“鲜花 3”之间的编辑点上，释放鼠标，如图 6–24 所示。

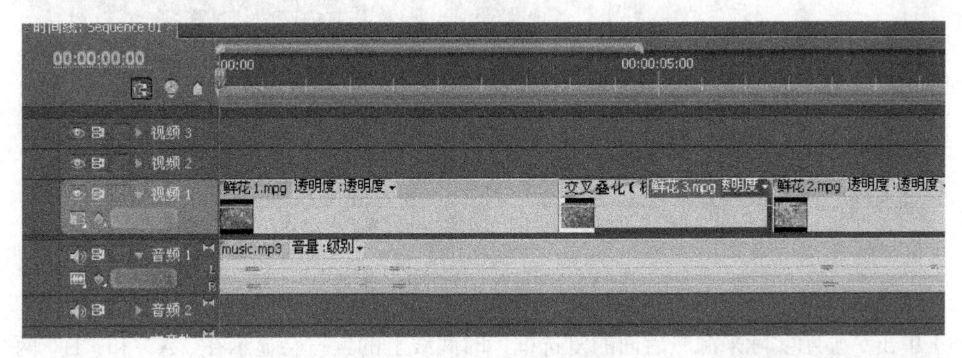

图 6–24　添加“叠化”效果

（5）将“视频切换效果”→“3D 运动”下的“上折叠”效果拖放到“鲜花 3”和“鲜花 2”之间。在弹出的“切换过渡”提示窗口中单击“确定”按钮，如图 6–25 所示。（如果碰到同样的提示，单击“确定”即可，后面将进行具体说明。）

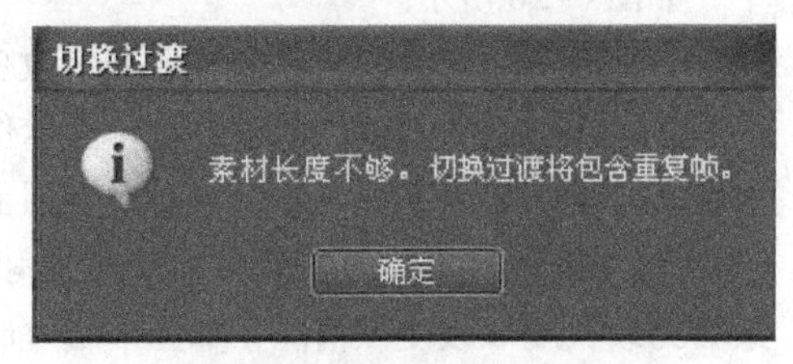

图 6–25　“切换过渡”对话框

（6）使用同样的方法，分别在“鲜花 2”和“鲜花 7”之间添加“圆形划像”，在“鲜花 7”和“鲜花 8”之间添加“立方旋转”，在“鲜花 8”和“鲜花 6”之间添加“卡片翻转”，在“鲜花 6”和“鲜花 9”之间添加“卷页”，在“鲜花 9”和“鲜花 10”之间添加“球状”，在“鲜花 12”后添加“黑场过渡”。按 Enter 键预览视频，如图 6–26 所示。

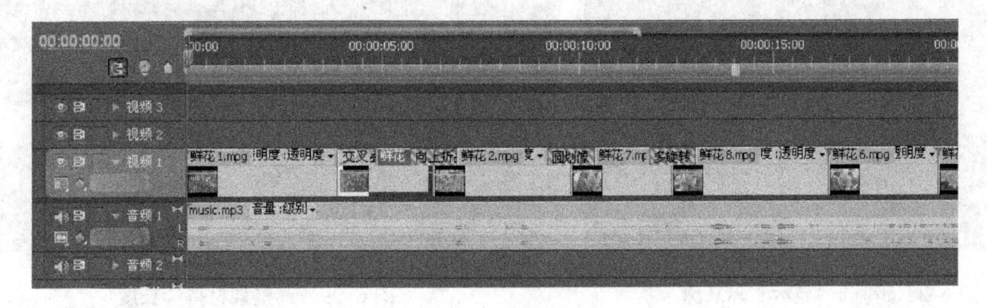

图 6–26　预览视频

（7）单击“鲜花 3”和“鲜花 2”之间的“上折叠”切换效果矩形，其相关设置参数将会出现在效果控制面板中，如图 6–27 所示。

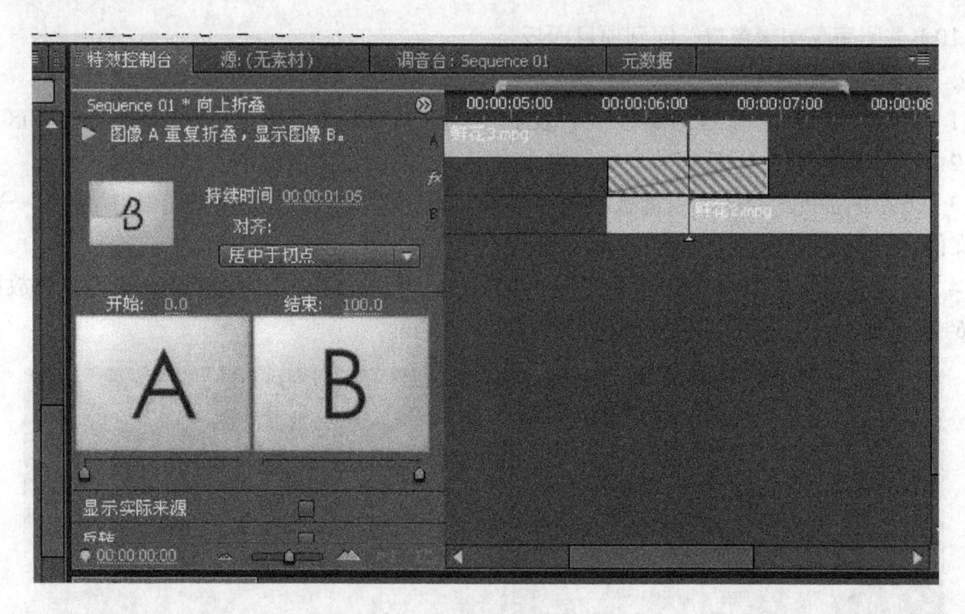

图 6–27　设置“上折叠”效果

（8）单击“显示实际来源”后面的复选框，时间线上的素材会显示在“A”和“B”两个窗口中，如图 6–28 所示。

（9）单击“反转”后面的复选框，改变切换效果的顺序。

（10）在“持续时间”后面的时间显示位置单击鼠标，将切换效果时间改为“00：00：01：00”，也就是 1 秒。如果需要，可以自行改变后面各种切换效果的各种参数。

（11）在切换效果内如果有平行的对角线，表示缺少头帧或尾帧，可以拖曳素材的边缘，调整素材持续长度以改变该情况，如图 6–29 所示。

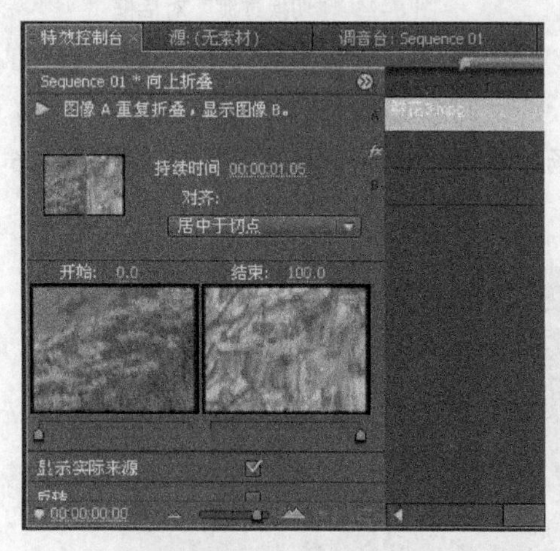

图 6–28　勾选“显示实际来源”

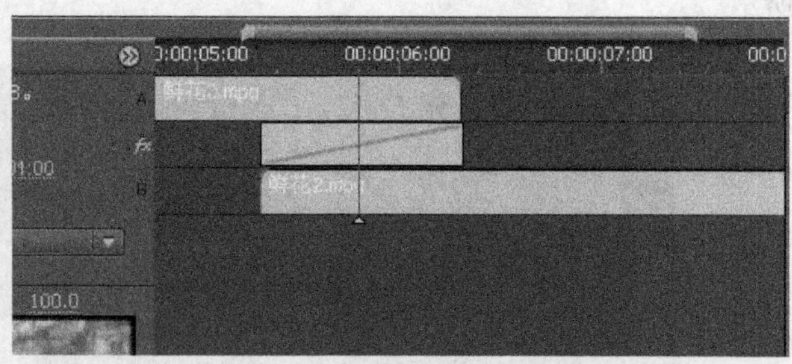

图 6–29　调整素材持续长度

（12）调整音频 1 轨道上素材的起始点和结束点，使其匹配视频的长度。接下来通过设置关键帧的方式为音频设置淡入淡出的效果。

（13）选择音频 1 轨道上的“music.mp3”之后，打开效果控制面板，依次展开“音量”→“级别”，如图 6–30 所示。

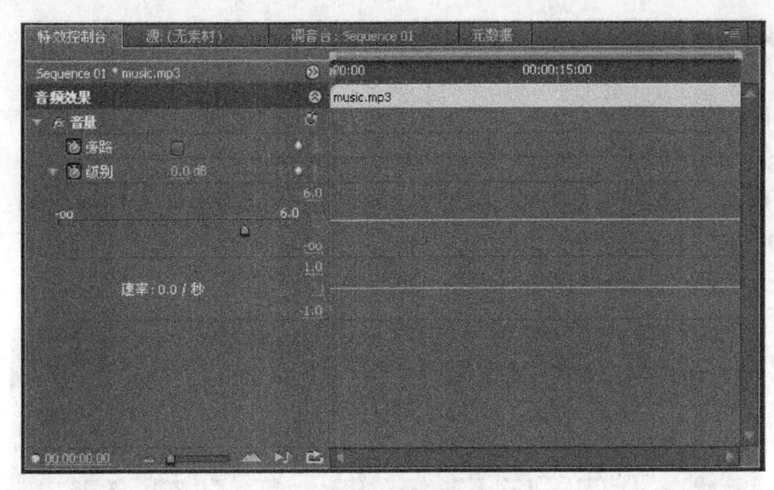

图 6-30　特效控制台

（14）分别移动播放头到“00：00：00：00”位置、“00：00：01：00”位置，“00：00：25：20”位置以及“00：00：27：02”位置，单击“添加/删除关键帧”按钮，为音频 1 轨道上的 music.mp3 添加 4 个关键帧，如图 6-31 所示。

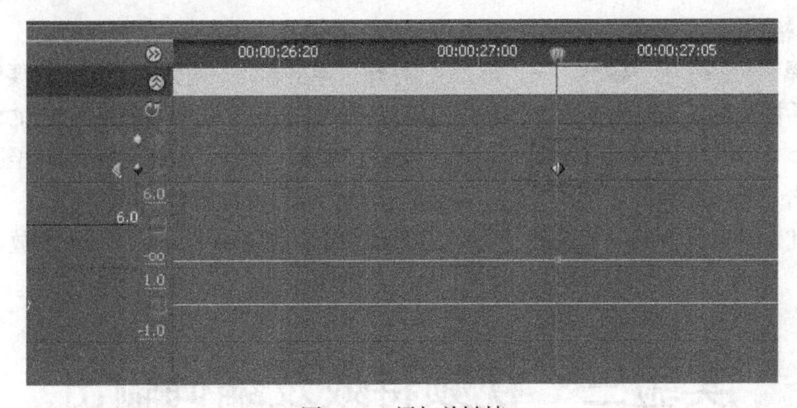

图 6-31　添加关键帧

（15）在“00：00：27：02”关键帧上移动“电平”下方的滑块至最左边，使电平值变为最小。

（16）单击 3 次“跳转到前一关键帧”按钮，使播放头位于第一个关键帧之上。移动“电平”下方的滑块至最左边，使电平值变为最小，如图 6-32 所示。

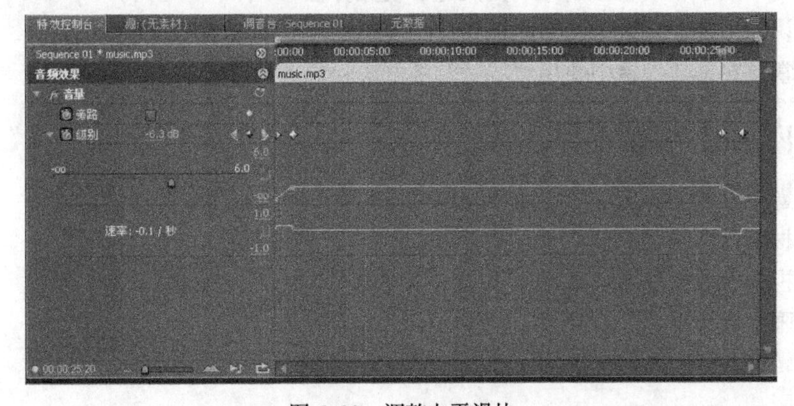

图 6-32　调整电平滑块

3. 将字幕添加到影片中

（1）选择“窗口”→“工作区”→“编辑”，回到预设的编辑工作区中。

（2）在项目面板中选择“春天来了”字幕，将其拖曳到视频 2 轨道上。设置字幕开始时间为 00：00：00：00，结束时间为 00：00：04：00。

（3）将字幕“大自然的气息”拖曳到视频 2 轨道上。设置字幕开始时间为 00：00：08：05，结束时间为 00：00：25：22。

（4）按 Enter 键即可预览最终输出效果，如图 6–33 所示。

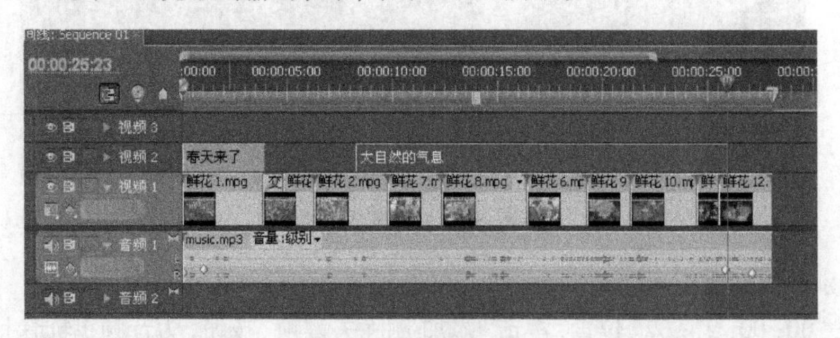

图 6–33　预览输出效果

4. 影片输出

（1）选择“文件”→“导出”→“影片”，打开“导出影片”对话框。浏览想要输出视频的目录，并在对话框中输入想要保存的文件名（这里使用“添加切换及字幕效果”作为文件名）。单击“设置”按钮，打开“输出设置”对话框，设定参数。单击“确定”按钮返回“导出影片”对话框。

（2）单击“导出影片”对话框中的“保存”按钮，即可开始输出视频。

（3）至此，一个具备转场效果并且添加了字幕的影片就完成了，可以使用播放器播放生成的视频文件。

实验三　视频特效及编码输出

【实验目的】

1. 熟悉 Premiere 中“视频特效”的用途和使用方法
2. 初步认识“视频特效”选择面板和“特效控制台”面板中的参数的含义
3. 初步掌握在影片编辑中使用“特效”的方法和参数的设置

【实验内容】

1. 导入素材
2. 将素材装配到时间线上
3. 添加视频特效
4. 制作画中画效果
5. 添加转场效果
6. 输出影片

【实验步骤】

视频特效就是通过使用各种视频滤镜，对视频素材、图片素材进行加工，以改变其显示效果。运动效果主要包括使素材产生移动、旋转、缩放等效果。恰当地运用各种视频特效与运动效果，可以增加影片的视觉效果和感染力。

本实验将制作一个具有画中画效果的影片，并利用 Adobe Media Encoder 将该影片编码输出。

（1）打开软件 Premiere，在“新建项目”窗口中选择“序列预置”选项卡，展开“DV–PAL”，选择“标准 32kHz”，单击“确定”按钮。

（2）在项目面板中导入“素材”文件夹中的素材，如图 6–34 所示。

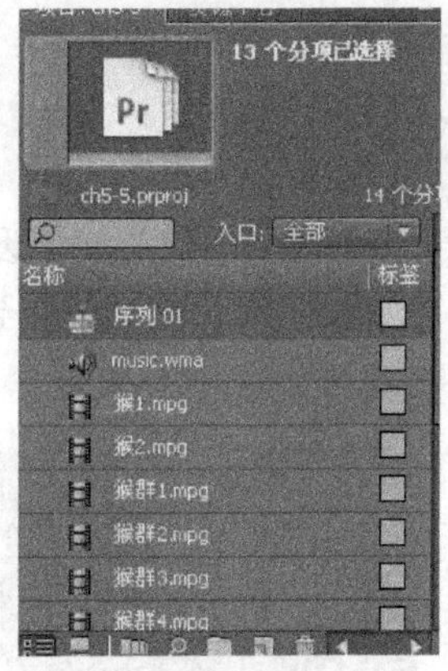

图 6–34　导入素材

（3）将视频素材依次添加到时间线上的视频 1 轨道上，具体顺序为“森林 1”“森林 2”“猴群 1”“猴群 2”“猴群 3”“猴群 4”“猴群 5”“猴群 6”“日落”，如图 6–35 所示。

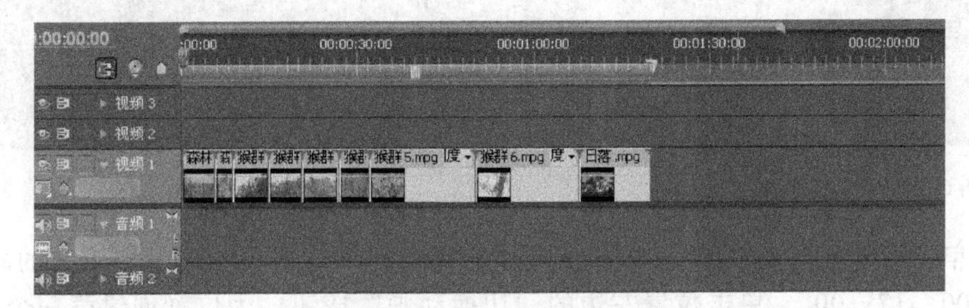

图 6–35　添加视频素材

（4）单击特效面板，依次展开“视频特效”→“色彩校正”，将“快速色彩校正”特效拖曳到时间线面板中视频 1 轨道上的“森林 2”剪辑上释放。

（5）单击视频 1 轨道上的“森林 2”剪辑，选择效果控制面板，展开“快速色彩校正”，如图 6–36 所示。

（6）设定“色相位角度”后面的参数为“30”。使得剪辑“森林 2”的单个色彩感觉跟剪辑“森林 1”更为接近。

（7）将“猴子.jpg”从项目面板中拖曳到视频 2 轨道上，开始时间为“00：00：17：00”，结束时间为“00：00：30：00”。如图 6–37 所示。

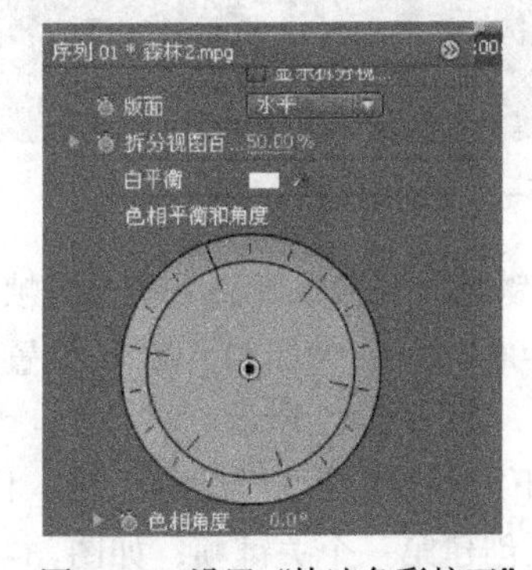

图 6–36　设置“快速色彩校正”

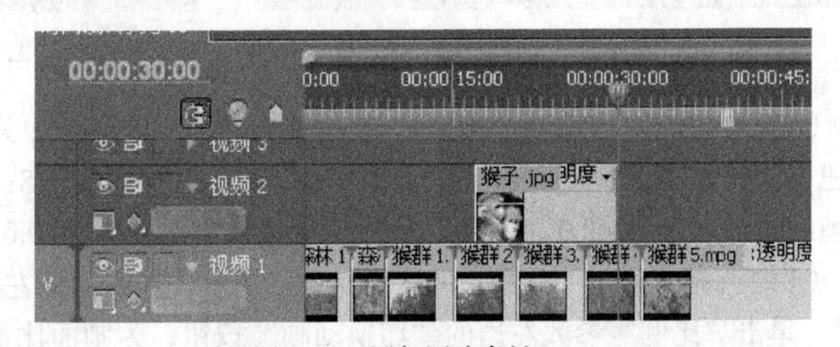

图 6–37　添加图片素材

（8）选择视频 2 轨道上的“猴子.jpg”，单击效果控制面板，单击“透明度”前面的按钮展开参数栏。

（9）分别将效果面板左下方的时间改为“00：00：17：00”、“00：00：18：00”、“00：00：29：00”、“00：00：30：00”，单击透明度右方的“添加/删除关键帧”按钮，添加 4 个关键帧，如图 6-38 所示。

（10）分别将“00：00：17：00”“00：00：18：00”“00：00：29：00”“00：00：30：00”4 个关键帧的透明度值设置为“0”“100”“100”“0”，如图 6-39 所示。（单击“添加/删除关键帧”按钮两边的“跳转到前一关键帧”和“跳转到后一关键帧”按钮，可以在各个关键帧之间快速跳转。）

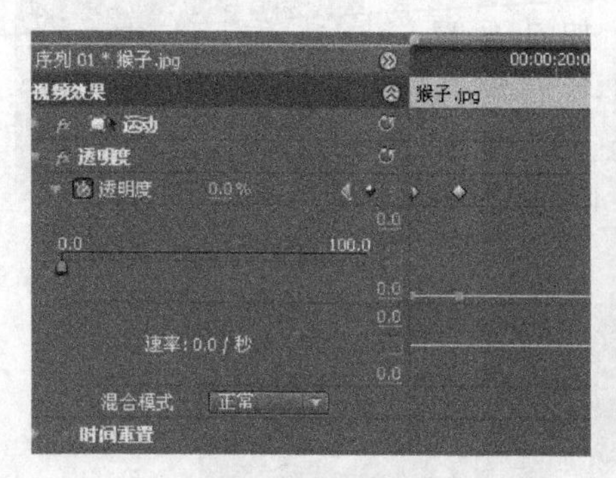

图 6-38　添加关键帧

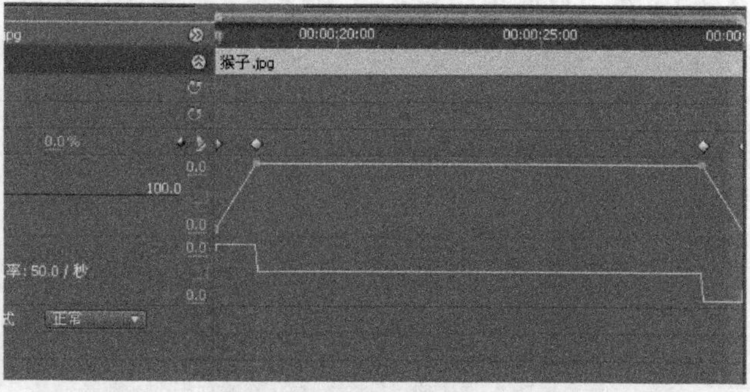

图 6-39　设置关键帧

（11）单击“运动”前面的三角按钮展开参数栏。将效果控制面板左下方的时间设定为“00：00：17：00”，单击位置左边的“切换动画”按钮，为位置创建第一个关键帧，如图 6-40 所示。

（12）分别将效果控制面板左下方的时间设定为“00：00：18：00”“00：00：20：00”，单击“位置”右方的“添加/删除关键帧”按钮，在这两个时刻添加位置关键帧，如图 6-41 所示。

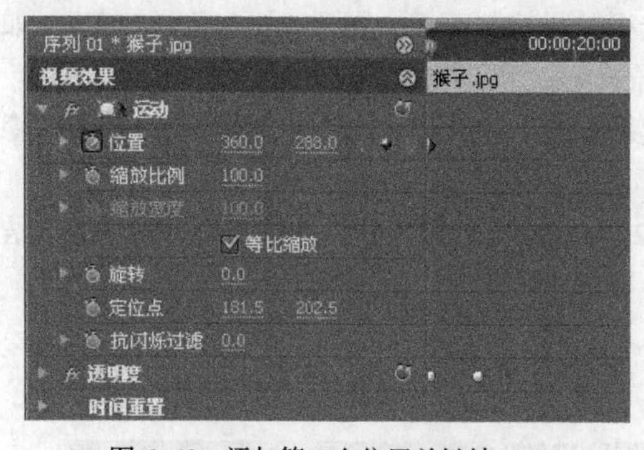

图 6-40　添加第一个位置关键帧

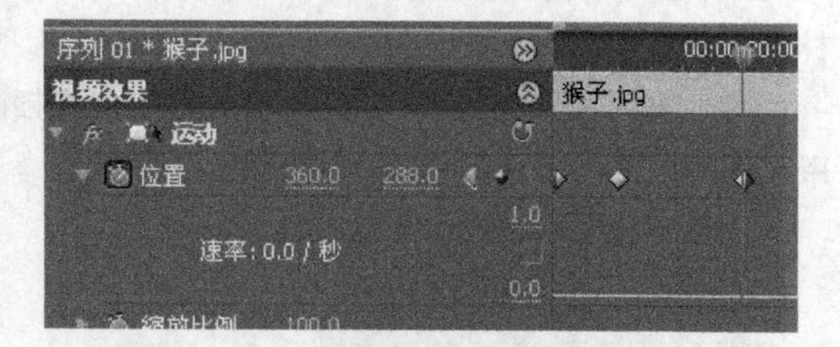

图 6-41　添加位置关键帧

（13）单击“添加/删除关键帧”按钮两边的“跳转到前一关键帧”和“跳转到后一关键帧”按钮，快速定位各个关键帧。“00：00：17：00”“00：00：18：00”“00：00：20：00”，位置关键帧的值设置为“360.0，288.0”“360.0，288.0”“200.0，200.0”，如图 6-42 所示。

（14）保持“运动”参数栏的展开状态。将效果控制面板左下方的时间设定为“00：00：17：00”，单击“比例”参数左边的“切换动画”按钮，为画面比例创建第一个关键帧，如图 6-43 所示。

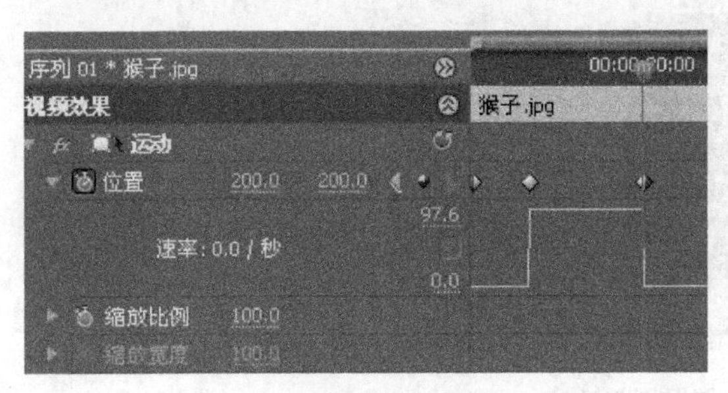

图 6–42 定位位置关键帧

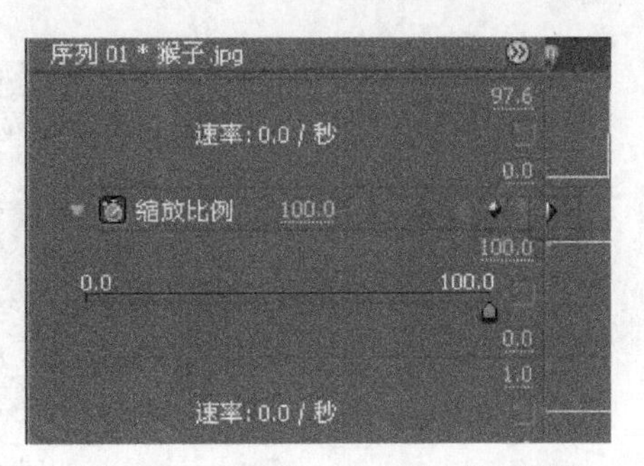

图 6–43 创建第一个画面比例关键帧

（15）分别将效果控制面板左下方的时间设定为“00：00：18：00”“00：00：20：00”，单击“比例”右方的“添加/删除关键帧”按钮，在这两个时刻添加画面的比例关键帧，如图 6–44 所示。

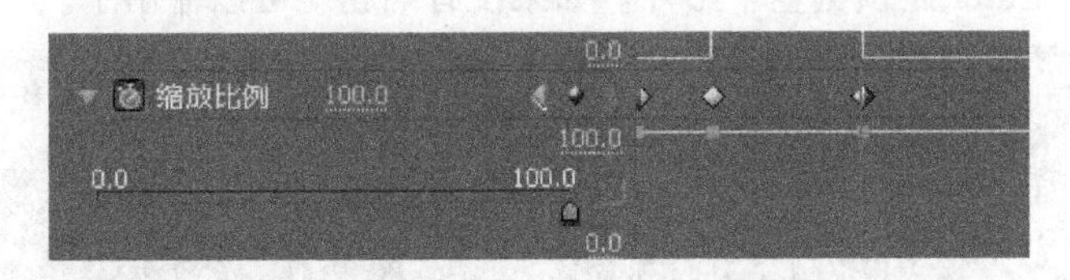

图 6–44 创建其他画面比例关键帧

（16）单击“添加/删除关键帧”按钮两边的“跳转到前一关键帧”和“跳转到后一关键帧”按钮，快速定位各个关键帧。“00：00：17：00”“00：00：18：00”“00：00：20：00”，比例关键帧的值设置为“100”“100”“65”，如图 6–45 所示。

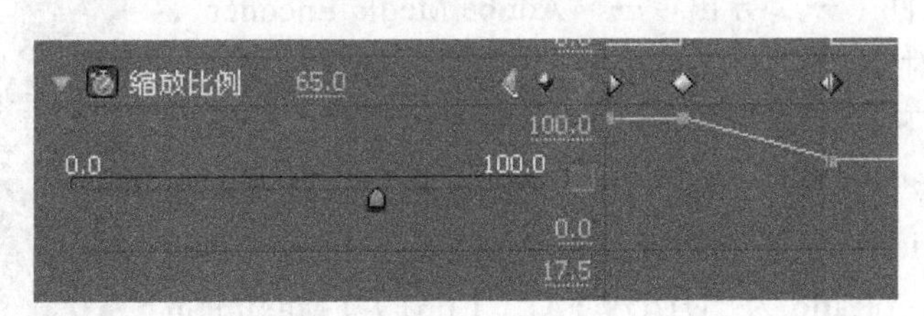

图 6–45 设置关键帧位置

（17）将“叠化”转场效果添加到各个剪辑之间，将“黑场过渡”转场效果添加到“日落”剪辑的最后。按 Enter 键预览效果，如图 6–46 所示。

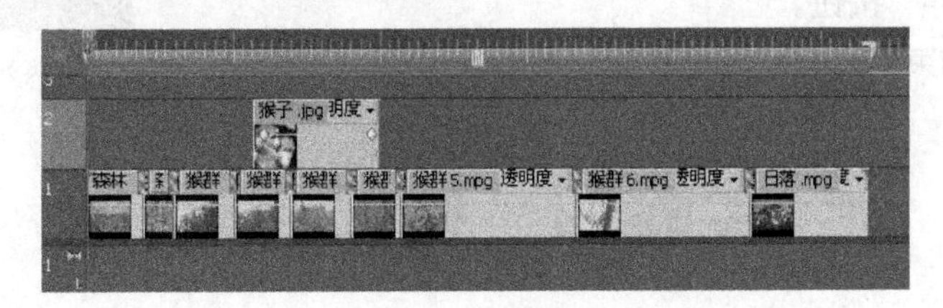

图 6–46 预览效果

（18）将“music.wma”添加到音频 1 轨道上，调整其入点和出点，使其和画面匹配。

（19）选择音频 1 轨道上的“music.wma”，然后在效果控制面板，依次展开“音量”→“级别”。

（20）分别在“00：00：00：00”“00：00：01：00”“00：01：18：04”“00：01：19：21”4 个时间点设置 4 个级别关键帧，并设置其值为“–999.0”“0”“0”“–999.0”，如图 6–47 所示。

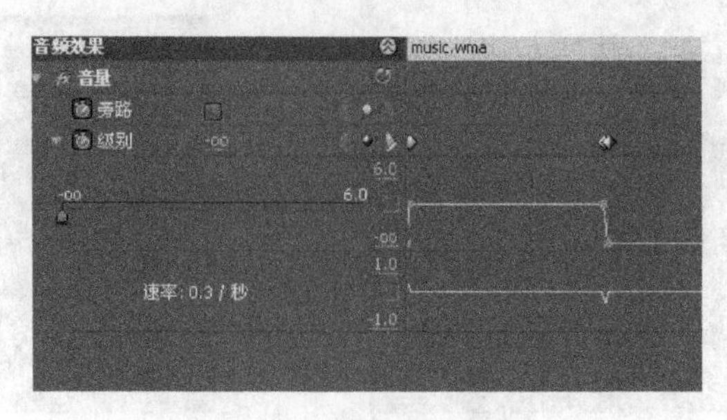

图 6-47　设置级别关键帧

（21）在英文状态下按“|”键，将时间线所有剪辑显示在时间线面板中，双击工作区指示条（也可以拖曳工作区指示条两端的工作区域标识），使整个工作区与时间线上的剪辑相匹配，如图 6-48 所示。按下 Enter 键预览整个影片。如果没有问题就可以输出了。

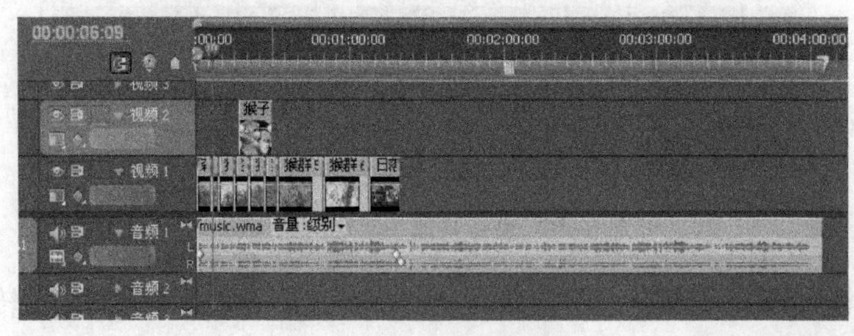

图 6-48　调整时间线

（22）单击“文件”→“导出”→“Adobe Media Encoder”，弹出“导出设置”对话框，如图 6-49 所示。在“Export Setting”对话框设置参数如下：格式设置为“Windows Media”、预置设置为“自定义”，选中“导出视频”和“导出音频”前面的复选框，设置 Frame Width 为“720”，Frame Height 为“576”，fps 为“25”，Pixel Aspect Ratio 为“D1/DV PAL（1.067）”，Maximum Bitratey 为“512”。

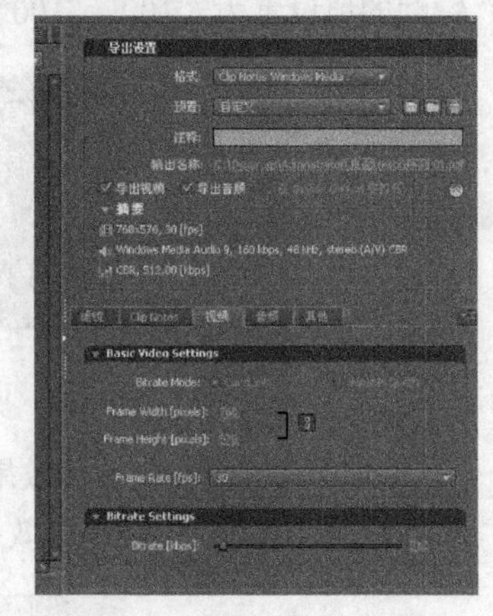

图 6-49　“导出设置”对话框

（23）在“导出设置”对话框设置好参数后，单击“确定”按钮。在弹出的保存文件对话框中选择合适的路径，并将输出影片命名为“猴子”。单击“保存”按钮。

（24）在渲染结束以后，即可观看输出的影片了。

实验四　视频合成

【实验目的】

1. 熟悉 Premiere 的操作环境
2. 掌握 Premiere 的基本操作
3. 学会简单的视频和音频剪辑
4. 掌握各种视频效果的制作

【实验内容】

1. 素材导入、编辑、剪辑
2. 时间线上素材的编排
3. 特效制作、切换特效、透明叠加、字幕制作
4. 影片输出和综合应用

【实验步骤】

本实验将多个素材视频及音频合成一个视频文件，并添加特效和制作字幕。在视频合成之前必须将所需用到的素材先准备好，本实验准备了一个背景音乐文件“秋日的私语.mp3”、几张静态图片文件，以及遮罩图片文件、视频剪辑文件等。

1. 新建一个项目（工程）文件

在 “新建项目”对话框中单击“自定义设置”，在“常规”下拉列表项中设置编辑模式为“桌面编辑模式”，显示格式为 30fps，画幅大小设为 640×480，“像素纵横比”为“方形像素(1.0)”，其余选项如图 6-50 所示，或采用系统默认值。

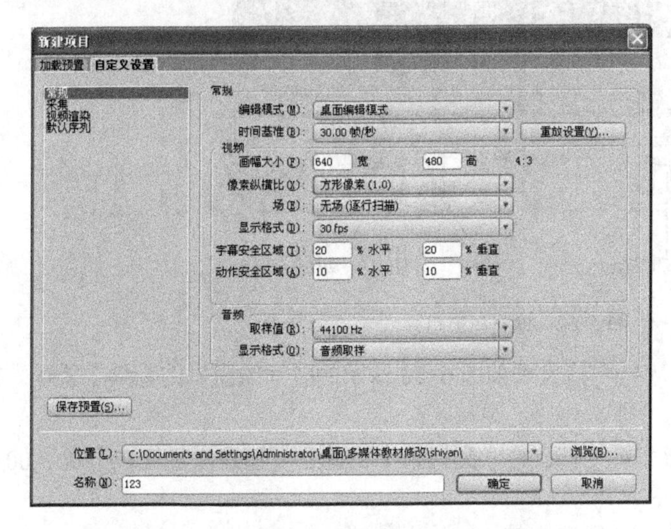

图 6-50　新建项目

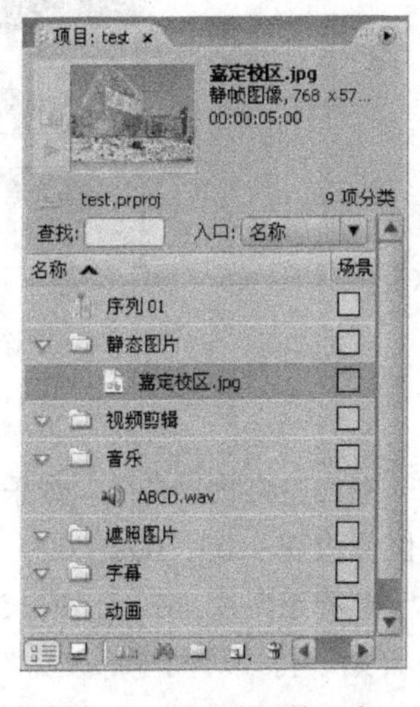

图 6-51　项目资源管理窗口

2. 素材导入

在工程资源管理窗口单击图 6-51 下方的“容器”图标，输入容器名（即素材夹），这里依次创建了“静态图片”素材夹、“视频剪辑”素材夹、“音乐”素材夹、“遮罩图片”素材夹、“字幕”素材夹以及“动画”素材夹等。单击某个素材夹，执行“文件”→“导入”（或直接按 Ctrl+I），选择相应的原始素材文件，那么在素材夹右边就会显示相应的素材文件或其图标信息。

温馨提示：这里存放的仅仅是对原始素材文件的一个引用，将不需要的素材在这里删除是不会影响原始文件的，这里删除的是一个类似于快捷方式的指针，用户还可以将选中的素材文件拖曳到任意一个素材夹进行位置的移动，这样做便于管理素材和查找素材。

3. 在时间线上插入素材

① 如果要将原始素材全部插入到时间线上，可以将素材文件直接拖曳到指定轨道，这种插入方式适合于静态图片素材、字幕素材和不需要剪辑的其他素材。

② 如果是需要剪辑的视频剪辑或动画素材，一般先将素材拖入到如图 6–52 所示的“素材源”窗口，利用“标记入点”和“标记出点”将需要的素材起点和终点设置好，然后单击“插入”即可将需要的素材部分插入到指定视频轨道的编辑线所在位置。当然也可以利用“覆盖”方式将当前轨道上的内容替换为选定的素材。单击图 6–52 的右下方的按钮（切换并获取视音频），可以单独提取素材中的视频或音频部分，默认为视频与音频同步。

图 6–52　素材源窗口

本实验将背景音乐“音乐 001. WAV”拖曳到如图 6–53 所示的时间线窗口的音频 1 轨道，起始位置为 00：00：00：00。

把静态图片 sh1.jpg 到 sh5.jpg 五张图片依次拖入到视频 1 轨道上，起始位置从 00：00：00：00 开始，持续时间全部改为 6 秒。

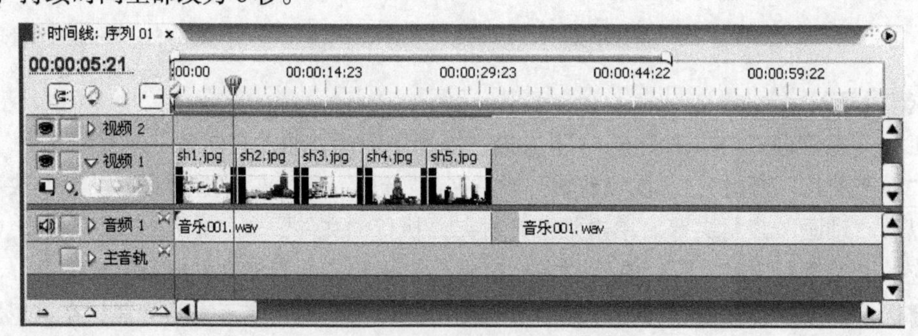

图 6–53　时间线窗口

温馨提示：用鼠标左键拖曳选中的素材可以将素材在同一轨道或不同轨道之间进行移动。

4. 视频素材的剪辑

在时间线上可以对素材的位置、持续时间和播放速度进行改变，还可以将不需要的素材片段剪切掉，先把视频素材“湖光山色”拖入视频 2 轨道上，（在素材监视器中，只选中“湖光山色”的视频）将起始位置移动到 00：00：30：00 处，再用“剃刀”工具在视频 2 的 00：00：33：00 和 00：00：35：00 处单击，将“湖光山色”视频素材切割为三段，选中第二段按 Del 键将其删除，并将第三段移动到第一段素材的末尾。

5. 静态图片的运动效果设置

在时间线窗口的视频 1 轨道上单击 sh1.jpg 静态图片，然后展开如图 6–54 所示的“效果控制”面板中的运动设置，通过设置“关键帧”并改变关键帧位置的参数来实现运动，拖动时间编辑线可以在节目窗口预览到运动的效果，见图 6–55。图 6–54 所示为“关键帧”设置，请注意图中画圈位置的操作。可改变的参数包括位置、比例、旋转和定位点等。其他 4 张静态图片请自己任意设置其运动效果。

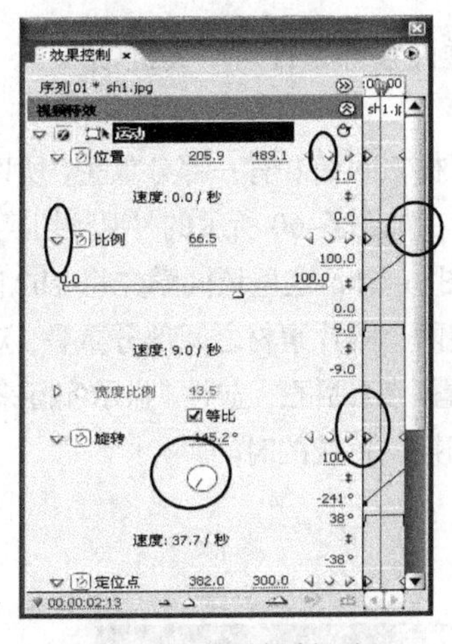

图 6–54　效果控制面板

图 6–55　节目窗口

6. 视频特效的设置

在视频轨道上选中“sh1.jpg”图片素材，在如图 6–56 所示的视频特效窗口将“变换（Transform）”下面的“摄像机视图”视频特效拖曳到 sh1.jpg 素材上，然后在如图 6–57 所示的“效果控制”面板中分别设置 4 个关键帧（带圈位置），打开“摄像机视图设置”，如图 6–57 右上带圈位置，在如图 6–58 和图 6–59 所示对话框中设置关键帧处的镜头位置和镜头大小，预览窗口将显示当前镜头看到的效果。

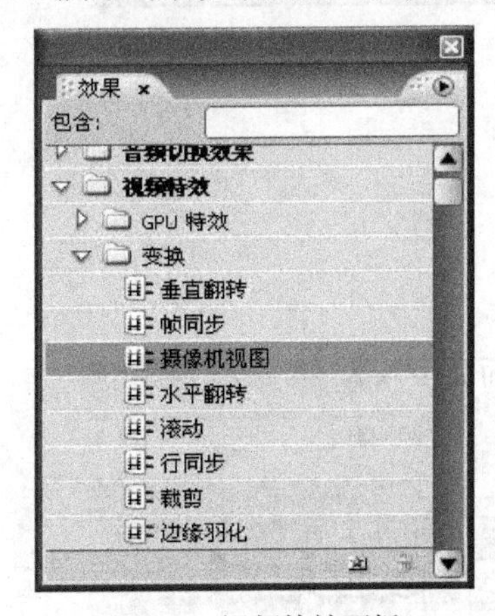

图 6–56　视频特效面板

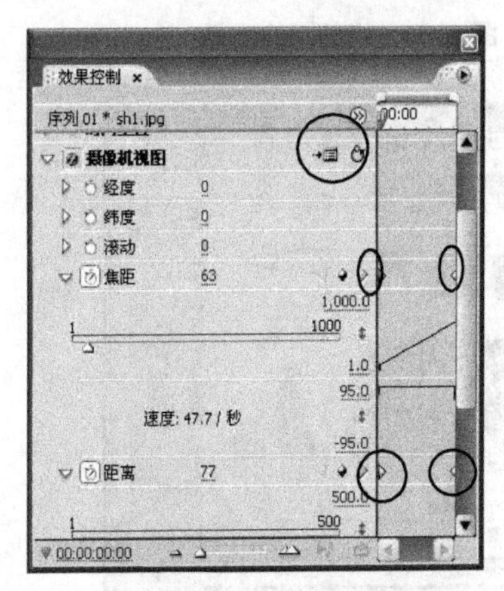

图 6–57　效果控制面板

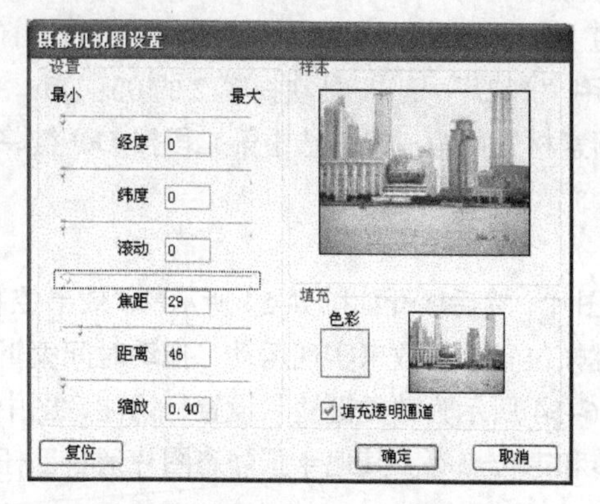

图 6-58　第 1 个关键帧处参数设置

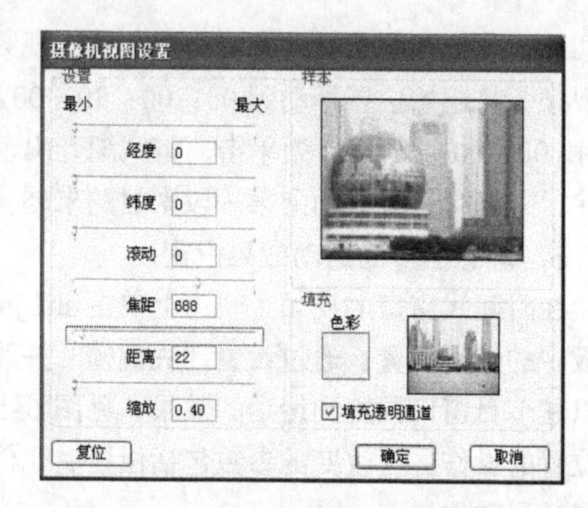

图 6-59　第 2 个关键帧处参数设置

温馨提示：所有的动画设置、特效设置、切换设置、叠透设置都是针对“关键帧”。

7．素材之间的切换

视频切换特效一般添加在相邻的两个素材之间，而且两个素材之间最好有一部分重叠，所以可以将要设置切换的两段素材分别放置在上下两个视频轨道上，然后在如图 6-60 所示的“视频切换效果”中选择要添加的切换效果，拖曳到上边视频轨道的素材上，见图 6-61，这里请同学先将 sh2.jpg 和 sh4.jpg 两个静态图片素材拖曳到视频 1 轨道和视频 2 轨道上，使两个图片素材之间部分重叠，双击视频轨道上的“窗帘”切换效果，打开如图 6-62 所示的“窗帘设置”对话框，选中“显示实际来源”，那么窗口上方将显示实际的素材，图中划圈的位置可以修改“切换”持续的时间。

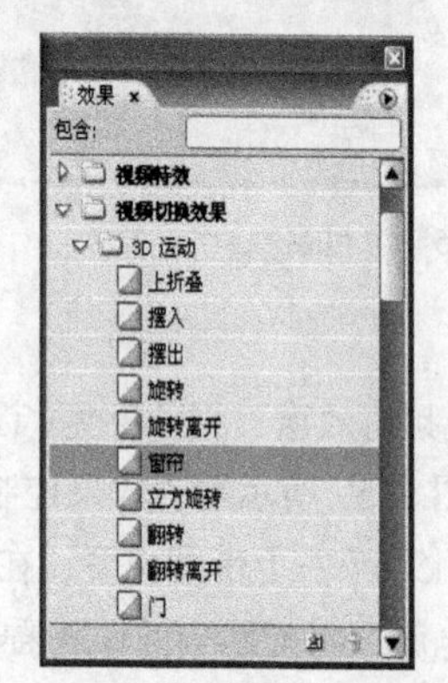

图 6-60　视频切换效果

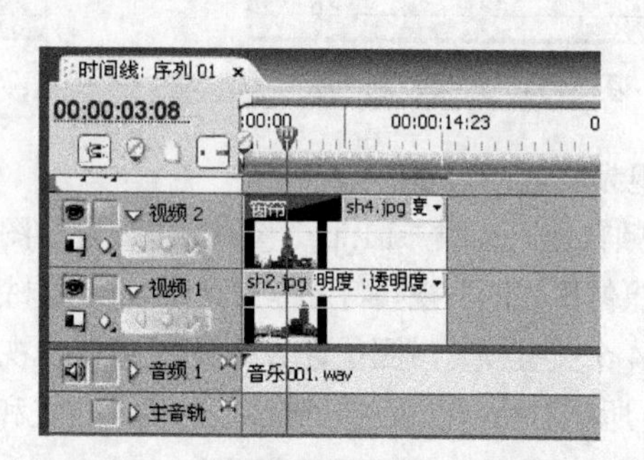

图 6-61　拖放到时间线上的切换特技

图 6-62　切换设置对话框

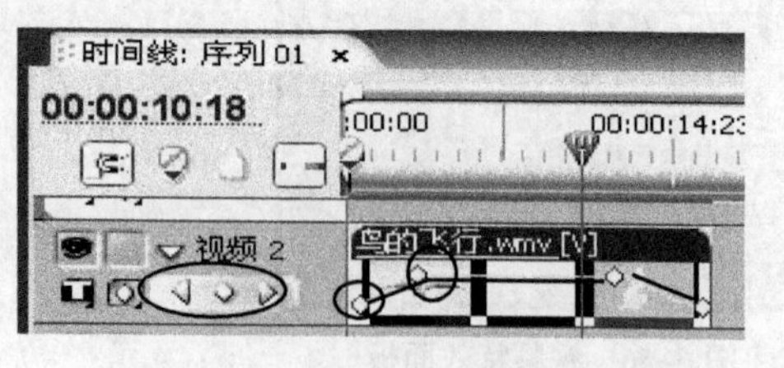

图 6-63　淡入淡出的透明设置

温馨提示：在 Premiere 中视频切换效果可以添加到任意一个视频轨道的任意某个素材上，位置可以放在素材的开始处或结尾处，也可以放置在相邻的两个素材中间。

8．视频轨道的透明叠加

当多个轨道上的素材发生重叠时，默认情况下位于上面轨道上的素材将遮盖住下面轨道上的素材，如果需要显示出下面轨道上的素材内容，就必须对上面的素材进行透明度设置。

（1）简单的透明度设置。

这里先把视频素材“鸟的飞行.WMV”导入到视频剪辑素材夹，拖入到视频 2 轨道上，起始点设为 00：00：00：00，播放速度改为 60%，单击视频轨道左面的三角形展开视频轨道的扩展控制区，可以在如图 6–63 所示的视频 2 轨道素材下方看到一条黄色的透明控制线，首先将时间线定位在需要添加关键帧的位置，然后单击“添加/删除关键帧”，在黄色透明控制线上可看到一个关键点，拖曳关键点即可改变该点的透明度，黄线在最上方表示完全不透明，拖到最下面则表示素材完全透明。一般通过这种方式来设置整个素材的不透明度或设置素材的淡入淡出效果。透明控制点也就是“关键帧”，达到淡入淡出效果必须设置 4 个关键帧，见图 6–63。或者在“效果控制”面板中设置素材的透明度，见图 6–64。

（2）特殊的透明叠加效果设置。

如果要实现一些特殊的透明叠加，那么一般需要预先在 Photoshop 或其他软件中制作一些用于遮罩的图片，比如在某个形状内显示图像，那么就必须先画出这个形状的灰度或黑白遮罩图片，一般黑色区域用于实现完全透明，白色区域完全不透明，灰色区域则显示不同灰度等级的半透明效果。

① 图像蒙版。首先在 PS 中制作一幅用作蒙版的图片“black heart.jpg”。然后在 premiere 中打开特效面板，选择“视频特效”→“键”，拖动“图像蒙版键”到选中视频轨道上需要被遮罩的素材上，见图 6–65。

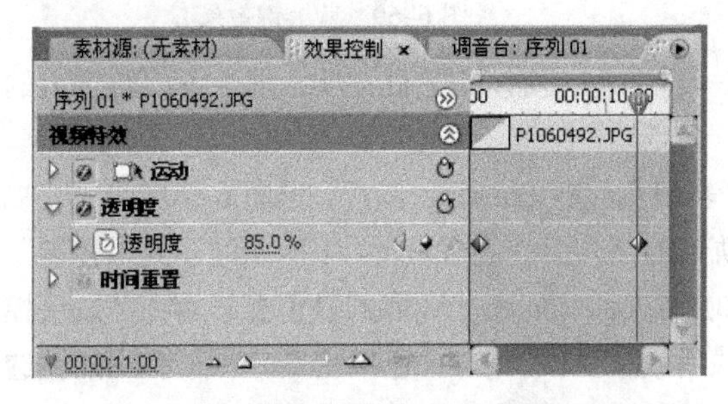

图 6–64　效果控制面板中的透明度设置

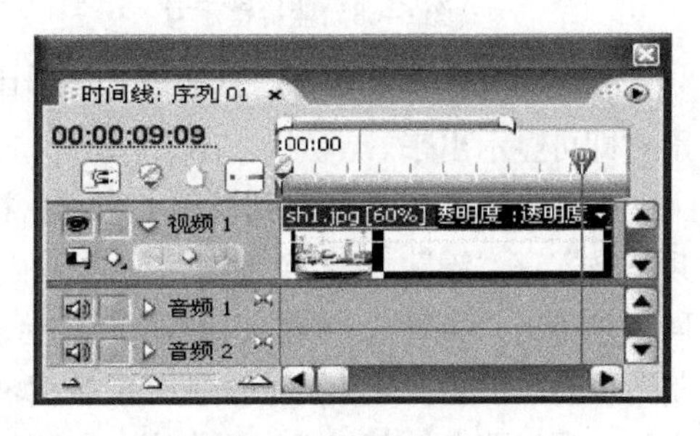

图 6–65　被遮罩素材

打开“效果控制”面板，如图 6–66 所示，单击设置按钮（图中划圈部分），在弹出的对话框中选中用于遮罩的图片“black heart.jpg”，得到如图 6–67 所示的遮罩效果。

② 蓝屏键（Blue Screen）。使素材中高亮的蓝色部分变为透明。

导入在 PS 中制作的一幅蓝色图片“blue.jpg”，将其拖入到视频 2 轨道上，sh1.jpg 在视频 1 轨道上，如图 6–68 所示。展开“视频特效”→“键”，把“蓝屏键”拖到视频 2 轨道上，得到如图 6–69 所示的效果，blue.jpg 图片中蓝色区域变成透明，显示出视频轨道 1 上的内容。

若把键类型改为“非红（Non–Red）”，同样是使素材中的绿色（或蓝色）部分变为透明，但上下两层的素材颜色产生了混合效果。

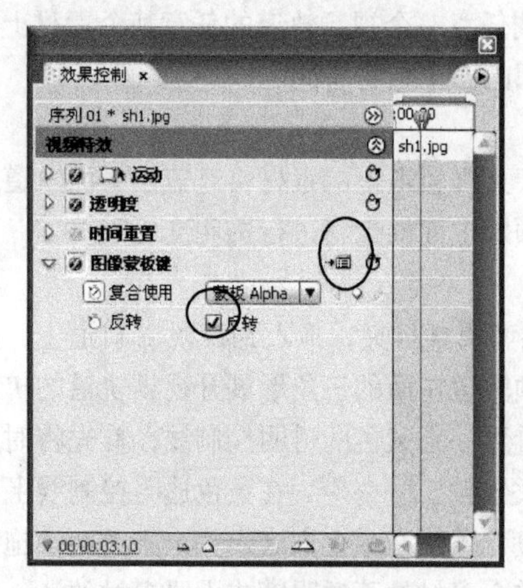

图 6-66　效果控制面板

图 6-67　遮罩效果

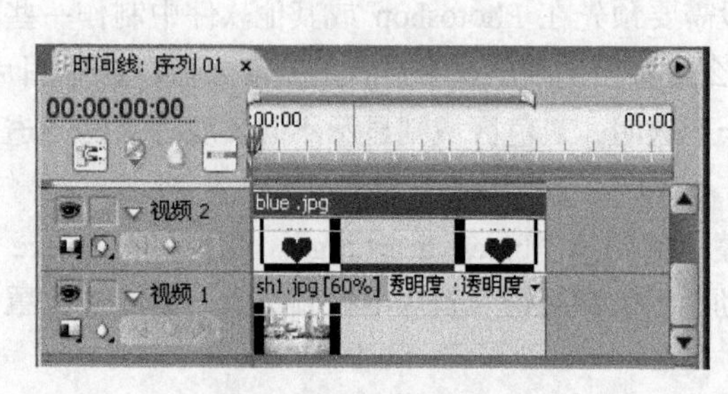

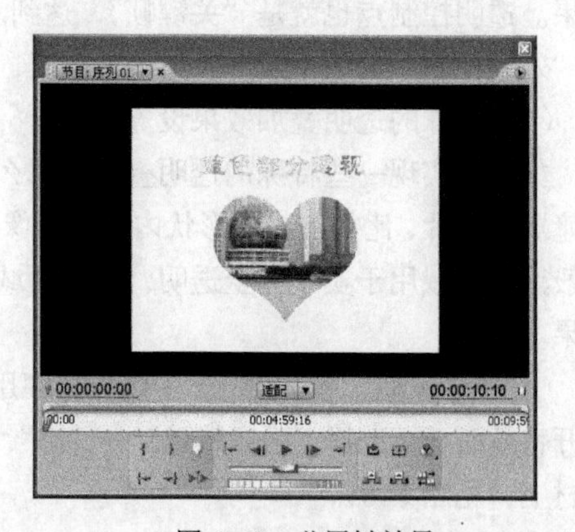

图 6-68　蓝屏键示意

图 6-69　蓝屏键效果

③ 色度键（Chroma）。从被叠加片段中选取一种颜色，使该颜色处透明，那么下面轨道上的素材即可显示出来。

把“牡丹花.jpg”拖放到视频 1 轨道，视频 2 轨道仍然放 blue.jpg 图片，见图 6–70，展开“视频特效”→“键”，把“色度键”拖放到视频 2 轨道的图片上。在如图 6–71 所示的“效果控制”面板中单击“吸管”，放在任何有颜色的区域，如放在 blue.jpg 上，吸取的颜色会显示在“效果控制”面板的颜色区域内。必须使“混合度>0”，最后效果见图 6–72。色度键是一种很有用的叠透方法，通过取色、相似性、混合度、截断等数据的调整，可以产生多种叠透效果。

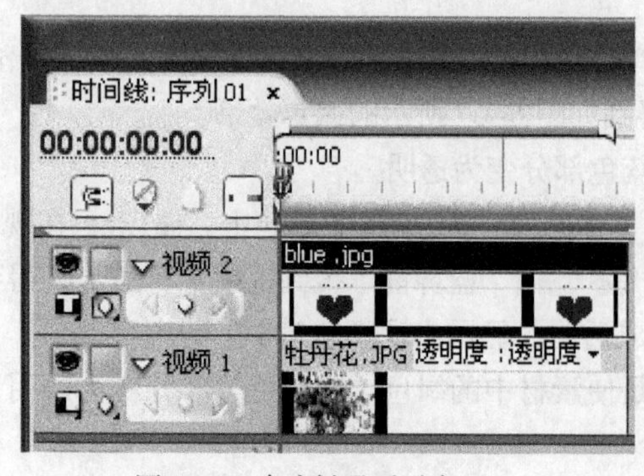

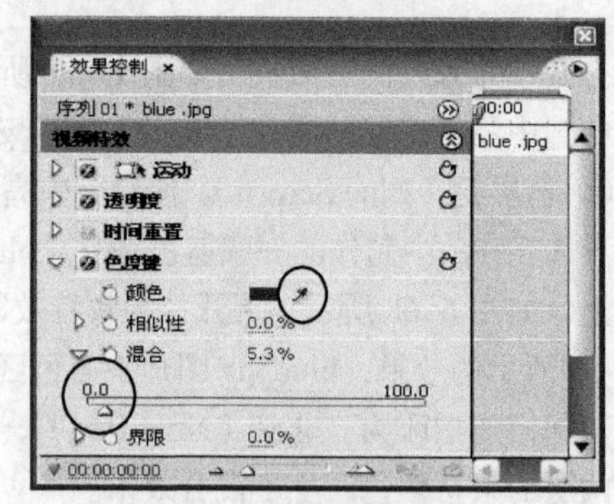

图 6–70　色度键叠透示意

图 6–71　色度键控制面板

图 6-72　色度键（Chroma）效果

④ RGB 差异（RGB Difference）。该模式类似于色度键，先选取一种颜色作为透明色，但不能混合影像或调节灰色部分的透明度，相似度必须大于 0。

⑤ 亮度（Luminance）。使素材中的暗色调区域透明，而使亮色调区域保持不透明。

把“牡丹花.jpg”拖入到视频 1 轨道的起始位置，在 PS 中制作一幅“black.jpg”拖入到视频 2 轨道的同样位置，把“视频特效”→“键”下的“亮度键”拖放到“black.jpg”上，预览窗口可以看到叠加的效果（如图 6-73 所示）。与图 6-72 色度键效果不同的是亮度键使素材中的黑色区域完全透明，灰色区域呈现不同程度的半透明，白色区域完全不透明。并不需要色度键中的“混合度”设置。

⑥ Alpha 调节。使素材中的黑色区域透明，白色区域不透明，或者反过来使白色区域透明，黑色区域不透明。

用于遮罩的图片素材必须是带有 Alpha 通道信息的 psd 格式的图片文件，这里将“9.psd”导入，拖放到视频 2 轨道，在视频 1 轨道的同一时间线位置拖入“牡丹花.jpg”。如图 6-74 所示。

图 6-73　亮度叠加效果

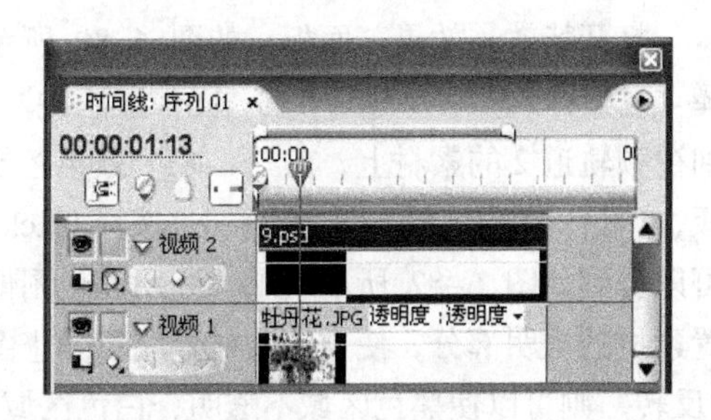

图 6-74　时间线窗口

在如图 6–75 所示的键类型中选择“Alpha 调节”，拖放到视频轨道 2（9.psd）素材上，打开“效果控制”面板，在图 6–76 中选中“反转 Alpha”和“只有遮罩”，产生视频轨道黑色区域透明，白色区域不透明效果，如图 6–77 所示，如果不选 2 项，产生黑色区域不透明，白色区域透明效果，如图 6–78 所示。

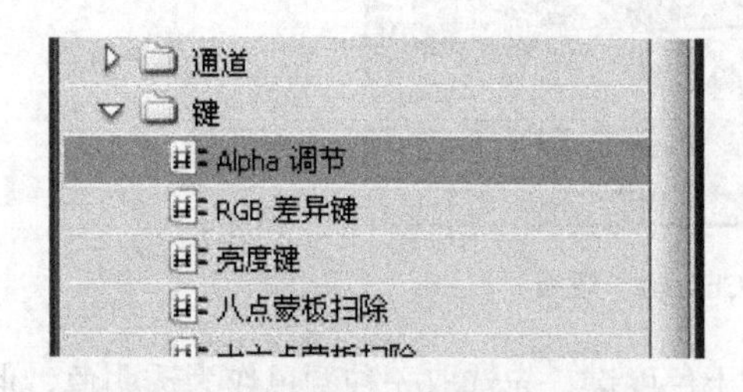

图 6–75　键类型中选择“Alpha 调节”

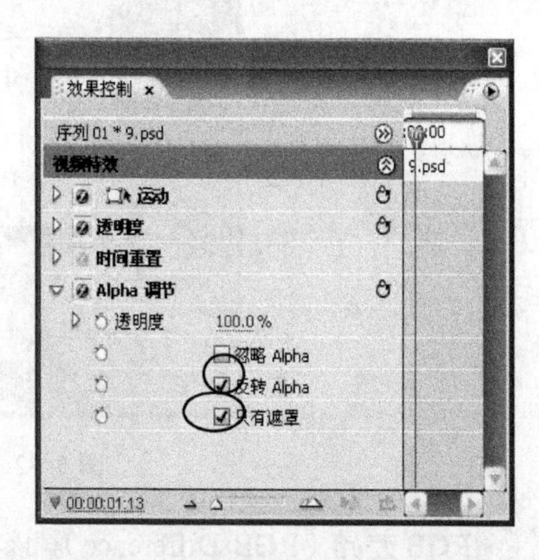

图 6–76　视频特效中的参数设置

图 6–77　黑色区域透明

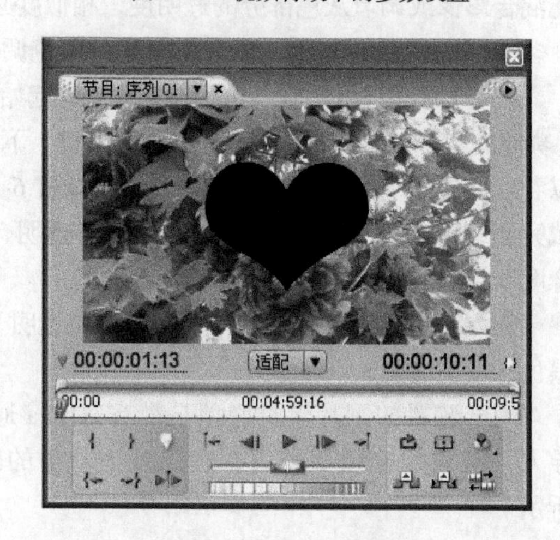

图 6–78　白色区域透明

⑦ 图像蒙版键（Image Matte）。

实验素材：sh15.jpg，sh1.jpg，black1.jpg（中间黑色图案，边缘白色）。

实验步骤：sh15.jpg，sh1.jpg 拖放到相邻视频轨道，时间开始位相同，如图 6–79 所示。

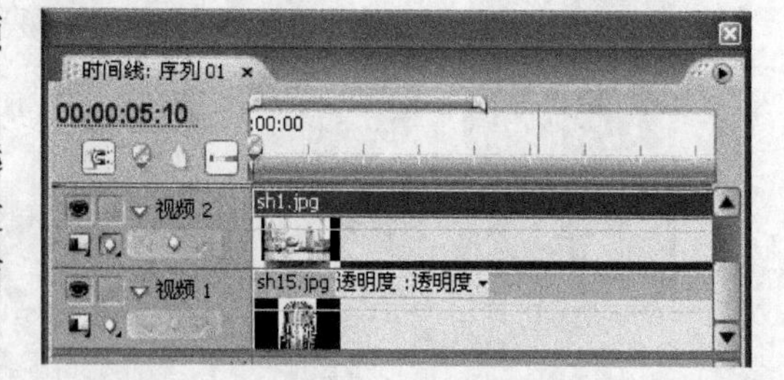

图 6–79　时间线窗口

打开特效（效果）面板，如图 6–80 所示，选择“视频特效”中“键”下的“图像蒙版键”，拖放到视频轨道 2 的素材上，在图 6–81“效果控制”面板，单击“设置”（图 6–81 划圈处）选择 black1.jpg，可以看到如图 6–82 所示效果，利用静止图像来设置素材的透明部分，使当前素材对应于静止图像中的白色区域为不透明，黑色区域为透明，单击“反转”则可以使黑色区域不透明，白色区域透明，效果如图 6–83 所示。

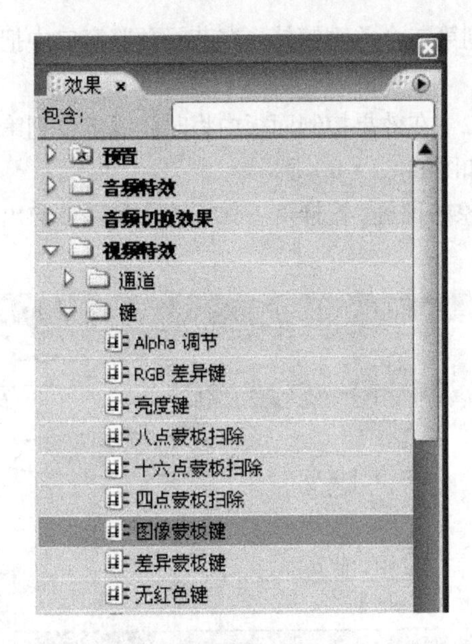

图 6-80　图像蒙版键效果

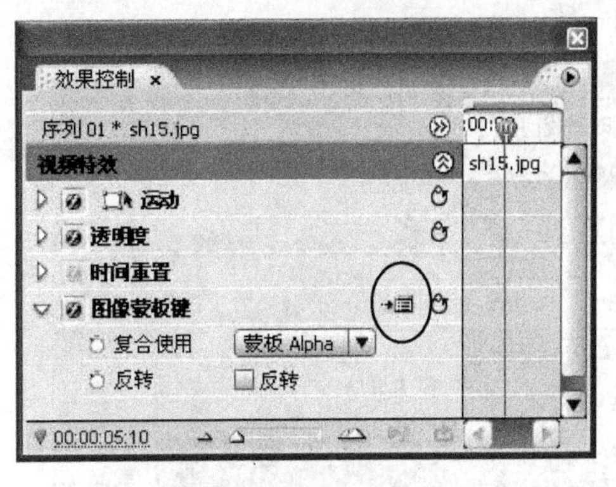

图 6-81　效果控制面板

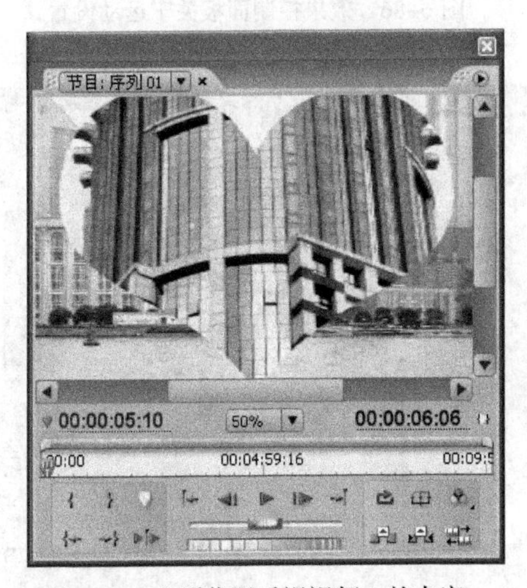

图 6-82　心形位置透视视频 1 的内容

图 6-83　心形位置以外透视视频 1 的内容

9. 综合应用例

利用对象运动和叠透效果，得到如图 6-84 所示的效果。一般出现在视频结尾部分。

① 在 Photoshop CS 中打开 sh1.jpg 图片，利用椭圆选框工具选取一个椭圆选区，按 Ctrl+C 组合键进行复制，然后新建一个背景为透明的文件，按 Ctrl+V 组合键进行粘贴（粘贴到一个新的图层上），将背景图层删除，最后保存为 sh1.psd 文件（注意，必须是背景透明的 psd 格式）。

图 6-84　4 幅图片各自运动效果

② 在 Premiere Pro 中导入 sh1.psd 图片，拖放到视频 1 轨道上，如图 6-85 所示，打开如图 6-86 所示的“效

果控制”面板，位置上设置 2 个关键帧，把时间线移到第二个关键帧处，在节目预览窗口中把图片拖动到左上角，如图 6-87（a）所示。

③ 选中视频轨道 1 对象并复制，粘贴到视频轨道 2，在效果控制面板中将时间线定位到第二关键帧处，在节目预览窗口中把图片拖动到右下角，如图 6-87（b）所示。

④ 重复步骤③，每次都是在第二关键帧处拖动对象的位置，这样可以保证 4 个运动方向出发点的一致。

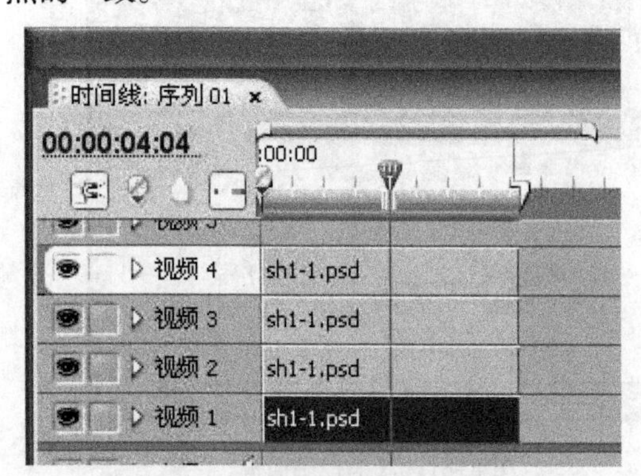

图 6-85　当前时间线的显示

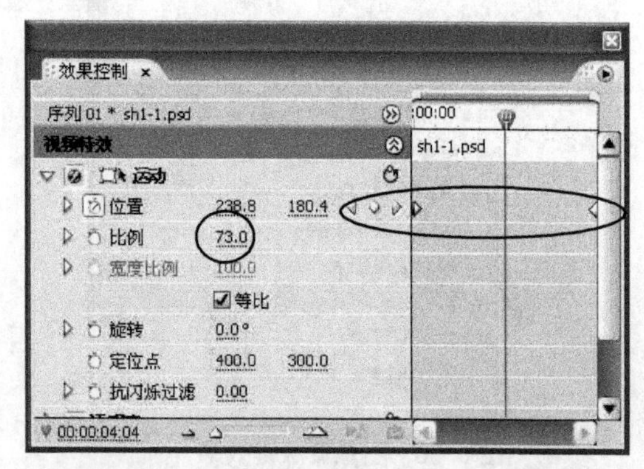

图 6-86　效果控制面板关于运动设置

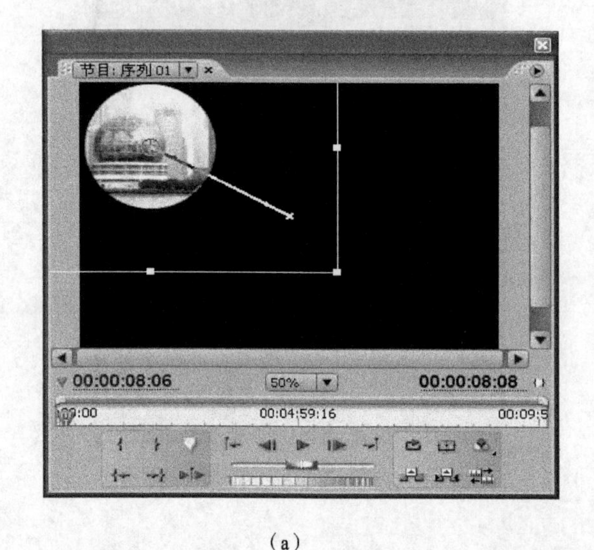

（a）

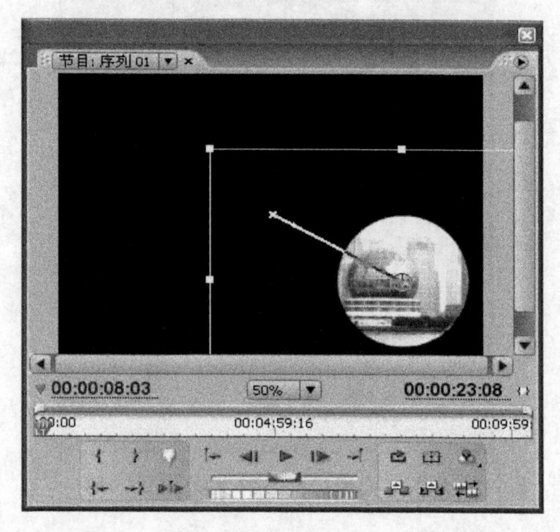

（b）

图 6-87　节目预览窗口中直接拖动图片位置

10. 字幕的创建与应用

① 建立“字幕”素材夹。单击菜单“文件”→“新建”→“字幕”，打开字幕编辑窗口，选择文字工具“T”，在屏幕上单击定位好文字的位置，如果输入的是汉字，必须先在“对象样式”部分的“Font”中选择中文字体，然后才能正确显示出中文。

② 更改字幕中的字型、字体、字号、颜色，见图 6-88 划圈处。如果创建运动字幕，可以更改字幕运动方向，见图 6-89。

③ 选择一种“模板”，创建一个字幕，见图 6-90。

④ 使用字幕工具中的“路径”，创建一个沿路径排列的字幕。

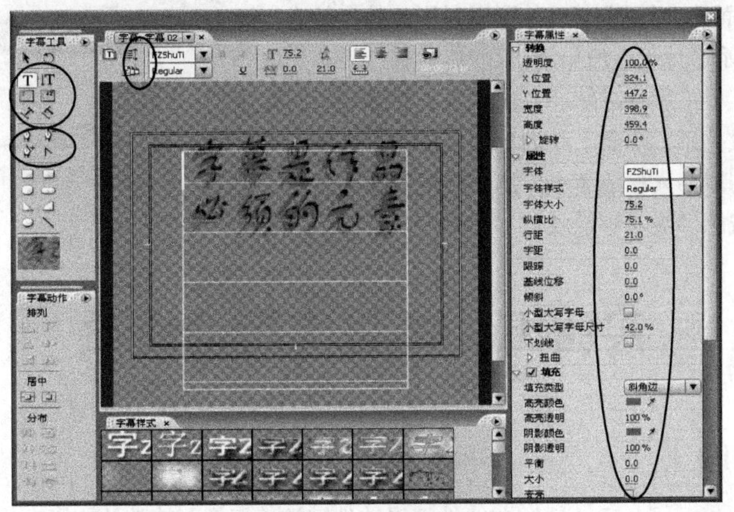

图 6–88　字幕编辑

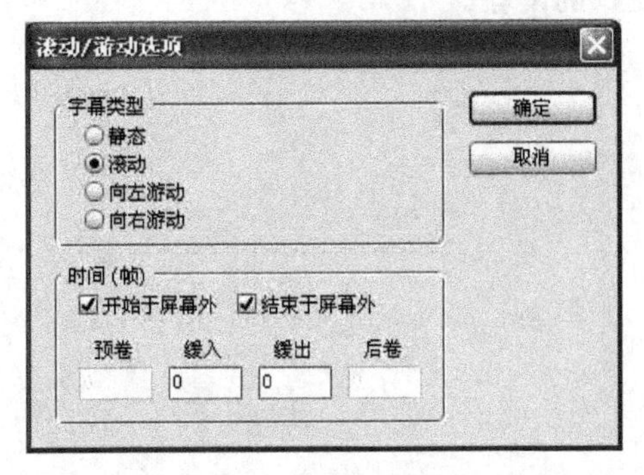

图 6–89　文字运动设定

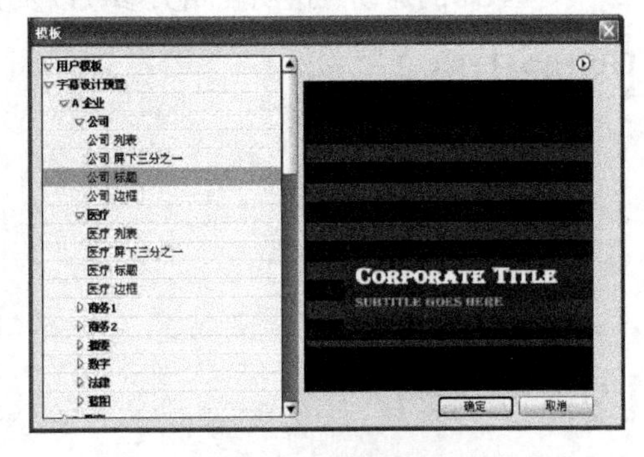

图 6–90　字幕模板选择

11．视频的合成输出

视频编缉合成以后一般都需要输出，Premiere 中可以输出为视频或连续的静态帧图像等。

① 执行菜单“文件”→“导出”→“电影”，打开如图 6–91 所示对话框，选择视频文件保存的位置并输入视频文件名。

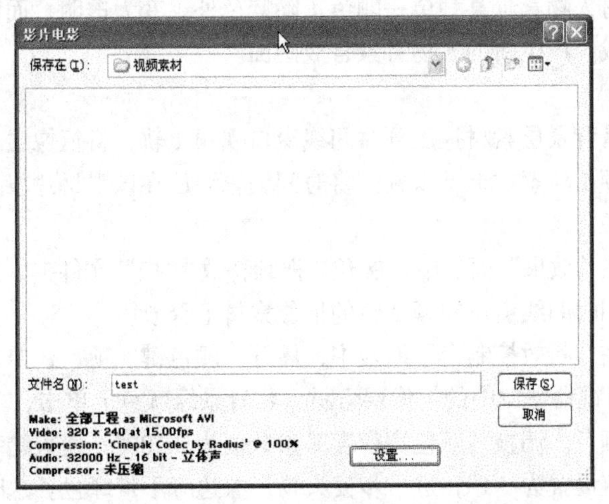

图 6–91　导出影片

② 单击下面的“设置”按钮，可以对影片的参数进行设置。图 6-92 表示影片正在渲染输出。

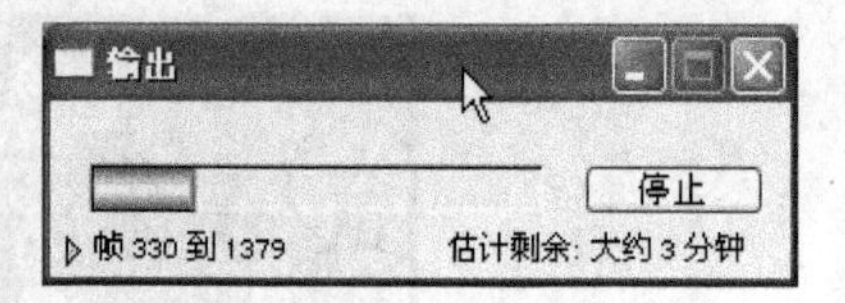

图 6-92　渲染输出

温馨提示：导出影片时帧速率应该与项目创建时同帧速率相同或成倍数关系，幅面大小的更改则应该考虑原始素材的大小，应该与原始素材的大小保持一致或成比例关系，否则会造成缺帧或图像失真等现象。

实验五　抠像与运动特效

【实验目的】

1. 熟练掌握 Premiere Pro CS4 非线性编辑软件键控（抠像）特效的使用
2. 掌握素材的运动、透明度相关参数以及关键帧的设置

【实验内容】

1. 颜色抠像
2. 色调抠像
3. 色调遮罩
4. 运动特效

【实验步骤】

在电视制作中键控也被称作抠像。抠像是通过运用虚拟技术，将背景进行特殊透明叠加的一种技术，抠像又是影视合成中常用的背景透明方法。它通过抠掉指定区域的颜色，使其透明来完成和其他素材的合成效果。一般常用的抠像特效有蓝屏键、非红色键、亮度键和颜色键等。

1. 颜色抠像

颜色抠像是将素材人物背景某种单一颜色（除蓝色外）变为透明，而保留人物形象。然后与其他素材背景叠加合成，产生新的人物背景合成画面。

操作提示：

（1）安放素材。将背景层素材拖放到时间线窗口视频 1 轨，将抠像层（前景）人物素材拖放到视频 2 轨，并与视频 1 轨素材上下重叠。将时间编辑线放在该素材片段上，在节目监视器窗口中显示抠像层素材图像。

（2）添加特效。在“效果”面板中，展开“视频特效/键控”文件夹，用鼠标左键按住“颜色键”项目，并将其拖到时间线窗口视频 2 轨的抠像素材上释放。

（3）设置参数。在“特效控制台”面板中，展开“颜色键”项目，单击“主要颜色”栏中的吸色管工具，在节目监视器窗口中的抠像层素材人物背景绿颜色上单击，“主要颜色”栏中的色块变成素材人物背景绿颜色。调整“颜色宽容度”参数值为“180”，使人物背景绿颜色完全消失。将“薄化边缘”参数值设置为“1”，进一步使人物形象边缘不带绿色。这时我们可以在节目监视器窗口中看到绿色的背景已经被替换，只留下了人物与背景层合成的画面，如图 6-93 所示。

图 6-93　特效控制台

（4）浏览效果。单击 Enter 键，在节目视窗中看到合成的画面效果。

2. 色调抠像

色调键是在素材中选择一种颜色或一个颜色范围并使之透明。也是最常用的键出方式。色调抠像是针对其他颜色背景的素材进行抠像。比如淡蓝色天空背景，颜色虽然比较单一，但因光线或空气透视等原因，也会有浓淡差别，因此天空背景的颜色有一定的明暗范围。运用色调抠像特效，可以使素材天空背景透明，将选定的其他天空背景显现出来，合成出新的背景画面。

操作提示：

（1）安放素材。将校园风景素材放置在时间线窗口视频 2 轨，朝霞素材放置在视频 1 轨，并对齐。分别右键单击素材，执行“适配为当前画面大小”命令，使素材画面尺寸适合节目监视器窗口大小。

（2）添加特效。在效果面板中展开的“键控”子文件夹里，按住“色度键”项目，并将其拖到时间线窗口视频 2 轨的校园风景素材上释放，如图 6-94 所示。

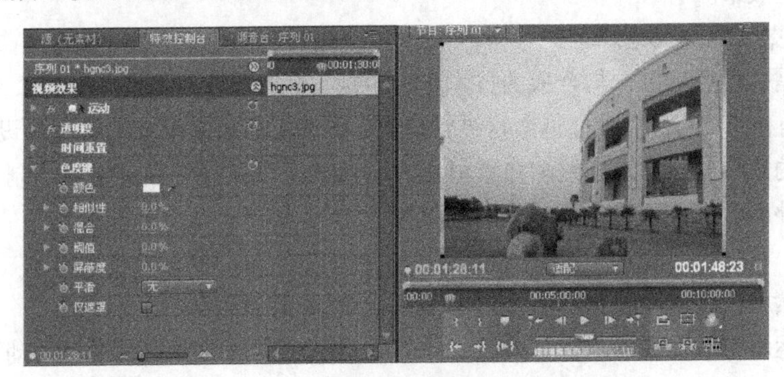

图 6-94　添加特效

（3）设置参数。打开“特效控制台”面板，展开“色度键”项目。在“颜色”栏中单击吸色管工具，并到节目监视器窗口中素材背景天空的颜色上单击。然后调节下列各项参数，并在节目监视器窗口观察抠像效果，如图 6-95 所示。“相似性”参数值是控制与键出颜色的容差百分比，比值越大，与指定颜色相近的颜色被透明得越多，比值越小，则被透明的颜色越少，将参数值设置为“2.0”%；“混合”参数值是调节透明与非透明边界色彩混合程度百分比，将参数值设置为“22.0”%；“阈值”参数值是调节图像阴暗部分的大小，比值越高，被叠加素材的阴暗部分越多，将参数值设置为“16.0%”；“屏蔽度”是使用纯度键调节暗部细节，使阴影加暗或加亮，将参数值设置为“14.0%”；“平滑”中的选项（无、低、高）可以为素材变换的部分建立柔和的边缘，将其选择为“高”；“仅遮罩”可以在素材的透明部分产生一个黑白或灰度的 Alpha 遮罩，这对半透明的抠像尤其重要。

图 6–95　设置参数

（4）浏览效果。单击 Enter 键，在节目视窗中看到合成的画面效果。

其他几种抠像特效操作方法与以上两种抠像基本相似。

3. 图像遮罩

“图像遮罩键”是使用一张指定的图像作为蒙版。蒙版是一个轮廓图，在为对象定义蒙版后，将建立一个透明区域，该区域将显示其下层图像。蒙版图像的白色区域使对象不透明，显示当前对象；黑色区域使对象透明，显示背景图像；灰度区域为半透明，混合当前与背景对象。可以勾选“反向”选项反转键效果。

操作提示：在“特效控制台”面板中的“图像遮罩键”右侧，单击“设置“按钮，在弹出的“选择遮罩图像”对话框中，选择作为蒙版的图像素材，并单击“打开“按钮确定。在“合成使用”下拉列表中，可以选择使用图像“Alpha 遮罩”或者“Luma 遮罩”（亮度遮罩）作为蒙版。在节目监视窗口预览效果。

4. 运动特效

运动特效是一种后期制作与合成的技术，它包括视频图像在屏幕里的运动、缩放、旋转等效果。运动特效是利用关键帧技术，将素材进行位置、动作或透明度等相关参数的设置。在 Premiere 中，运动特效的几个项目是时间线窗口素材固有的效果，已被安放在“特效控制台”面板里，不需要给素材另外再添加，但是也不能将其删除掉。

操作提示：

（1）选中素材。在时间线窗口中，选中需要设置运动的素材。

（2）展开运动参数。在素材视窗中打开“特效控制台”选项卡。单击“运动”项目前的小三角辗转按钮，展开其设置参数。

（3）设置关键帧。把编辑线拖到素材 0 秒的位置，可以分别按下“位置”“缩放比例”“旋转”“定位点”“抗闪烁过滤”栏左边的“固定动画”图标按钮，这样分别在素材的 0 秒处各创建了一个关键帧。

（4）调整视频图像大小。单击“缩放比例”栏左边的小三角辗转按钮，拖动其下小三角滑块，使图像缩小。也可以在节目视窗中单击图像，利用图像四角出现的小方块，拖动鼠标来改变其大小。更简单的方法是直接用鼠标改变“缩放比例”栏右边的“100.0”中的数值（例如“50.0”）。

（5）调整视频图像的位置。将“位置”栏右边的“360.0”（X 轴）“288.0”（Y 轴），分别按住左键鼠标拖动，设置视频图像在屏幕中的位置。更简单的方法是直接用鼠标在节目视窗中拖动视频图像来实现。

这样，我们完成了在 0 秒时刻，素材以刚才调整的大小和在屏幕中所处的位置开始变化的设置。接下来，还需要设置下一个关键帧，即图像又要以新的起始点开始变化。

（6）添加关键帧，设置运动路径。将编辑线向右拖到2秒位置，将X轴、Y轴分别设置为“–360.0”和“288.0”，或者在节目视窗中将素材直接拖动到屏幕外左侧，使X轴、Y轴分别为“–360.0”和“288.0”。此时可以看到从屏幕中心到屏幕左侧有一条白色的虚线，表示该影片将在2秒时间内从屏幕中心运动到屏幕左侧的运动轨迹。再在此帧处单击“位置”栏右边的“切换动画“按钮，这样就添加了一个新的关键帧。

（7）设置图像大小。如果在这2秒之内，不改变图像大小，在此帧处单击“缩放比例”栏右边的“添加/移除关键帧”按钮，添加一个新关键帧；如果需要改变图像大小，将调整其比例的值，再单击“缩放比例”栏右边的“添加/移除关键帧”按钮，表示图像在2秒内由屏幕中心运动到屏幕左侧的同时其大小还会发生变化。

（8）设置图像旋转。如果还需要画面在这2秒之内图像沿Z轴旋转3周，可以将“旋转”栏右边的“0”改为“3”，并单击该栏的“添加/移除关键帧”按钮，添加一个新关键帧。

（9）预览运动效果。参数设置完成后，按节目视窗中的“播放”键，可以看到图像运动变化的效果。

（10）如果还需要图像做进一步的变化，可按上述（6）、（7）、（8）的步骤进行新的变化动作设置相关数值和关键帧。

（11）修改效果。如果需要修改某个关键帧，可以将编辑线拖放到该处，先单击其栏的“添加/移除关键帧”按钮，将该关键帧删除，做新的设置后，再单击该栏的“添加/移除关键帧”按钮，或者在该关键帧上单击鼠标右键，在弹出的对话框中，单击“清除”项。删除关键帧后，再做新的设置，将编辑线拖放到新的位置，再单击该栏的“添加/移除关键帧”按钮，修改后的关键帧就被确定了。

实验六　综合实例

【实验目的】

1. 熟悉Premiere非线性编辑软件工作界面
2. 了解菜单、面板、窗口、工具栏和按钮的功能
3. 熟悉影片后期编辑的制作流程和一般的方法及操作步骤

【实验内容】

1. 制作音乐相册
2. 制作影视MV

【实验步骤】

1. 制作音乐相册

操作提示：

（1）创建新项目。运行Premiere程序后，选择“新建项目”。在新建项目窗口中选择创建一个视频格式。在“名称”中输入新项目的名称，再选择项目的存储文件夹路径，然后单击“确定”进入Premiere编辑界面，如图6–96所示。

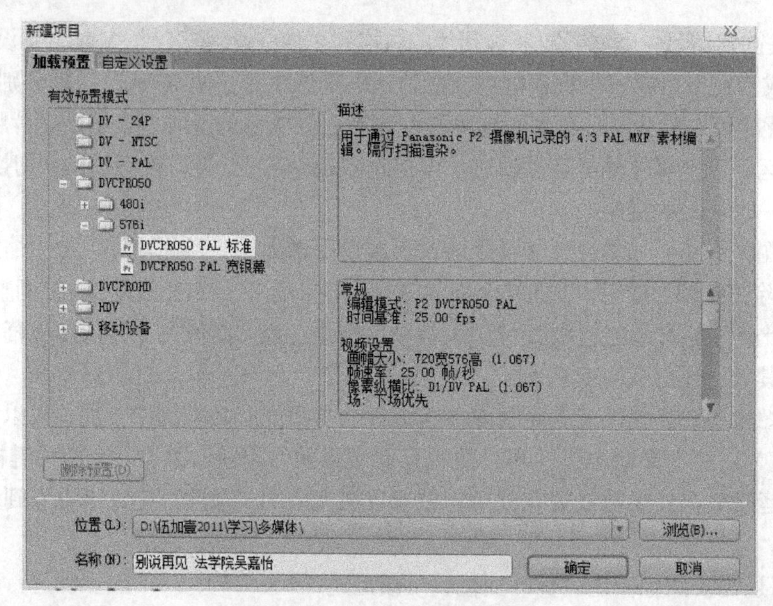

图 6–96 “新建项目”对话框

（2）导入图片素材。进入 Premiere 界面后，在项目面板的空白位置单击右键选择“导入”命令，然后把电子相册需要的图片文件导入到 Premiere 中，如图 6–97 所示。

图 6–97 导入素材

导入了图片后，素材会显示在项目面板中，如图 6–98 所示。音乐和视频素材也可以通过该方式导入到项目面板等待编辑。

（3）编辑标题。在“文件”菜单下选择“新建”→“字幕”，创建文字素材。打开文字编辑窗口后，输入学号和姓名，然后在下方的字幕样式中选择文字的特效样式，如图 6–99 所示。

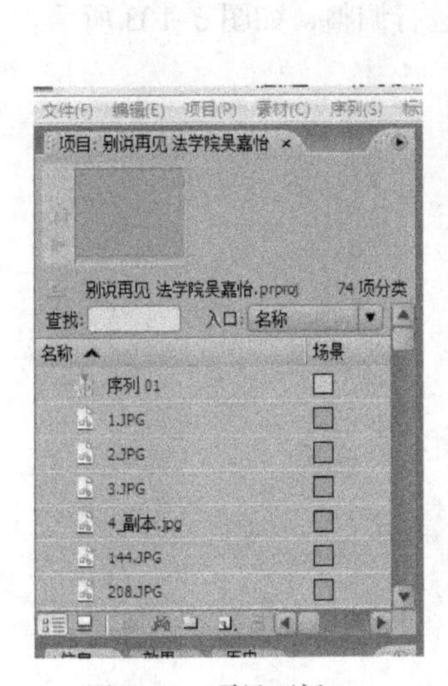

图 6-98　项目面板

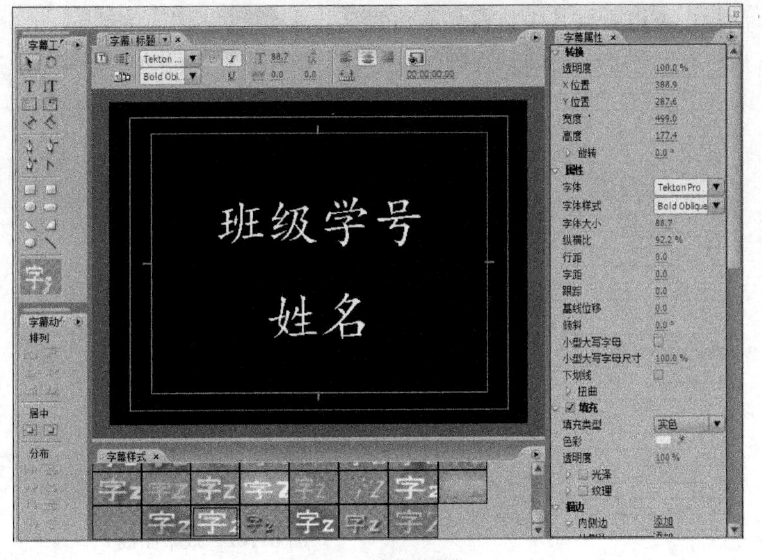

图 6-99　编辑标题

确定保存后指定素材文字的保存位置，然后返回 Premiere 主界面，此时可以看到项目窗口中已经加载了刚才制作的文字素材。

（4）将素材添加到时间轴。从项目面板选中要加入到电子相册中的图片文件，依次将它们添加到时间轴上。其中第一个是标题文字，因此把上面制作的标题素材用鼠标拖动到时间轴的视频轨道上。另外，拖动时间轴左下方的滑块可以缩放时间轴的显示比例，如图 6-100 所示。

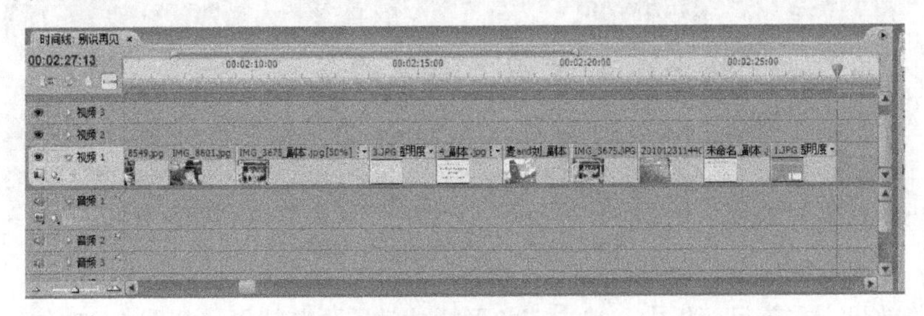

图 6-100　将素材添加到时间轴

（5）添加音乐。像载入图片素材那样，把 MP3 或 WMA 音乐文件载入到项目面板中。接下来把音乐文件拖到时间轴的音频轨道上，如图 6-101 所示。因为所选的音乐素材约为 3 分钟，长度适中，因此不需要剪辑。

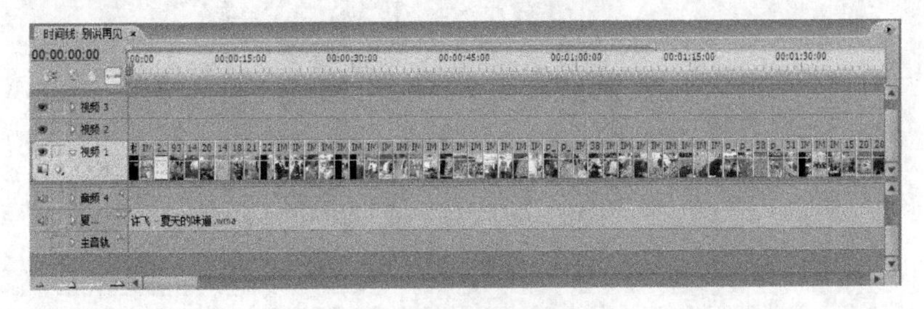

图 6-101　添加音乐

（6）添加视频转场效果。接下来为电子相册的每个图片交接位置添加视频转场效果，在效果面板中可以看到其中有很多不同的效果选项可供选择，如图 6-102 所示。从中挑选比较好的效果后，将它添加到时间轴视频轨道的两个图片素材文件之间。再一次进行调整，如图 6-103 所示。

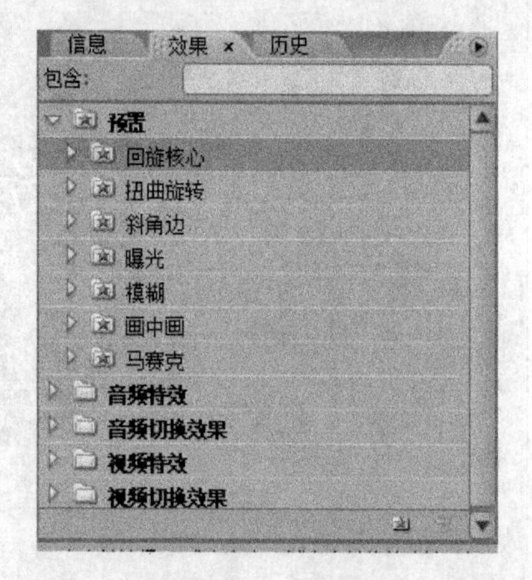

图 6-102　效果面板

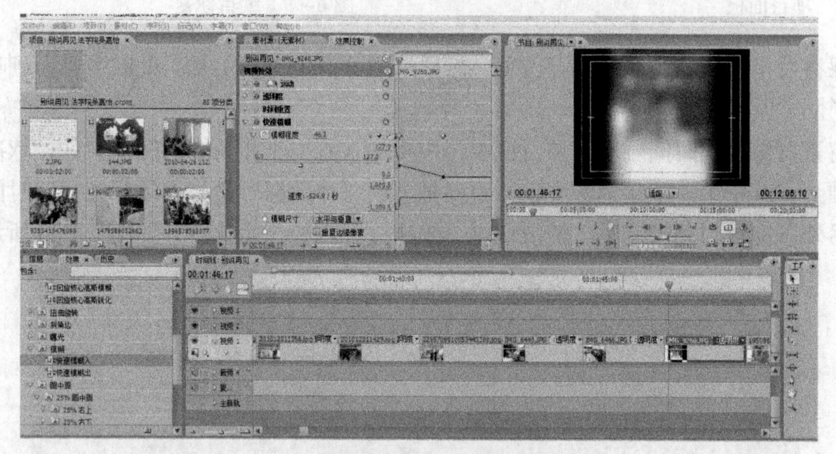

图 6-103　添加视频转场效果

（7）预览效果。在节目面板中，单击三角形播放键，预览效果，如图 6-104 所示。

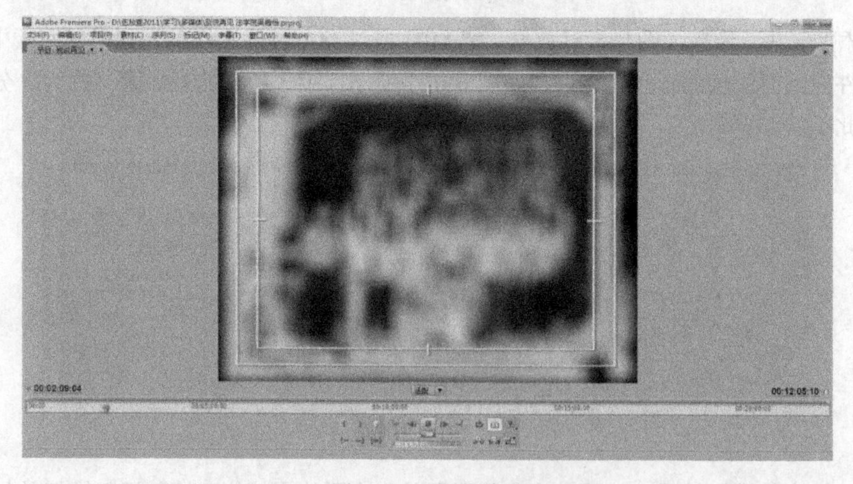

图 6-104　预览效果

（8）视频输出。选择“文件”菜单下的“导出”命令，然后选择“Adobe Media Encoder”。设定视频的输出文件格式等信息，然后单击“OK”输出。

2. 制作影视 MV

操作提示：

（1）新建实例 123，并导入素材文件中的 Wildlife.wmv。效果如图 6–105 所示。

（2）将导入至“项目”面板中的素材文件插入到“时间线”面板“视频 1”轨道中，如图 6–106 所示。

图 6–105　导入素材

图 6–106　时间线面板

（3）选中素材然后在“特效控制台”面板中单击“运动”选项左侧的展开按钮，将“缩放比例”参数设置为 125，如图 6–107 所示。

（4）执行“文件”→“新建”→“字幕”命令，在弹出的“新建字幕”对话框中设置字幕的名称为“歌名”，单击“确定”按钮。

（5）在弹出的“字幕设计器”窗口中输入文字“Girl Friend”，如图 6–108 所示。

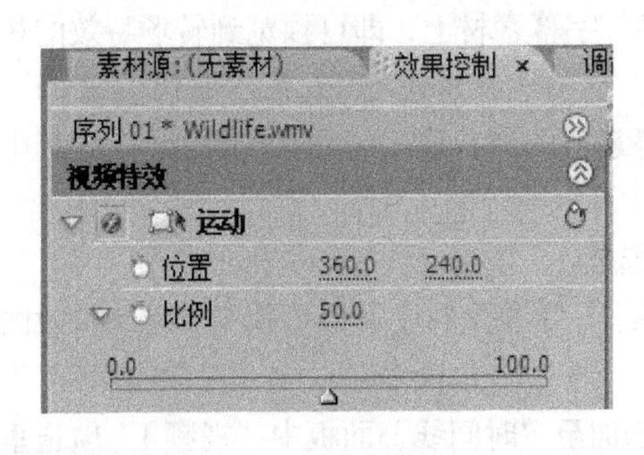

图 6–107　设置缩放比例

图 6–108　输入文字

（6）在“字幕样式”面板中为文字添加风格样式颜色。

（7）返回“字幕设计器”窗口，在该窗口调整字幕的位置和尺寸大小，如图 6–109 所示。

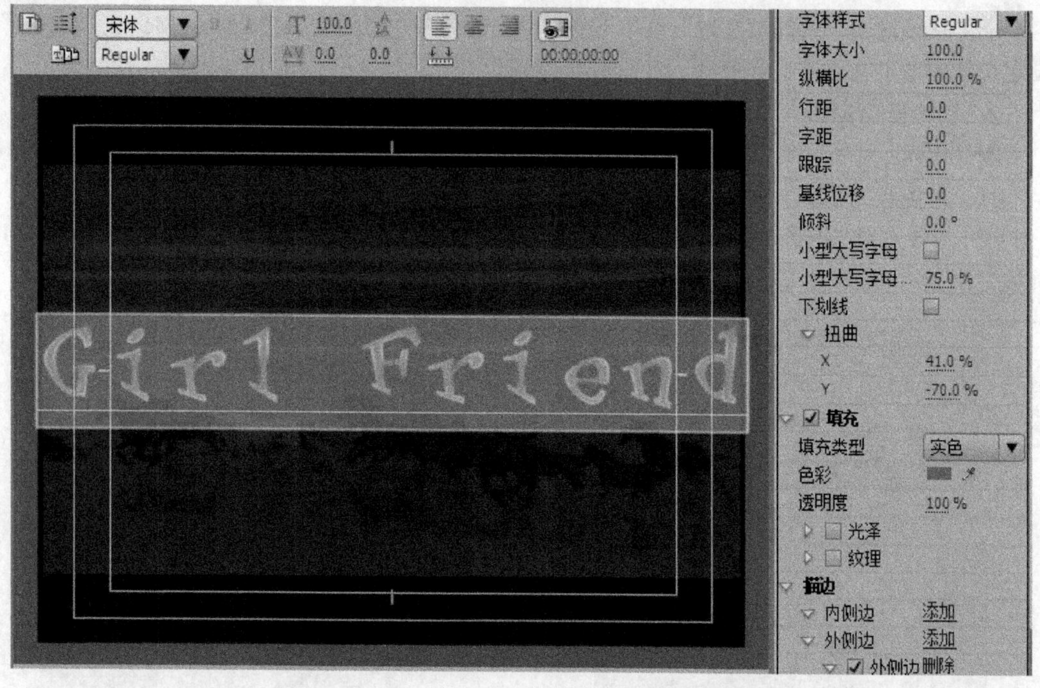

图 6-109　调整文字

（8）关闭“字幕设计器”窗口，新建的字幕文件“歌名”将自动保存到“项目”面板中。

（9）在“项目”面板中将字母文件“歌名”插入“时间线”面板的“视频 2”轨道中，如图 6-110 所示。

（10）打开“效果”面板，将“筋斗过渡”转场特效添加到“时间线”面板“视频 2”轨道中“歌名”素材的最左端。

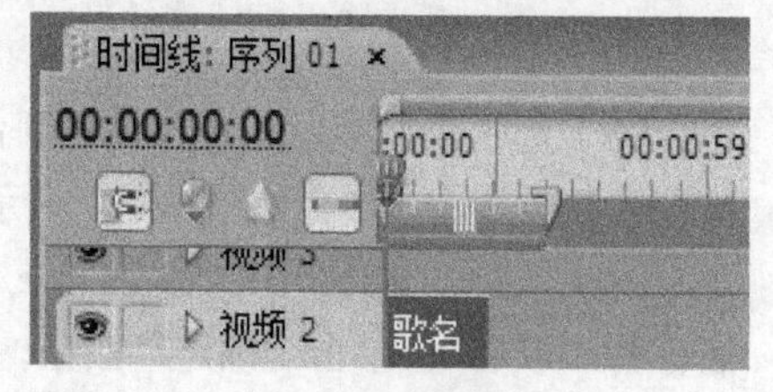

图 6-110　插入歌名

（11）添加了“筋斗过渡”转场特效后，在“特效控制台”面板中可预览到添加的“筋斗过渡”特效默认参数。

（12）在“特效控制台”面板中将“持续时间”参数更改为 00:00:03:00，勾选“显示实际来源”复选框。

（13）返回“时间线”面板中，将光标放置在“歌名”字幕素材上，即可预览到转场特效的相关信息。

（14）再次将“筋斗过渡”特效添加到“歌名”字幕素材的最右端，在“特效控制台”面板中设置。

（15）勾选“显示实际来源”复选框和“反转”复选框。

（16）返回到“时间线”面板中，将光标放置在“歌名”字幕素材上，即可预览到转场特效的相关信息。

（17）在“效果”面板中将“镜头光晕”视频特效添加至“时间线”面板中“视频 1”轨道里的视频素材上，如图 6-111 所示。

（18）将时间滑块拖动至素材起始位置，将“光晕亮度”参数设置为 147%，将“镜头类型”设置为 35 毫米定焦，如图 6-112 所示。

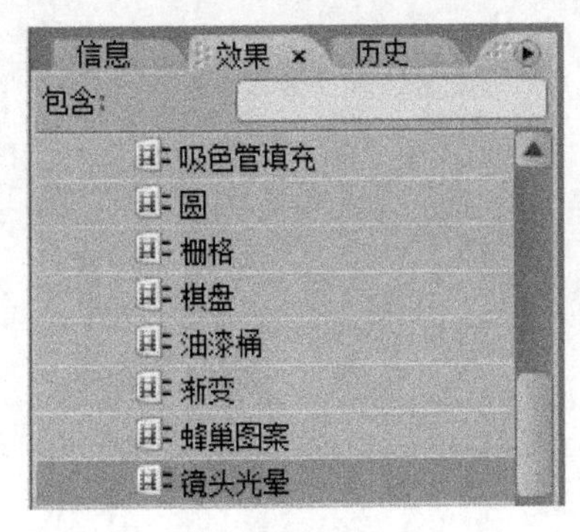

图 6–111　添加视频特效

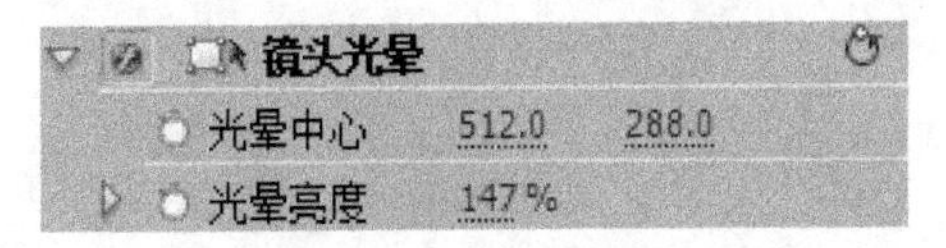

图 6–112　设置“镜头光晕”特效

（19）在“镜头光晕”选项组中，单击“光晕中心”左侧的“切换动画”按钮，为特效添加一个关键帧。

（20）将时间滑块拖动至 00:00:03:16，为“光晕中心”参数添加第二个关键帧。

（21）将时间滑块拖动至 00:00:08:05 处，为“光晕中心”参数添加第三个关键帧。

（22）单击“工具”面板中的“剃刀工具”，在 00:00:20:00 处将 Wildlife.wmv 素材分割成两部分，如图 6–113 所示。

（23）打开“效果面板”，然后展开“扭曲”特效组，选择“旋转扭曲”视频特效。

（24）将“旋转扭曲”特效添加给被分割的第二段视频素材，在“特效控制台”面板中显示视频特效的默认参数。

（25）将时间滑块拖动至 00:00:23:00 处，设置“角度”参数为 0，并为其添加第一个参数关键帧，如图 6–114 所示。

图 6–113　分割素材

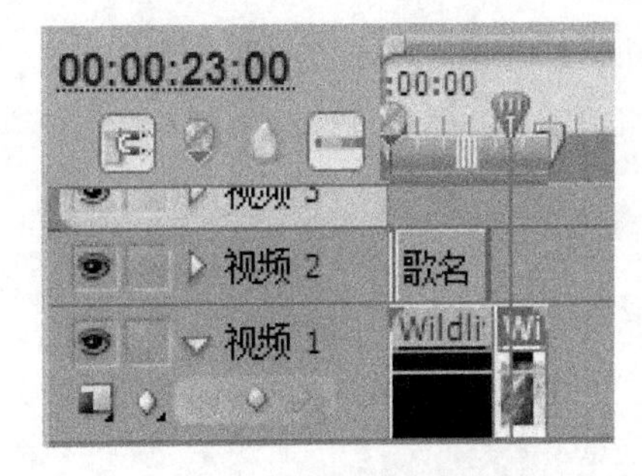

图 6–114　添加参数关键帧

（26）将时间滑块拖动至 00:00:50:00 处，将“角度”参数设置为 50，为其添加第二个参数关键帧。

（27）在“时间线”面板中，拖动时间滑块至 00:02:37:09 处，为“透明度”参数添加一个参数关键帧。

（28）将时间滑块拖动至 00:03:25:05 处，设置“透明度”参数，此时的关键帧参数为 50%，如图 6–115 所示，最后保存编辑项目。

图 6–115　设置关键帧参数